U0366594

编委会

主　编：张玉玲　曹　伟　周永利

副主编：王晓亮　李知新　陈思思　赵　楠　李　莉

编　者：（排名不分先后）

艾　文　安鸿霏　白涛涛　邸　静　李靖宁

李　萍　李莉娟　李　杰　刘琴　马龙

马金昕　强小利　吴亚文　王玉梅　王　磊

王　博　闫小芹　杨佳冰　尹　才　周海宁

张成莲　赵　燕　宋智峰

牛羊传染病
诊断技术

张玉玲 曹 伟 周永利 主编

黄河出版传媒集团
阳光出版社

图书在版编目（CIP）数据

牛羊传染病诊断技术 / 张玉玲，曹伟，周永利主编.
-- 银川：阳光出版社，2022.6
ISBN 978-7-5525-6372-6

Ⅰ.①牛… Ⅱ.①张… ②曹… ③周… Ⅲ.①牛病 –
传染病防治②羊病 – 传染病防治 Ⅳ.①S858.23
②S858.26

中国版本图书馆 CIP 数据核字(2022)第 108272 号

牛羊传染病诊断技术	张玉玲　曹　伟　周永利　主编

责任编辑　申　佳
封面设计　赵　倩
责任印制　岳建宁

黄河出版传媒集团　阳光出版社　出版发行

出 版 人　薛文斌
地　　址　宁夏银川市北京东路 139 号出版大厦（750001）
网　　址　http://www.ygchbs.com
网上书店　http://shop129132959.taobao.com
电子信箱　yangguangchubanshe@163.com
邮购电话　0951-5047283
经　　销　全国新华书店
印刷装订　宁夏银报智能印刷科技有限公司
印刷委托书号　（宁)0024219

开　　本　720 mm×980 mm　1/16
印　　张　27.5
字　　数　370 千字
版　　次　2022 年 6 月第 1 版
印　　次　2022 年 6 月第 1 次印刷
书　　号　ISBN 978-7-5525-6372-6
定　　价　88.00 元

版权所有　翻印必究

前　言

近年来,我国农业经济快速发展,大力发展畜牧业成为推动乡村全面振兴等国家战略的重要工作内容。畜牧业也是我国农业经济发展的支柱产业。当前,各地畜牧业发展正在向规模化、专业化、集约化与科学化生产方式转变。在产业发展过程中,牛羊传染病发生、流行成为制约当前畜牧业发展最重要的因素。对牛羊传染病采取科学、规范、有效的防控,对畜牧业高质量发展具有积极影响。根据对畜牧业生产和人体的危害程度,可将动物疫病划分成3大类,共计117种。动物疫病流行与传播主要由3个因素构成:传染源、传播途径和易感动物。各类规模养殖场主要围绕这3个方面开展动物疫病防控工作。

目前,亟须加强牛羊传染病诊断技术知识的普及与推广,确保疫病诊断防控更具科学性与规范性。本书有四篇内容,第一篇为实验室诊断技术,共4章,主要介绍病原分离与鉴定技术、分子诊断技术、血清学诊断技术、病理学诊断技术4种主要的实验室诊断技术。第二篇为牛羊共患病分述,共4章,内容包括口蹄疫、炭疽、布鲁氏菌病、棘球蚴病牛羊共患病的概述、流行状况、临床症状和病理变化、实验室诊断。第三篇为牛病分述,共 18 章,内容包括牛海绵状脑病、牛瘟、牛传染性胸膜炎、牛结节性皮肤病等牛病的概述、流行状况、临床症状和病理变化、实验室诊断。第四篇为羊病分述,共 11 章,内容包括小反刍兽疫、痒病、山羊痘和绵羊痘等羊病的概述、流行状况、临床症状和病理变化、实验室诊断。最后为附件,收录了《中华人民共和国动物防疫法》《重大动物疫情应急条例》《动物疫病实验室检验采样方法》等,供读者学习、借鉴。

由于牛羊传染病诊断技术在不断发展与创新,本书中的实验室诊断技术也需要不断改进和提高,加之编者水平有限,存在错误和不足在所难免,欢迎各位读者对我们提出宝贵意见。

目　录

第三篇 牛病分述

第四篇　羊病分述

附　录

第一篇

实验室诊断技术

第一章　病原分离与鉴定技术

第一节　病毒分离与鉴定技术

动物病毒的分离与鉴定是检测和诊断动物病毒感染的最经典方法，为病毒感染提供最直接的病原学依据，也为病毒今后的研究提供了材料，因此对病毒病，尤其是新发病毒性传染病的诊断非常重要。

一、病毒分离培养技术

病毒缺乏完整的酶系统、无核糖体等细胞器，因此必须借助宿主细胞的酶系统与细胞器才能生长和繁殖。病毒是严格的细胞内寄生微生物。病毒分离培养一般需要接种实验动物、鸡胚、体外培养的器官或细胞。

（一）样品的采集与处理

样品采集得正确与否，直接影响病毒的分离结果。用于病毒分离的组织样品要含有足够量的活病毒，一般根据病毒的生物学活性、病毒感染的特征、流行病学规律及抗体免疫保护机理，选择所需要样品的种类及样品保存处理的方法。

（二）实验动物培养

实验动物培养法分离病毒是一种最常用的方法，实验动物培养病毒的优点主要包括可以培养目前无法用细胞、鸡胚培养的病毒，如兔瘟病毒、绵羊痒病病原等；无需复杂仪器设备，技术简单，容易取得成功。但是利用动物进行病毒分离培养对动物要求高，同时由于动物个体间差异较大，结果判定比较困难，成本较高，且容易造成环境污染及携带病毒等，所以自从细胞培养广泛应用以后,很少再用实验动物培养病毒。尽管如此,病毒的动物培养仍然是病毒学实验中常用的技术。用实验动物进行病毒培养,要在符合分离病原生物安全要求的动物实验室中进行。

1. 实验动物选择

首先要选择对目的病毒最敏感的实验动物品种或品系。如果病毒对宿主的选择性强,则要选择自然宿主;如果病毒对宿主的选择性不强,可用实验室常用的小动物。另外还要求动物健康,体重、年龄及营养状况等要一致。最好选用遗传特性相似、个体差异较小、生物学反应比较一致的动物。

用于病毒分离的大动物应来自非疫区,而且是未接种过相应病毒疫苗、青壮年以及临床检查和检疫健康的动物。小鼠、大鼠、鸡等应使用 SPF 级动物。

2. 实验动物接种

接种部位首先要通过剪毛、拔毛、剃毛或化学脱毛等方法除毛,之后用碘酊、75%乙醇对接种部位消毒。常见动物接种方法如下。

(1)划痕法

此法常用于家兔。用剪毛剪剪去兔肋腹部长毛,再用剃刀或脱毛剂脱去长毛。以 75%乙醇消毒后,用无菌手术刀在其皮肤上划几条平行线,划痕口可略见出血,然后将接种物涂在划痕口上。

(2)皮下接种

将动物局部皮肤用 75%乙醇消毒后提起,注射器针头斜向刺入皮下,缓缓注入接种材料。注射完毕,在针头处按一酒精棉球,然后拔出针头,以防接种物外溢。小鼠常选背部、腹股沟部或尾根部皮下,家兔、豚鼠及大白鼠常选腹股沟部、背部或腹壁中线皮下,禽类(鸡、鸭)常选颈部、大腿内侧、胸部皮下等。接种量一般是小鼠 0.2~0.5 mL,豚鼠、家兔、大鼠 0.5~2.0 mL,鸡、鸭 0.5~1.0 mL。

(3)皮内接种

常以家兔、豚鼠背部或腹部皮肤为注射部位。去毛消毒后,将皮肤绷紧,用 1 mL 注射器的 4 号针头,平刺入皮肤,针尖向上,缓缓注入接种物,皮肤出现小圆形隆起。注射量一般为 0.1~0.2 mL。

（4）肌内接种

一般选动物的腿部或臀部,禽类以胸侧肌肉为宜。去毛消毒后,将针头刺入深部肌肉内,注射量视动物大小而定。

（5）腹腔内接种

大鼠、豚鼠、小鼠腹腔内接种宜采用仰卧保定法。接种时稍抬高后躯,使其内脏倾向前腔,在股后侧面插入针头,先刺入皮下,后进入腹腔,注射时应无阻力,皮肤也无隆起。注射量为家兔 10 mL,大鼠、豚鼠 5 mL,小鼠 0.5~1 mL。

（6）静脉注射

① 家兔耳缘静脉注射。

保定家兔后选一侧耳缘静脉,用 75% 乙醇涂擦兔耳,或用手指轻弹耳朵,使静脉怒张。注射时用左手拇指和食指拉紧兔耳,右手持注射器,使针头与静脉平行,向心脏方向刺入静脉内,注射时无阻力且有血向前流动表示进入静脉,缓缓注射接种物。注射完毕后用消毒棉球压紧针孔,以免流血或注射物外溢。

② 豚鼠尾侧静脉注射。

俯卧保定豚鼠,使其腹面向下,后肢剃毛,用 75% 乙醇消毒皮肤,全身麻醉后,用锐利刀片从后肢内侧从上向外下方切 1 个长约 1 cm 的切口,露出尾部,用 4 号针头刺入尾侧静脉,缓缓注入感染材料。接种完毕将切口缝合 1~2 针。

③ 小鼠尾侧静脉接种。

选用 15~20 g 体重小鼠,注射前将小鼠尾部浸于约 50℃的温水中 1~2 min,使尾部血管扩张。用 1 个烧杯扣住小鼠,露出尾巴,用 4 号针头刺入尾侧静脉,缓缓注射接种物。注射时无阻力,皮肤不变白、不隆起,表示注入静脉内。

④ 脑内接种法。

注射部位常选用动物耳根部与眼内角连线的中点。小鼠接种时,先对其额部消毒,用左手食指和拇指抓住两耳和头皮,用 4 号针头注射器垂直刺入注射部位,以针尖斜面刚穿过颅骨为限,缓缓注入。注射完毕拔出针头的同时,应将注射部位的皮肤稍向一边推动,以防液体外溢。家兔和豚鼠因颅骨较硬,需要用钢针在接种部位打孔后再注射,且需用乙醚进行麻醉。脑内接种的最大注射量为家兔 0.2 mL、豚鼠 0.15 mL、小鼠 0.03 mL。脑内接种后 1 h 内出现神经症状的动物应弃去,这种情况多因接种创伤所致。

⑤ 鼻内接种法。

先将动物轻度麻醉后,用注射器针头将接种材料滴入鼻内,随着动物吸气,将接种物吸入呼吸道内。必须掌握好麻醉深度。麻醉过深,接种物不易被吸到呼吸道内;麻醉过浅,接种物易被喷出。滴入的接种物不宜过浓,否则容易引起动物死亡。小鼠滴入量为 0.03~0.05 mL,家兔和豚鼠可适当增加。

2. 实验动物临床观察

实验动物接种后,通常以发病、死亡作为感染指标。根据不同的试验目的,观察记录接种动物的精神状态、体重、食欲、体温、症状表现等情况。

3. 病毒的收获

病毒感染动物材料的收获必须进行严格的无菌操作。收获的材料通常包括病毒血症期的血液以及病毒的靶器官。所有收集的材料置-70℃条件下储存备用。

(三)鸡胚培养

鸡胚培养是较早应用的病毒分离培养方法。鸡胚(含其他禽胚)是正在发育的机体,组织分化程度低,细胞代谢旺盛。采用鸡胚培养具有诸多优点,可选择不同日龄和接种途径,病毒易于增殖,感染病毒的组织和体液中含有大量的病毒,容易采集和处理,原料来源充足,价格低廉,操作简单,无需特殊设备或条件,对接种的病毒不产生抗体等。因此鸡胚培养常用于多种病毒的分离培养、生物学特性鉴定、弱毒株培育、疫苗制备、卵黄抗体生产及药物筛选等。目前,在禽流感病毒、副流感及其他病毒病的研究方面,鸡胚(含其他禽胚)仍具有重要的应用价值。

但是鸡胚培养也有缺点。胚内可能污染细菌(如沙门氏菌)和病毒,尤其是经母鸡垂直传播的病毒,如禽脑脊髓炎病毒、鸡传染性贫血病毒、劳斯肉瘤病毒等。胚胎中往往含有因母鸡免疫而产生的卵黄抗体,影响同种病毒的增殖,所以应选用 SPF 鸡群产的卵。一般孵育 8~14 d 的鸡胚还未长出羽毛,且整体发育日趋完善,各种脏器均已形成,胚体对外源接种物的接受性较强,利于病毒的增殖。14 日龄以后,鸡胚骨骼逐渐硬化,体表羽毛渐生,不利于病毒的感染。

1. 鸡胚的选择与孵育

将 SPF 鸡蛋置于 37℃孵化箱或恒温箱中培养,相对湿度 45%~60%。孵育 3 d 后,每天翻蛋 2~3 次,以保证气体交换均匀,鸡胚发育正常。孵育后第四天起,用照蛋灯对鸡胚进行检查。发育良好的鸡胚血管明显可见,胚体可以活动;未受精鸡蛋无血管;死亡鸡胚血管消散,呈暗色且胚体固定不动。应及时弃去未受精蛋与死亡鸡胚。实验室接种用的鸡胚最小 6 日龄,最大不超过 11 日龄,一般多用 9~10 日龄接种。

2. 接种前的准备

用铅笔标出气室位置,并在气室底边胚体对侧或附近无大血管处标出接种部位。若卵黄囊接种或绒毛尿囊膜注射,还要画出相应部位,另外还要用碘酊和 75%乙醇棉球消毒准备接种部位的蛋壳表面。

3. 鸡胚接种法

(1)绒毛尿囊膜接种

主要用于痘病毒和疱疹病毒的分离和增殖,这些病毒可在鸡胚绒毛尿囊膜上形成痘斑或病斑。用 10~12 日龄鸡胚,在胚胎附近略近气室处,选择血管较少的部位,用电烙器在卵壳上烙出 1 个直径 3~4 mm 的烤焦圈,用碘酊和酒精消毒后,小心用刀尖撬起卵壳,造成卵窗,但不可损伤壳膜。在气室端中央钻 1 个小孔。随后用针尖轻轻挑破卵窗中心的壳膜,切勿损伤其下的绒毛尿囊膜。滴 1 滴灭菌生理盐水于刺破处。用橡皮乳头紧贴于气室中央小孔上吸气，造成气室内负压，使卵窗部位的绒毛尿囊膜下陷而形成人工气室，此时可见滴加于壳膜上的生理盐水迅速渗入。用 1 mL 注射器滴 2~3 滴接种物于绒毛尿囊膜上。最后用透明胶纸封住卵窗，或用玻璃纸盖于卵窗上，周围涂熔化的石蜡密封。气室中央的小孔可用石蜡密封。鸡胚在接种后，横卧于孵化箱中，不许翻动，保持卵窗向上。

（2）绒毛尿囊腔接种

主要用于正粘病毒和副粘病毒，例如流感病毒和新城疫病毒的分离与增殖，也是制备马脑炎病毒疫苗的常用接种途径。选用 10~11 日龄的鸡胚，画出气室和胚位，在气室接近胚位处涂抹碘酊和酒精消毒后，用钢锥穿 1 个小孔，随后将注射器针头沿此小孔插入 0.5~10 cm 处（避开血管），注入 0.1~0.2 mL 接种物。最后用石蜡封口，气室朝上，并置于孵化箱中孵育。每天翻卵并检卵 1 次。24 h 内死亡者废弃。

（3）卵黄囊接种

主要用于虫媒披膜病毒以及鹦鹉热衣原体和立克次氏体等的分离与增殖。用 6~8 日龄鸡胚，画出气室和胚胎位置后，垂直放置在固定卵座上，用碘酊和酒精消毒气室端，用钢锥在气室中央锥 1 个小孔，用灭菌注射器吸取含病毒的悬液，沿气室端的小孔刺入约 3 cm，注入 0.1~0.5 mL 接种物于卵黄囊内。随后用溶化的石蜡封孔，置于孵化箱内继续孵育。每天翻卵 1~2 次。24 h 内死亡者废弃。

（4）羊膜腔接种

主要用于正粘病毒和副粘病毒的分离和增殖。病料初次分离病毒时，羊膜腔接种法比尿囊腔接种法敏感。但此法操作技术比较困难，鸡胚也易受伤致死。选用 11~12 日龄的鸡胚，按绒毛尿囊膜接种法造成人工气室，撕去卵壳，并刺破绒毛尿囊膜血管较少的部位，用钝端镊子沿此破孔插入，夹起羊膜囊，注入 0.1~0.2 mL 接种物。由于不易判断接种物是否被正确地注入羊膜腔内，故可将吸取了接种物的注射器的筒栓稍微回抽，使注射针芯内含 1 个气泡。注射时将气泡和接种物一起注入。将卵适当倒转，即可清楚地看到气泡是否在羊膜腔内，以判定注射是否正确。用石蜡封闭接种口后，将鸡胚直立孵化，气室向上。

4. 接种后的检查

接种病毒后的鸡胚一般放在37℃条件下孵育，每天检查1~2次。除接种东方型和西方型马脑炎病毒等外，接种后24 h内死亡的鸡胚多数是由于鸡胚受损或污染细菌所致，应弃去。

病毒在鸡胚中增殖，除部分病毒产生痘斑、充血及出血、胚胎小、卷曲状、爪畸形或死亡等变化外，许多病毒缺乏特异性感染指征，必须应用血清学反应或检查病毒抗原以确定病毒存在。

5. 鸡胚的收获

收获前将鸡胚置于4℃条件下放置6 h或过夜，冻死胚胎，防止出血，先用碘酊，后用乙醇消毒气室部蛋壳，去除蛋壳和壳膜。羊膜腔接种者，撕破绒毛尿囊膜而不损伤羊膜。用灭菌镊子轻轻按住胚胎，以灭菌吸管或注射器吸取尿囊液，装入灭菌容器内，多时1枚鸡蛋胚可收取5~8 mL尿囊液。收集的液体应清亮。若浑浊，多表示有细菌污染，需做菌检。如有少量血液混入，可1 500 r/m离心10 min，重新收获上清液。绒毛尿囊膜接种者，收获接种部位绒毛尿囊膜并注意观察病变。羊膜腔接种者，应先按照上述方法收集完尿囊液，再用注射器插入羊膜腔内收集羊水，一般1枚鸡胚可收取约1 mL。卵黄囊接种者，应先收集完尿囊液与羊水，再用吸管收集卵黄液。所有收集的材料经无菌检查后置于-70℃条件下贮存备用。

（四）组织培养

1. 组织培养的定义

组织培养最早是指从动物或植物机体中取出组织，模拟体内的生理环境，使之在体外生存、生长，并维持其结构和功能的方法。现在则泛指体外的组织、器官和细胞培养，广泛应用于病毒分离培养及进行病毒学试验研究。组织培养技术20世纪50年代传入我国，经20世纪70年代的发展，我国学者在动物细胞工程领域也作出了卓越贡献，包括鱼类核质重组及体细胞克隆等。我国已将亲缘关系远近不同的鱼类进行核质重组，在变种间、属间及科间都获得了性状独特的核质重组鱼，并且通过体细胞克隆，成功克隆出了山羊和牛。

2. 组织块的培养

细胞培养或组织培养用动物胎儿、器官或组织，在无菌条件下采集后应尽快培养，如需保存 1~2 d，可将其切成 0.5 cm³ 小块浸泡于营养液内，加抗生素后，4℃冰箱保存；如欲保存 1~2 周，应将组织切成 1~3 mm³ 的小块，Hank's 液冲洗 2~3 遍后，加入 5~10 倍量营养液（含抗生素），置于优质玻璃瓶中盖上胶塞后 4℃冰箱保存，但在培养前还需用洗液将其冲洗 2~3 遍；如需运送，可将带有营养液的组织块置于 0~4℃冰箱中运输。

组织块培养是原本意义上的组织培养，是指取动物组织切成小块后在固定或悬浮状态下的培养，是应用最早的组织培养法，分为固定培养和悬浮培养 2 种方法。组织块固定培养法是将组织剪成 1 mm³ 小块，Hank's 液冲洗 2~3 遍后用弯头吸管吸取 20~30 块，以间距 0.5 cm 均匀放入 25 mL 培养瓶内。轻轻将培养瓶翻转，组织块粘附在瓶底朝上，向瓶中加入适量培养液但不接触组织块。在前 2 d，每天将培养瓶小心翻转 2~4 次，以湿润组织块。当镜检发现细胞由组织块周围呈放射状增殖后，可使培养液浸泡组织块，继续培养和换液接种病毒。组织块悬浮培养法是先制备组织块。按每毫升培养液加入 10~15 块组织的比例于培养瓶中培养，例如猪传染性胃肠炎病毒即可进行猪胎小肠组织块悬浮培养。

3. 细胞培养

(1) 细胞培养的定义、特点与应用

细胞培养是指采用酶消化、机械或化学方法将组织分散成单个细胞后，选用最佳生存条件对活细胞进行培养与研究的技术。它是 20 世纪 50 年代利用组织细胞分散技术发展起来的。细胞培养研究病毒具有许多优点，无个体差异，重复性好，无免疫力和隐性感染干扰，敏感细胞易于获得，成本低廉;病毒分离过程迅速,培养条件易于控制,感染结果易于判定;可利用蚀斑技术进行病毒纯化与定量;可批量化接种,能够提高病毒的产量与质量等。细胞培养在病毒学研究中得到了广泛应用,主要表现在病毒的分离与鉴定;研究病毒的繁殖过程及其在不同细胞中的敏感性与传染性（细胞的病理变化及包涵体的形成）;观察病毒传染时细胞新陈代谢的改变,探讨抗体与抗病毒物质对病毒的作用方式与机制,以及研究病毒干扰现象的本质和变异的规律性;生产特异性诊断抗原、病毒疫苗、干扰素等;病毒性疾病的诊断和流行病学调查;繁殖病毒载体,以用于基因治疗等。细胞培养的缺点是细胞培养病毒的试验是在离体情况下进行的,病毒感染细胞不受机体代谢、调节及免疫机制控制,故试验结果不能反映整体水平,要辅以动物实验等。

（2）细胞培养的基本要求

体外培养细胞缺乏抗感染能力,要严格无菌操作,防止污染是决定培养成功与否的首要条件。培养所用的一切物品、液体均应无菌,一切操作均应最大可能地保持无菌。试验前要制定好实验计划和操作程序,有关数据的计算要事先做好,根据试验要求,准备好所需的各种器材和物品,清点无误后将其放在操作现场(无菌间、超净台),然后开始消毒。培养液等需 37℃预热。实验器材准备数要大于实际使用数,细胞培养瓶瓶盖数要大于瓶数,这样可避免操作时因物品不全而不得不再次拿取,以降低污染的机会。使用无菌间操作区和超净台前后,需用紫外线灯照射消毒 20~30 min,所有进入操作区域的物品需经 75%乙醇擦拭消毒。工作前后台面均需用 75%乙醇擦拭消毒,特别是有液体溢出时需立即擦拭。平时无菌间每天都要用 0.2%新洁尔灭或2%~5%来苏儿拖洗地面 1 次（拖布要专用）,紫外线照射消毒超净工作台30~50 min,超净台常用消毒水擦拭。细胞间的洗手和着装原则上与外科手术要求相同,进入无菌间可更换专用无菌服,戴口罩和帽子,而且每次试验后,无菌服、口罩和帽子都要清洗消毒。双手戴乳胶手套,或用肥皂洗净后浸泡于消毒液中, 然后用 75%乙醇或 0.2%新洁尔灭消毒。试验过程中手可能触及污染的制品,出入实验室都要重新用消毒液洗手。

试验中必须保证无菌操作。试验前要点燃酒精灯，一切操作，如安装吸管帽、打开或封闭瓶口等，都需要在火焰附近，烧灼消毒管口或瓶口后再进行。但要注意金属器械不能在火焰中长时间灼烧，烧过的器械要冷却后才能使用。已吸过培养液的吸管不能再用火焰烧灼，防止将残留的培养液烧焦后形成的有害物质带入培养基中。开启、关闭长有细胞的培养瓶时，火焰灭菌时间要短，防止因温度过高烧死细胞。胶塞过火焰时不能时间过长，以免烧焦产生有毒气体，危害培养细胞。工作台面上的物品要放置有序、布局合理。酒精灯放中间，左手使用物品放在左侧，右手使用物品放在右侧。组织、细胞及培养板未做处理和使用前，不要过早暴露于空气中。应分别使用不同吸管吸取不同液体及处理不同细胞。用吸管与移液器转移液体时，不能触及瓶口。培养瓶、培养液瓶不要过早打开，已开口者要尽量避免垂直放置，以防止下落细菌的污染。放置吸管时管口向下倾斜，以防液体倒流引起污染。

操作时动作要稳、准，尽量缩短各种液体、细胞暴露的时间，动作幅度尽可能小。不要面向操作台讲话或咳嗽，避免唾沫把微生物带入超净工作台内发生污染。离开超净台时，立即关闭侧窗口，避免无菌室内微生物随空气流入净化操作区。试验完毕，整理清扫台面，用过的玻璃器材投入清水中浸泡，用酒精棉纱或棉球擦拭工作台面，关闭超净台风机和电源。

（3）细胞培养的类型

根据细胞的来源、染色体特征及传代次数，分为 3 种类型：原代细胞培养、二倍体细胞培养及传代细胞培养。

① 原代细胞培养。

原代细胞是指从活动物中取组织，在无菌条件下经胰酶等分散剂的作用，消化成单个细胞，加培养液在培养瓶贴壁生长或悬浮生长（如淋巴细胞）的细胞。大多数组织均可制备原代细胞，但生长快慢及难易程度不同。肾与睾丸最为常用，甲状腺细胞生长较慢，只用于某些特定病毒，如猪传染性胃肠炎病毒的培养。原代细胞来源于易感动物的细胞，故对病毒的易感性高，主要作为病料中的病毒初代分离。其缺点是每次培养细胞必须要用相应的活组织,因此其来源受限制,成本较高,且易存在隐性感染的病毒,最好选用 SPF 动物的组织。

A. 鸡胚原代成纤维细胞培养。

无菌条件下取 9~11 日龄 SPF 鸡胚,用检卵灯选取血管清楚、活动正常的鸡胚,置蛋架上,令气室端向上,75%酒精棉消毒蛋壳气室部位。用镊子击破卵壳气室部位,并除去该部位的卵壳。用无菌的眼科镊子撕开蛋壳气室膜并小心拨开绒毛尿囊膜和羊膜,钩住鸡胚头部,移入灭菌的平皿内。用剪刀剪去胚头、四肢及内脏,用 Hank's 液洗去体表血液,移入灭菌小烧杯中。 用灭菌剪将胚体剪碎至 1 mm³ 小碎块。加入 Hank's 液(淹没组织碎块即可),轻摇,静置 1~2 min,待组织块下沉,吸去上层悬液。重复 2~3 次(以除去其中的红细胞),至上悬液不混浊为止,移入灭菌的小三角瓶中,吸去 Hank's 液。取出预热好的 0.25%胰酶,向三角瓶中加入约 8 mL。包紧瓶口,37℃条件下消化 30 min,每隔 5 min 轻轻摇动 1 次。由于胰酶的作用,鸡胚细胞与细胞间的氨基和羧基游离。待液体变混而稍稠,轻摇可见组织块,悬浮在液体内不易下沉,此时可中止消化。如再继续消化,会破坏细胞膜而不易贴壁生长,如果消化不够,则细胞不易分散。将消化好的细胞悬液从水浴锅中取出,弃去上层液体,加 5 mL 含血清的 DMEM 生长液,以吸管反复吹吸数次,使细胞分散,此时可见生长液混浊,即为细胞悬液。静置 1 min 后,使未冲散的组织块下沉。用 4 层脱脂纱布将吹打后的细胞过滤到平皿中,收集滤液。用细胞计数器计数,根据计数结果,加入 DMEM 生长液,调整细胞浓度至 50 万~60 万个/mL。在培养瓶中加入 2 mL DMEM 生长液(如果是 50 mL 的培养瓶,加 4 mL 生长液),小心吸出过滤后的细胞悬液 0.25 mL 放至培养瓶中(如果是 50 mL 的培养瓶,加 0.5 mL 细胞悬液),吹打均匀盖好瓶塞。在瓶上注明组别、日期,置 37℃温箱中培养。4 h 后细胞即可贴壁,24~36 h 生长成单层细胞,此时可更换培养液,并接种病毒。

B. 仓鼠肾原代细胞。

取 10~14 日龄的幼仓鼠,剪断其颈动脉放血至死。在颈胸交界处全周剪开皮肤,朝尾部方向撕下整个鼠皮,直接用自来水冲洗干净后,置于清洁搪瓷盘内送无菌室。先后用碘酊及75%乙醇消毒,用剪刀沿背中线剪开,并向四肢延展。更换镊子及剪刀,将皮肤撕向两侧,露出背部。再换剪刀,于肋骨后剪1个长约1 cm的切口,将镊子插入切口夹住肾脏,剪断粘连后将肾移入灭菌平皿内。按同样方法取出另一侧肾。随后在平皿内剪除肾脏上的脂肪,剥去肾包膜,将肾平剪成两半,剪除肾盂部分,用Hank's液清洗后移入广口瓶中剪碎,洗涤后加入0.25%胰酶于37℃水浴中消化。

C. 原代白细胞。

白细胞的分离方法根据不同动物的血沉快慢而不同。对血沉快的马属动物,颈静脉采血后加入已含有肝素溶液,放入预冷的采血瓶内,尽快置于4℃冰箱静置30~40 min,用吸管小心吸弃上层血浆,置离心管中加Hank's液混合均匀后,1 000 r/m离心10min,弃上清液,加少许洗液悬起细胞,加满瓶,再离心,弃上清液,加牛血清,用吸管吹打混匀后进行细胞计数。最后稀释为1~2×10^{7}个/mL,装瓶培养,1~2 d细胞长成单层,此时可更换液,同时接种病毒。

对猪、牛等血沉缓慢的动物,要采用特殊的白细胞分离技术,即在肝素抗凝血后,立即加入等量的犊牛血清或1.5倍量的6%葡聚糖PBS溶液,4℃冰箱静置1 h,吸弃上层血浆,再如上文收集白细胞、洗涤和培养,其中葡聚糖溶液的浓度和加入量可通过预试验而具体调整。

② 二倍体细胞株的培养。

二倍体细胞株是指将长成单层的原代细胞消化、分散成单个细胞,继续培养传代。其染色体与原代细胞一样,保持其二倍体细胞数目的细胞。优点是细胞碎片少、均匀,潜伏病毒易发现,对病毒的敏感性与原代细胞相似,且细胞数量可扩大,容易得到。但二倍体细胞在体外不能无限制连续传代,传到一定代次,细胞会逐渐衰老而死亡。这种细胞株多数用人胚肺组织建立细胞系。二倍体细胞株既可用于分离病毒,又是疫苗生产中首选的细胞株。

二倍体细胞株的建立并不容易,特别是从第三代到第七、第八代是最不稳定时期。操作中要注意,在建株传代过程中,原代培养的组织要尽量取自动物胚胎或新生动物,并立即培养。试验设计出该种细胞最适宜的生长液和维持液配方,其营养成分应适度丰盛,尤其在生长困难的前期。传代时选用合适的消化剂,尤其应注意消化时间不能过长。传代时接种的细胞数要比一般高 0.5~1 倍,宁多勿少,且要利用原瓶传代。培养温度的选择要根据组织来源和动物种类而定。培养过程中要根据继代细胞的形态、增殖程度和营养液pH 等,适时换液和传代,特别要注意在细胞生长最旺盛、形态最好的时候传代。在原代培养中加入一些消化后残剩的小组织块与单个细胞,同瓶培养传代,可提高细胞的适应性和成活率。经 5~7 代培养后,生长良好的继代细胞要大量冻存于液氮中备用。在继代过程中,每隔 8~10 代,应对细胞染色体组型进行检查,看是否仍为二倍体。若染色体组型已经改变,则成为可以无限传代的细胞系。

③ 传代细胞系培养。

传代细胞系是指能在体外无限制增殖传代的细胞,大多数由癌细胞或二倍体细胞突变形成。这类细胞染色体数目不正常,为异倍体。它的优点是容易培养,生长迅速,随时可获得;缺点是有的细胞系对分离样品中的野毒不敏感,而且在实验室传代过程中,有的可能污染支原体或有隐性感染的病毒。常用的传代细胞系有 HeLa(人子宫癌细胞)、Vero(非洲绿猴肾细胞)、BHK-21(乳仓鼠肾细胞)、PK-15(猪肾细胞)等,不用时保存于液氮罐中,用时取出培养复苏。复苏细胞时,将冻存细胞置于 37℃水浴速溶,离心后悬浮细胞沉淀,加入含有 10% FCS 的营养液,37℃条件下培养至长成细胞单层。传代细胞系有专门机构负责鉴定和保管。

传代细胞系的培养方法基本相同,本书以 Vero 细胞培养方法为例加以说明。培养传代时,取已形成单层的细胞培养瓶,弃去维持液,用 Hank's 液洗 2~3 遍后,加入约为原培养液量 1/3 的 0.25%胰酶溶液,室温或 37℃水浴消化,待细胞面开始脱落时,翻转培养瓶弃去大部分胰酶溶液,再翻转培养瓶让残留胰酶溶液继续消化,并加入少量营养液轻晃、冲洗细胞后弃去,再加入适量营养液,用吸管充分吹打至细胞完全分散,按 1:3 的比例进行传代,即 1 瓶传 3 瓶。2~4 d 换液,在快长成单层时接种病毒。

(4)细胞培养的方法

细胞培养的基本方法分为 2 类,即细胞单层培养和细胞悬浮培养。单层培养是研究病毒生物学特性及病毒与细胞相互作用的合适模型, 是目前病毒学研究中应用最广泛的细胞培养方法,又分为静置培养、旋转培养 2 种。

① 静置培养。

静置培养指将消化分散的细胞悬液分装入培养瓶或细胞培养板中,静置于二氧化碳培养箱内,数天后细胞可生成贴壁的单层细胞。培养量一般不超过总体积的 1/3,液体厚度不超过 1 cm,以足够的空间保证细胞培养中细胞对氧的需要。温度视不同动物细胞种类而有所区别,一般哺乳动物和禽类细胞的培养温度为 37±1℃,昆虫细胞的培养温度为 25±1℃。

② 旋转培养。

基本方法与静置培养相同, 不同之处是要将培养的细胞持续缓慢旋转 5~10 r/min,一段时间后,细胞在培养瓶的四壁长满单层。此法产量高,适于疫苗生产。某些病毒,如轮状病毒、冠状病毒,旋转培养比静置培养分离野毒更易获得成功。

③ 悬浮培养。

悬浮培养是指通过搅拌使细胞处于悬浮状态, 并补充营养和校正 pH, 使之生长或维持存活的方法。此法适用于某些不需要贴壁生长的细胞系,如 NS-1(一种骨髓瘤细胞系),或做特殊研究之用。细胞悬浮培养时,要严格密闭,一般每分钟搅拌 300~500 次,同时要保证氧与营养成分的充分供应,常用双倍浓度的氨基酸及维生素等,且在培养过程中需多次追加营养液,以保证细胞的大量和快速繁殖。在细胞培养过程中, 必须定期采样进行细胞计数,并测定细胞活力,一般要求活细胞占细胞总数的 90%以上。

④ 微载体培养。

微载体培养是指以悬浮培养为基础, 结合微载体的细胞培养技术,于

1967 由 Van Wezel 首先创立。微载体是直径为 35~100 μm 的微小颗粒,对细胞无毒性,按一定比例放入混悬培养的营养液中,细胞可贴附其上长成单层。因微载体数量巨大,故所获得的细胞数比常规方法大为增加。微载体培养应用前景广阔,不仅可用于规模化生产细胞、疫苗、病毒抗原、干扰素及单克隆抗体等,而且可用于生产基因重组产品。微载体有若干型号,已商品化。目前应用较多、效果较好的是瑞典产的 CytodexI、II、III型微载体。

(5)细胞克隆技术

原代细胞在传代过程中常出现优势细胞减少而其他细胞增多的现象。二倍体细胞株及传代细胞系在长期传代过程中,因细胞自身的变异及传代条件的改变等,也会出现细胞分化,产生生物性状不一致的细胞群体,因此细胞的纯化很有必要。细胞克隆技术是指从一般细胞株的培养物中,获得由一个单细胞后代增殖细胞群体的技术。所获得的这种生物学性状一致的细胞培养物称为克隆化细胞株,从而达到细胞纯化筛选的目的。细胞克隆技术的方法包括毛细管法、终点稀释法、微滴法、饲养细胞层法及软琼脂法等,这里主要介绍终点稀释法。为使营养液更好地适应单个细胞的生长和增殖,可将营养液条件化,取即将长成单层的同类细胞新培养物,弃原来的培养液,加入新营养液,37℃条件下培养 1 d 后吸出营养液,以微孔滤膜或 3 000 r/min 离心 30 min,除去可能混悬于其中的细胞,取上清液装瓶备用。将旺盛生长期的单层细胞培养物用胰酶消化下来后,用条件化的营养液做 $10~10^7$ 的高倍稀释,然后从 10^5 开始,以每个稀释度至少接种 50 个孔的量分别接种微量培养板,培养 48~72 h,在倒置显微镜下观察,取最高稀释度有细胞增殖的孔,用胰酶消化并扩增培养后,继续按上述方法重复克隆 2 次以上,即可获得克隆细胞株(系)。

4. 病毒的接种方法

接种病毒前,要先制备病毒悬液。细胞在生长过程中会分泌刺激细胞分裂的物质,若细胞培养量少,这些分泌物也少,细胞增殖速度就会变慢;细胞培养量大时,则细胞增殖速度快。一般按照维持液 1%~10%(V/V)的量接种病毒。如果病毒接种量少,细胞不能完全被感染,影响病毒效价;如果病毒接种量多,会产生大量无感染性缺陷病毒。

二、病毒鉴定技术

通过鸡胚培养、组织培养、实验动物培养等病毒分离途径获取的病毒,可利用生物学及理化特性分析、免疫学技术和分子生物学技术对病毒进行鉴定。

(一)生物学特性

1. 细胞病变

细胞病变是指某些病毒在细胞内增殖,由病毒感染导致的细胞损伤,包括胞质的颗粒变性、胞核的变形及碎裂等,且最终常导致细胞的破坏。细胞病变具有病毒"种"的特征,可以作为鉴定病毒的依据。另外许多病毒产生细胞病变的能力与其对动物的致病力呈正相关,因此常以细胞病变指标判定病毒毒力,即计算病毒的半数组织细胞感染量。

细胞病变通常用低倍镜观察,一般要求每天检查 1~2 次,如细胞的皱缩、团聚,胞质的颗粒变性及细胞的变性脱落等,都可在不染色的情况下在低倍镜下观察到。如副粘病毒、肺病毒及犬瘟热病毒等,可在其生长增殖的细胞中,观察到细胞膜融合形成合胞体(多核巨细胞)的现象。

2. 病毒效价测定

病毒感染力(毒力)的强弱可通过半数致死量、鸡胚半数感染量和半数组织细胞感染量来表示。

(1)半数致死量

半数致死量是指病毒接种实验动物,病毒在实验动物内增殖的过程中,病毒感染力或毒力的强弱可通过半数致死量来表示。LD_{50} 是指能使接种的实验动物在感染后的一定时限内,死亡一半所需最高的病毒稀释度。测定 LD_{50} 要选用品种、年龄、体重及性别等各方面都相同的易感动物,分成若干组,每组数量相同,以 10 倍连续稀释递减剂量的病毒分别接种动物,经过一定时间后,观察实验动物死亡情况,按 Reed-Muench 法计算 LD_{50}。由于半数致死量采用生物统计学方法对数据进行处理，因此避免了动物个体差异造成的误差。

（2）鸡胚半数感染量（EID_{50}）

鸡胚半数感染量是指使半数鸡胚出现感染死亡的最高的病毒稀释度。测定 EID_{50} 的方法是将病毒悬液做 10 倍连续稀释，接种鸡胚，经过一段时间后，观察鸡胚感染死亡的情况，按 Reed–Muench 法计算 EID_{50}。

（3）半数组织细胞感染量（$TCID_{50}$）

半数组织细胞感染量是指能使半数组织细胞出现细胞病变的最高的病毒稀释度。原理是将病毒悬液做 10 倍连续稀释，感染组织细胞，观察细胞病变情况，经统计学方法计算出此病毒能使半数组织细胞出现细胞病变的最高病毒稀释度。方法是制备敏感细胞，调整细胞浓度为 10^6/mL，将细胞悬液加到 96 孔细胞培养板中，每孔 150 μL，置 37℃、5%二氧化碳培养箱中静置培养适当时间，使细胞长成单层。将待检病毒悬液用细胞维持液做 10 倍连续稀释，使病毒液浓度为 10^{-1}、10^{-2}……10^{-10} 等。吸弃细胞培养板上各孔的生长液，每孔加入不同稀释度的病毒液 0.1 mL。每个稀释度的病毒液接种 4~8 个孔，另设阳性对照孔与空白对照孔，置 37℃条件下吸附 1 h，再添加维持液 0.1 mL，置 37℃、5%二氧化碳培养箱中静置培养，逐日观察、记录细胞病变情况，一般需 7~10 d。出现细胞病变的孔记为阳性，按 Reed–Muench 法计算 $TCID_{50}$。

3. 红细胞凝集现象

有些病毒具有凝集动物红细胞的特性。这是因为这些病毒的囊膜突起–血凝素（糖蛋白）与红细胞表面的粘蛋白受体发生结合，结果形成红细胞–病毒–红细胞复合体，表现为红细胞凝集。在电子显微镜下，可以清晰地看到病毒粒子的穗状突起对红细胞表面的附着现象。

4. 红细胞吸附现象

某些病毒在细胞培养物内增殖后，感染细胞表面的病毒蛋白，可吸附某些动物的红细胞，且只有感染细胞吸附红细胞，未感染细胞不吸附红细胞。

5. 病毒干扰现象

病毒间的干扰作用是指 2 种不同种类的病毒同时接种于一个细胞培养皿时,其中一种病毒的增殖对另一种病毒的增殖呈现明显的抑制作用的现象。

(二)理化特性

病毒的理化特性是鉴定病毒的重要依据,除了用电子显微镜观察病毒粒子的大小和形态结构以外,一般还进行病毒核酸型的鉴定、耐酸性试验和乙醚抵抗性试验等。

1. 病毒的纯化技术

病毒的纯化技术是利用各种物理、化学方法,以不使病毒受损伤和失活为前提,去除宿主细胞组分等非病毒杂质,提取高纯度浓缩的病毒样品的技术,以此开展病毒微细形态结构、分类、化学成分及其遗传物质等的研究。

2. 理化特性分析

(1)病毒粒子大小和形态结构

取纯化病毒,经负染色,利用电子显微镜观察。电镜下不仅可以看到病毒粒子的存在,而且可以根据病毒粒子的大小、形态结构,大致判断其属于哪一个病毒科,特别是对某些具有特征性形态结构和排列方式的病毒,可取得良好效果。

(2)病毒核酸型鉴定

病毒核酸主要分为 RNA 和 DNA,利用化学药物对 DNA 病毒和 RNA 病毒不同的抑制作用鉴定病毒的核酸类型。常用的抑制药物包括 5-氟脱氧尿核苷和 5-碘脱氧尿核苷。这是嘧啶的卤化物,进入细胞后发生磷酸化,掺入新合成的 DNA 以代替胸腺嘧啶,产生无功能分子,从而抑制 DNA 的合成。

(3)脂溶性敏感试验

某些病毒具有囊膜,脂质是其重要的结构成分,应用乙醚等有机溶剂,将此类病毒灭活。

（4）耐酸性试验

某些病毒耐酸，如小 RNA 病毒科中的肠道病毒，但是同科的鼻病毒和口蹄疫病毒却对酸敏感。

（5）胰蛋白酶敏感试验

有些病毒，如猪传染性胃肠炎病毒等，对胰蛋白酶有较强的抵抗力；而另一些病毒，如痘病毒、呼肠弧病毒等，却易被胰蛋白酶灭活，因此胰蛋白酶也常用于一些病毒的鉴定。

（6）耐热性试验

将病毒悬液分成等量的 10 小瓶，其中 4 小瓶分别置于 50℃、60℃、70℃和 80℃水浴中 1 h，另 6 瓶置于 50℃水浴中分别感作 5 min、10 min、15 min、30 min、60 min 和 180 min，随后测定其感染力，以确定病毒是否有耐热的特性。

（三）免疫学鉴定技术

经分离得到的病毒或组织等样品中的病毒皆可以用已知的抗病毒血清或单克隆抗体进行免疫学试验，鉴定病毒的种类和型别。一般可应用血凝抑制试验、免疫荧光技术、放射免疫技术、酶免疫技术和胶体金免疫标记技术，以及化学发光免疫分析技术、电化学发光免疫技术等，还有血清学技术与其他技术的联用，包括与分子生物学技术的联用等，对病毒进行特异性的检测诊断鉴定。

（四）分子生物学鉴定技术

该技术可及时发现并确诊病原，分析病原的流行病学特征及遗传特征，了解病原的进化特点。运用较为广泛的有聚合酶链反应技术、实时荧光 PCR 技术、核酸杂交技术、核酸片段多态性分析技术，以及基因芯片技术和生物传感器技术等。尽管此类技术能够快速检测和诊断病毒的靶基因，但每一项技术在应用上都有其局限性，都需要在实际应用中不断完善和改进，以更好地满足临床诊断的需要。

第二节　细菌分离与鉴定技术

当前,细菌性动物疫病仍然是危害畜牧业健康发展的重要疫病,尽早明确致病细菌并采取有针对性的治疗措施,是治疗细菌感染性疫病的关键。因此细菌分离与鉴定技术是非常重要的实验室方法和技术手段,是诊断细菌性动物疫病、选择合适的预防和治疗措施的重要依据,主要包括细菌分离培养技术和细菌鉴定技术。

一、细菌分离培养技术

细菌分离培养是细菌学检验的重要环节,正确分离培养有助于快速得到可疑的致病菌,对动物疫病的诊断与防控非常重要。以下主要介绍培养基的分类及灭菌技术、细菌接种培养及细菌培养的注意事项等。

（一）培养基分类和制备技术

培养基是供微生物、植物组织和动物组织生长与维持用的人工配制的养料。一般都含有碳水化合物、含氮物质、无机盐（包括微量元素）以及维生素、水等。不同培养基可根据实际需要,添加一些自身无法合成的化合物,即生长因子。有些微生物,如自养型微生物,不需要碳源。目前通常采用各种干粉培养基成品,用蒸馏水配制。此种培养基使用方便,但是传统培养基的制备仍是最经济实用的。

1. 培养基的分类

微生物培养基的种类繁多,一般常以培养基的组分、物理性状、用途和性质来区分。

（1）根据培养基的组成成分分类

根据培养基营养组成的差异,可将培养基分为天然培养基和合成培养基、半合成培养基 3 类。天然培养基主要取自动物体液或从动物组织中分离提取。其优点是营养成分丰富,培养效果良好;缺点是成分复杂,来源受限。天然培养基/液的种类很多,包括生物性液体（如血清）、组织浸液（如胚胎浸液)、凝固剂(如血浆)等。合成培养基是通过顺序加入准确称量的高纯度化学试剂与蒸馏水配制而成的,其所含成分(包括微量元素)的量都是确切可知的。合成培养基一般用于在实验室中进行的营养、代谢、遗传、鉴定和生物测定等定量要求较高的研究。半合成培养基又称为半组合培养基,指用天然原料加入一定的化学试剂配制而成的培养基。其中天然成分提供碳、氮源和生长素,化学试剂补充各种无机盐。这种培养基在生产和实验中使用较多。

(2)根据培养基的物理性状进行分类

根据培养基中凝固剂的有无及含量的多少，可将培养基划分为固体培养基、半固体培养基和液体培养基 3 种类型。在液体培养基中加入一定量的凝固剂，使其成为固体状态即为固体培养基。理想的凝固剂应具备以下条件:不被所培养的微生物分解利用;在微生物生长的温度范围内保持固体状态,在培养嗜热细菌时,由于高温容易引起培养基液化,通常在培养基中适当增加凝固剂来解决这一问题;凝固剂凝固点温度不能太低,否则将不利于微生物的生长;凝固剂对所培养的微生物无毒害作用;凝固剂在灭菌过程中不会被破坏;透明度好,黏着力强;配制方便且价格低廉。常用的凝固剂有琼脂、明胶和硅胶。液体培养基中不加任何凝固剂。在用液体培养基培养微生物时，通过振荡或搅拌可以增加培养基的通气量，同时使营养物质分布均匀。液体培养基常用于大规模工业生产以及在实验室进行微生物的基础理论和应用方面的研究。半固体培养基中凝固剂的含量比固体培养基中的少，培养基中琼脂含量一般为 0.2%~0.7%。半固体培养基常用来观察微生物的运动特征、分类鉴定及噬菌体效价滴定等。

(3)根据培养基用途和性质进行分类

基础培养基是指含有一般细菌生长繁殖需要的基本的营养物质。基础培养基广泛应用于细菌的增菌、检验。最常用的基础培养基是天然培养基中的牛肉膏蛋白胨培养基,这种培养基可作为一些特殊培养基的基础成分。营养培养基是指在基础培养基中加入某些特殊的营养物质,如血液、血清、酵母浸膏或生长因子等,供营养要求较高和需要特殊生长因子的微生物。鉴别培养基是指利用细菌分解糖类和蛋白质的能力及其代谢产物的不同，在培养基中加入特定的作用底物和指示剂，观察细菌生长过程中分解底物所释放的不同产物，通过指示剂的不同反应来鉴别细菌，主要用于不同类型微生物的快速鉴定，如常用的伊红美蓝琼脂等。选择性培养基是指根据某种微生物的特殊营养要求或其对某化学、物理因素的抗性而设计的培养基。其功能是使混合菌样中的劣势菌变成优势菌，从而提高该菌的筛选效率。厌氧培养基是指厌氧菌必须在无氧的环境中才能生长，凡适用于厌氧菌生长的培养基均称为厌氧培养基。进行厌氧培养的方法，一是将培养基放在无氧环境中培养；二是在培养基中加入还原性物质，降低培养基的氧化还原电势，并在培养基表面用凡士林或石蜡封闭，使培养基与外界空气隔绝，让培养基本身成为无氧的环境。

2. 培养基的制备

首先是称量药品。根据培养基配方依次准确称取各种药品，放入适当大小的烧杯，不要加入琼脂，蛋白胨极易吸潮，故称量时要迅速。用量筒取一定量(约占总量的1/2)的蒸馏水倒入烧杯中，在放有石棉网的电炉上小火加热，并用玻棒搅拌，以防液体溢出。待各种药品完全溶解后，停止加热，补足水分。如果配方中有淀粉，则先将淀粉用少量冷水调成糊状，并在火上加热搅拌，然后加足水分及其他原料，待完全溶化后，补足水分。根据培养基对pH的要求，用5% NaOH 或 5% HCl 溶液调至所需 pH。测定 pH 可用 pH 试纸或酸度计等。固体或半固体培养基须加入一定量的琼脂。加入琼脂后，置电炉上一面搅拌一面加热，直至琼脂完全融化才能停止搅拌，并补足水分(水需预热)。注意控制火力，不要使培养基溢出或烧焦。先将过滤装置安装好，如果是液体培养基，玻璃漏斗中放 1 层滤纸；如果是固体或半固体培养基，则需在漏斗中放多层纱布，或 2 层纱布夹 1 层薄薄的脱脂棉，趁热进行过滤。过滤后立即进行分装。分装时注意不要使培养基沾染在管口或瓶口，以免浸湿棉塞引起污染。液体分装高度以试管高度的1/4左右为宜，固体分装量为管高的1/5，半固体分装试管一般以试管高度的1/3为宜。分装三角瓶,量以不超过三角瓶容积的 1/2 为宜。培养基分装好后加棉塞或试管帽,再包 1 层防潮纸,用棉绳系好。在包装纸上标明培养基名称、制备组别和姓名、日期等。上述做好的培养基应按培养基配方中规定的条件及时进行灭菌。普通培养基为 121℃ 20 min,以保证灭菌效果和不损伤培养基的有效成分。培养基灭菌后,如需要做斜面固体培养基,则灭菌后立即摆放成斜面,斜面长度一般以不超过试管长度的 1/2 为宜。半固体培养基灭菌后,垂直冷凝成半固体深层琼脂。将需倒平板的培养基置于水浴锅中冷却到 45~50℃,立刻倒平板。每批培养基制成后须经检定方可使用。检定时将培养基放入 37℃温箱内培养 24 h 后,证明无菌,同时用已知菌种检查在此培养基上的生长繁殖及生化反应情况,符合要求者方可使用。制好的培养基放在 4℃冰箱内备用。培养基不宜保存过久,以少量勤做为宜。

3. 注意事项

(1)选择适宜的营养物质

所有微生物的生长繁殖均需要培养基含有碳源、氮源、无机盐、生长因子、水及能源,但由于微生物营养类型复杂,不同微生物对营养物质的需求不一样,因此首先要根据不同微生物的营养需求配制针对性强的培养基。

(2)营养物质浓度及配比合适

培养基中营养物质浓度合适时微生物才能生长良好,营养物质浓度过低不能满足微生物正常生长所需,浓度过高则可能对微生物生长起抑制作用,例如高浓度糖类物质、无机盐、重金属离子等不仅不能维持和促进微生物的生长,反而会起到抑菌或杀菌作用。另外培养基中各营养物质之间的浓度配比也直接影响微生物的生长繁殖及代谢产物的形成与积累,其中碳氮比(C/N)的影响较大。严格地讲,碳氮比指培养基中碳元素与氮元素的物质量的比值,有时也指培养基中还原糖与粗蛋白之比。

(3)控制 pH 条件

培养基的 pH 必须控制在一定的范围内,以满足不同类型微生物的生长繁殖或产生代谢产物。各类微生物生长繁殖或产生代谢产物的最适 pH 条件各不相同,一般来讲,细菌与放线菌适于在 pH 7~7.5 范围内生长,酵母菌和霉菌通常在 pH 4.5~6 范围内生长。需要注意的是,在微生物生长繁殖和代谢的过程中,由于营养物质被分解利用和代谢产物的形成与积累会导致培养基 pH 发生变化,若不对培养基 pH 条件进行控制,往往导致微生物生长速度下降或代谢产物产量下降。因此,为了维持培养基 pH 的相对恒定,通常在培养基中加入 pH 缓冲剂。常用的缓冲剂是一氢磷酸盐和二氢磷酸盐 (KH_2PO_4 和 K_2HPO_4)组成的混合物。在培养基中还存在一些天然的缓冲系统,如氨基酸、肽、蛋白质都属于两性电解质,也可起缓冲剂的作用。

(4)控制氧化还原电位

不同类型微生物生长对氧化还原电位(F)的要求不一样,一般好氧性微生物 F 值为+0.1 V 以上时可正常生长,一般以 +0.3~+0.4 V 为宜。厌氧性微生物只能在 F 值低于+0.1 V 条件下生长。兼性厌氧微生物在 F 值为+0.1 V 以上时进行好氧呼吸,在+0.1 V 以下时进行发酵。F 值与氧分压和 pH 有关,也受某些微生物代谢产物的影响。在 pH 相对稳定的条件下,可通过增加通气量(如振荡培养、搅拌)提高培养基的氧分压,或加入氧化剂,从而增加 F 值。在培养基中加入抗坏血酸、硫化氢、半胱氨酸、谷胱甘肽、二硫苏糖醇等还原性物质可降低 F 值。

(5)灭菌处理

要获得微生物纯培养,必须避免杂菌污染,因此需对所用器材及工作场所进行消毒与灭菌。对培养基而言,更是要进行严格地灭菌。对培养基,一般采取高压蒸汽灭菌,一般培养基在 121.6℃条件下维持 15~30 min 可达到灭菌目的。在高压蒸汽灭菌过程中,长时间高温会使某些不耐热物质遭到破坏,如使糖类物质形成氨基糖、焦糖,因此含糖培养基常在 112.6℃条件下 15~30 min 进行灭菌。某些对糖类要求较高的培养基,可先将糖进行过滤除菌或间歇灭菌,再与其他已灭菌的成分混合。长时间高温还会引起磷酸盐、碳酸盐与某些阳离子(特别是钙、镁、铁离子)结合形成难溶性复合物而产生沉淀,因此在配制用于观察和定量测定微生物生长状况的合成培养基时,常需在培养基中加入少量螯合剂,避免培养基中产生沉淀。常用的螯合剂为乙二胺四乙酸(EDTA)。还可以将含钙、镁、铁等离子的成分与磷酸盐、碳酸盐分别进行灭菌,然后再混合,以避免形成沉淀。高压蒸汽灭菌后,培养基 pH 会发生改变(一般使 pH 降低),可根据所培养微生物的要求,在培养基灭菌前后加以调整。

(二)病料采集和处理

1. 采集病料的方法

采集细菌学检查用的病料,要求无菌操作,以避免污染。使用的工具要煮沸消毒,使用前再经火焰消毒。在实际工作中无法做到时,最好取新鲜的整个器官或大块的组织及时送检。剖检时,器官表面常被污染,故在采集病料之前,应先清洁及杀灭器官表面的杂菌。在切开皮肤之前,局部皮肤应先用来苏儿消毒。采取内脏时,不要触及其他器官。如果当场进行细菌培养,可用烙铁刀在酒精灯上烤至红热,烧灼取材部位,使该处表层组织发焦,然后立即取材接种。

血液的采集,心血一般以毛细吸管或 10 mL 的注射器穿过心房刺入心脏内。普通注射器也可用来采血,但针头要粗些。心血抽取困难时可以挤压肝脏。全血用 20 mL 无菌注射器,吸 5% 柠檬酸钠溶液 1 mL,然后从静脉采血 10 mL,混匀后注入灭菌试管或小瓶内。血清要无菌操作从静脉吸取血液,血液置室温中凝固 1~2 h 然后置 4℃ 条件下过夜,使血块收缩,将血块从容器壁分离,可获取上清液即血清部分。或者将采取的血液置于离心管中,待完全凝固后,以 3 000 r/min 的速度离心 10~20 min,也可获取大量血清。然后将血清分装保存。若很快即用于检测,则保存于 4℃ 冰箱中。若待以后检测,则保存于 –20℃ 或 –70℃ 低温冰柜中。血液涂片的载玻片应先用清洗液浸泡,然后用水洗净后放入 95% 酒精中,之后干燥后备用。涂血片可在耳尖采血。将推片与玻片形成 30° 角接触,使标本液在 2 片之间迅速散开。按上述角度在载玻片上轻轻匀速地自右向左移动,至标本液完全均匀地分布于载玻片上。涂片时应操作轻巧,以免损伤细胞。涂片要求薄而匀。一般用力轻,推移快,则涂片多较厚;用力重,推移速度慢,则涂片较薄。涂片后最好待其自然干燥。

实质脏器的采集是用无菌用具采取组织块放于灭菌的试管或广口瓶中,取的组织块大小约 2 cm² 即可。若不是当时直接培养而是外送检查时,组织块要大些。要注意各个脏器组织分别装于不同的容器内,避免相互污染。胸腹水、心囊液、关节液及脑脊髓液以消毒的注射器和针头吸取,分别注入经过消毒的容器中。脓汁和渗出物用消毒的棉花球采取后,置于消毒的试管中运送。检查大肠杆菌、肠道杆菌等时可结扎一段肠道送检,或先烧灼肠浆膜,然后自该处穿破肠壁,用吸管或棉花球采取内容物检查,或装在消毒的广口瓶中送检。细菌性心瓣膜炎可采取赘生物培养及涂片检查。乳汁的采集是先将乳房和乳房附近的毛以及术者的手洗净消毒。将最初的一些乳汁弃去,然后采取乳汁 10~20 mL 于灭菌容器中。涂片或印片的制作在细菌学检查中颇有价值,尤其是对于难培养的细菌,更是不可或缺的手段。普通的血液涂片或组织印片用美兰或革兰氏染色。结核杆菌、副结核杆菌等用抗酸染色。一般原虫疾病需做血液或组织液的薄片及厚片。厚片的做法是用洁净玻片,滴 1 滴血液或组织液于其上,使之摊开约 1 cm 大小,平放于洁净的 37℃温箱中,干燥 2 h 后取出,浸于 2% 冰醋酸 4 份和 2% 酒石酸一份混合液中,5~10 min 脱去血红蛋白,取出后再脱水,并于纯酒精中固定 2~5 min,进行染色检查。若本单位缺乏染色条件需寄送外单位进行检查,还应该把一部分涂片和印片用甲醇固定 3 min 后不加染色一起寄出。此外,脓汁和渗出物也可以采用本方法。

2. 采集病料的注意事项

发现突然死亡或死因不明的病畜尸体,必须先采集耳静脉等末梢血液涂片镜检。在认定不是炭疽时,才可以解剖和全面采集病料。采集病料最好在动物生前使用药物之前,或死后立即进行,夏季最多不超过 6 h。所用器械、容器都必须消毒灭菌,操作中应尽量避免杂菌污染。采完病料后,对解剖场地及尸体、脏器要彻底消毒。一件器械只能采集一种病料,否则必须经酒精、火焰或煮沸消毒后才能再用。不同的病料应分别装入不同的容器内。采集病料的种类应根据各种传染病的特点采集相应的脏器、分泌物或排泄物。无法判断是什么传染病时,应全面采集。

(三)细菌的分离和接种

1. 平板划线接种法

通过在平板上划线,将混杂的细菌在琼脂平板表面充分地分散开,使单个细菌能固定在一点上生长繁殖,形成单个菌落,以达到分离纯种的目的。若需从平板上获取纯种,则挑取一个单个菌落做纯培养。具体的接种方法是右手拿接种环,烧灼冷却后,取菌液一环。左手抓握琼脂平板(让皿盖留于桌上),在酒精灯火焰左前上方,使平板面向火焰,以免空中杂菌落入,右手将已沾菌的接种环在琼脂表面密集而不重叠地来回划线,面积约占整个平板的 1/5~1/6,此为第一区。划线时接种环与琼脂呈 30°~40°角轻轻接触,利用腕力滑动,切忌划破琼脂。接种环上多余的细菌可烧灼(每划完一个区域,是否需要烧灼灭菌,视标本中含菌量的多少而定),待冷却后,在划线末端重复划 2~3 根线后,再划下一区域(约占 1/4 面积),此为第二区。第二区划完后可不烧灼接种环,用同样方法划第三区,划满整个平皿。划线完毕,将平板扣入皿盖并做好标记,置 37℃温箱中孵育 18~24 h,观察琼脂表面菌落的分布情况,注意是否分离出单个菌落,并记录菌落特征(如大小、形状、透明度、色素等)。

2. 液体培养基接种法

凡肉汤、蛋白胨水、各种单糖发酵均用此法接种。可以观察细菌不同的生长性状、生化特性以供鉴别。操作方法是右手执笔式握住接种环,灭菌冷却后取单个菌落。左手拇指、食指、中指托住液体培养基下端,右手小指和无名指(或手掌)拔取试管塞,将管口移至火焰上旋转烧灼。将沾菌的接种环移入培养基管中,在液体偏少侧接近液面的管壁上轻轻研磨,蘸取少许液体与之调和,使菌液混合于培养基中。管口通过火焰,塞好试管塞,将接种环灭菌后放下,在 37℃温箱中孵育 18~24 h,取出观察生长情况。

3. 半固体穿刺接种法

此法主要用于观察细菌动力、保存菌种。操作方法是用接种针挑取单个菌落,立即垂直插入培养基中心至接近管底处,沿原路退回。管口通过火焰,塞上棉塞,接种针灭菌后放下。试管置 37℃温箱中孵育 18~24 h,取出后对光观察穿刺线上细菌的生长情况,细菌有无向周围扩散生长,穿刺线是否清晰等。

4. 斜面培养基接种法

常用于扩大纯种细菌及实验室保存菌种。操作方法是用接种环挑取单个菌落,自斜面底向上划一直线,然后再从底向上轻轻来回做蜿蜒划线。管口通过火焰,塞上棉塞,接种环烧灼后方可放下。置 37℃温箱中孵育 18~24 h,取出观察斜面上菌苔的生长情况。

(四)细菌的培养方法

根据培养细菌的目的和培养物的特性,培养方法分为一般培养法、二氧化碳培养法和厌氧培养法 3 种。一般培养法是将已接种过的培养基置于37℃培养箱内 18~24 h,需氧菌和兼性厌氧菌即可在培养基上生长。少数生长缓慢的细菌,需培养 3~7 d 甚至 1 个月才能生长。为使培养箱内保持一定湿度,可在其内放置 1 杯水。培养时间较长的培养基,接种后应将试管口塞棉塞后用石蜡或凡士林封固,以防培养基干裂。二氧化碳培养法是指某些细菌,如牛流产布氏杆菌和胎儿弧菌等,需要在含有 10%二氧化碳的空气中才能生长,尤其是初代分离培养要求更为严格。将已接种的培养基置于二氧化碳环境中进行培养的方法即为二氧化碳培养法,二氧化碳培养箱可将已接种的培养基放入箱内孵育,即可获得二氧化碳环境。烛缸法是将已接种的培养基置于容量为 2 000 mL 的磨口标本缸或干燥器内,缸盖或缸口处均需涂凡士林,然后点燃蜡烛直立置入缸中,密封缸盖,待燃烧自行熄灭时,容器内含 5%~10%的 CO_2,容器置于 37℃条件下培养。重碳酸钠-盐酸法是指每升容积的容器内,重碳酸钠与盐酸按 0.4 g 与 3.5 mL 的比例,分别将 2 种药各置于 1 个器皿内(如平皿内),连同器皿置于标本缸或干燥器内,盖严后使容器倾斜,2 种药品接触后即可产生二氧化碳。目前常用的厌氧培养方法有厌氧罐法、气袋法及厌氧箱 3 种。

(五)细菌培养的注意事项

1. 严格的无菌操作

采取待检材料时的无菌操作,不论任何待检材料,必须在无菌操作下,用灭菌的器械采取,将样品放入灭菌的容器中待检。接种培养基时的无菌操作,接种用的器械,如接种环、棉棒或其他用具,在取材接种之前必须灭菌。接种培养基时,要尽可能防止外界微生物进入。

2. 创造适合细菌生长发育的条件

选择适宜的培养基。如果培养基选择不当,材料中的细菌可能难以分离。为此,对待检材料进行性质不明的细菌初次分离培养时,一般尽可能地多用几种培养基,包括普通培养基和特殊培养基(如含有特殊营养物质的培养基,适于厌氧菌培养)。

3. 考虑细菌所需的大气条件

对于性质不明的细菌材料最好多接几种培养基,分别放在普通大气、无氧环境内或含有 5%~10%二氧化碳的容器中培养。

4. 考虑培养温度和时间

一般病原菌放在 35~37℃条件下培养即可,24~48 h 培养后大多数病原菌都可以生长出来。少数菌须培养较长时间(1~2 周),可见其生长。

二、细菌鉴定技术

(一)生化鉴定

细菌鉴定中最重要的一种,主要是借助细菌对营养物质分解能力的不同及其代谢产物的差异对细菌进行鉴定,包括蛋白质分解产物试验、触酶试验、糖分解产物试验、氧化酶试验、凝固酶试验等。

(二)血清学鉴定

适用于含较多血清型的细菌,常用方法是玻片凝集试验,并可用免疫荧光法、协同凝集试验、对流免疫电泳、间接血凝试验、酶联免疫吸附试验等方法,快速、灵敏地检测样本中致病菌的特异性抗原。用已知抗体检测未知抗原(待检测的细菌),或用已知抗原检测患者血清中的相应抗细菌抗体及其效价。血清学鉴定操作简单快速,特异性高,可在生化鉴定基础上为细菌鉴定提供确定诊断。

(三)分子生物学检测

适用于人工培养基不能生长、生长缓慢及营养要求高不易培养的细菌。检测方法包括核酸扩增技术、核酸杂交、生物芯片及基因测序等。常见的核酸扩增技术有聚合酶链反应、连接酶链反应等,主要用于耐甲氧西林、结核分枝杆菌等病原菌的检测。核酸杂交有斑点杂交、原位杂交等,用于致病性大肠埃希菌、沙门菌、空肠弯曲菌等致病菌的检测。生物芯片包括基因芯片和蛋白质芯片,主要是对基因、蛋白质、细胞及其他生物进行大信息量分析的检测技术。

(四)微生物自动鉴定系统鉴定

可快速、准确地对临床近千种常见分离菌进行鉴定,目前已在临床实验室中广泛使用, 其中细菌16SrRNA编码基因已成为较理想的基因分离靶序列,逐渐成为临床细菌分离、鉴定的金标准。

(五)质谱技术

近年来发展起来的一种新型的软电离生物质谱,用于分析细菌的化学分类和鉴定,具有高灵敏度和高质量检测范围的优点。主要对核酸、蛋白质、多肽等生物大分子串联质谱进行分析。

第三节　寄生虫分离与鉴定技术

动物寄生虫病的诊断也需要依据流行病学、临床症状和病原学诊断、免疫学诊断和分子生物学诊断等多种方法与技术进行综合诊断。

一、病原诊断

根据动物寄生虫生活史的特点,从发病动物的血液、组织液、排泄物、分泌物或活体组织中检查寄生虫的某一发育虫期,这是最可靠的诊断方法,广泛用于动物寄生虫病的诊断。但是病原学诊断方法检出率较低,对轻度感染常反复检查,以防漏诊。对于在组织中或器官内寄生而不易取得材料的寄生虫,如异位寄生,其检出效果不理想,须应用其他诊断方法。

(一)消化系统、呼吸系统寄生虫病病原分离与鉴定

多种寄生虫寄生于动物的消化系统,呼吸系统也有一些寄生虫寄生。寄生于消化系统和呼吸系统的寄生虫均通过粪便排出其下一阶段虫体。虫卵、卵囊和幼虫是其常见的排出形式。在虫体因各种原因(驱虫、虫体自然排出等)不再继续寄生时,随粪便排出体外,通过检查粪便,可以确定是否感染寄生虫以及感染虫种。通过虫卵计数还可进一步确定寄生虫的感染强度。

1. 直接涂片检查

锶取粪便,与50%甘油水溶液或清水1~2滴混合滴于载玻片上,用牙签或火柴棍挑取黄豆粒大小的粪便加入其中。与之混匀后,剔除粗粪渣,涂抹均匀,盖上盖玻片,显微镜下观察。直接涂片检查是最常用的检查方法,既可以直接检查虫体,又可以检查虫卵。由于被检查粪便数量少,病原检出率不高。

2. 虫卵浓集检查与分离

为提高寄生虫虫卵检出率,常将分散在粪便中的虫卵集中起来,再进行检查。分别有漂浮集卵法、沉淀集卵法、麦氏计数法3种。漂浮集卵法是利用虫卵和粪渣中其他成分比重的差别, 将虫卵集中。应用比重比虫卵大的溶液,常用饱和盐水,使线虫卵、绦虫卵和球虫卵囊等浮于液体表面,取液面虫卵进行检查,可大大提高检出率。其具体方法是取适量(5~50 g)粪便置于100~500 mL烧杯中,压碎,加入少量饱和盐水,搅拌混匀,再加入10~20倍饱和盐水,用金属筛或纱布过滤,去粪渣,滤液静置20~30 min,用直径0.5~1.0 cm的金属圈蘸取表面液膜,抖落于载玻片上,盖上盖玻片,镜检。操作时,为了加快速度,可将过滤液以1 500~2 000 r/min离心5~10 min,蘸取表面液膜进行检查。漂浮法除了用饱和盐水溶液外,还可选用次亚硫酸钠饱和液、硫酸镁饱和液、硝酸钠饱和液、硝酸铵液、硝酸铅液等。检查比重较大的

虫卵时,如棘头虫虫卵、猪肺线虫虫卵及吸虫卵时,需用硫酸镁、硫代硫酸钠等饱和溶液。沉淀集卵法是取粪便 5~10 g,加适量水,搅拌均匀制成混悬液,用金属筛或纱布过滤,去除粪渣,过滤液静置 15 min 或 3 000 r/min 离心 10 min,弃去上清液,重复操作,直至上层液体较为透明,最后弃去上层液体。取沉淀物于载玻片上,镜检,进一步确定虫种类型。麦氏计数法是临床诊断中需要对粪便中虫卵进行计数最常用的方法,通过虫卵计数,可以判断动物的感染强度。该方法是将虫卵集中于计数室中。麦克马斯特计数板构造较简单,其计数室精确,适用于被饱和盐水漂起的各种虫卵。具体操作方法是将收集到的粪样搅拌均匀,取 2 g 放入烧杯中,先加入 10 mL 清水,搅匀,再加饱和盐水 50 mL,充分混匀后,立即吸取混悬液注入麦氏计数室,静置 1~2 min,显微镜下计数 1 cm × 10 cm × 0.15 cm 计数室内虫卵数。由于每室混悬液等于 0.15 mL,结果乘以 200,即为每克粪便虫卵数。通常计数 2 个计数室,取其平均值。

3. 毛蚴孵化法

常用于分体吸虫的鉴别。分体吸虫卵内的毛蚴在适宜条件下很快孵出,且基本上在水面下按直线运动,利用这一特性即可做出初步诊断。具体操作是取被检粪样 30~100 g(牛 100 g),先经沉淀集卵法处理。将最后一次洗粪的沉淀倒入 500 mL 烧瓶内,加温清水(不能用食盐水,自来水需脱氯处理)至瓶口,置 22~26℃孵化,在 1 h、3 h、5 h 用肉眼或放大镜观察并记录。孵化时应有一定的光线射入。若见水面下有白色点状物做直线运动,即为毛蚴,但还需与水里的一些原虫,如草履虫、轮虫等相区别,必要时吸出在镜下观察。毛蚴呈前宽后窄的三角形,前端有一突起。气温高时毛蚴孵出迅速,在沉淀处理过程中要严格掌握换水时间,以免换水时弃去毛蚴造成假阴性结果。

4. 粪便幼虫的培养、分离与鉴定

有些寄生虫,如圆线虫目所属线虫种类多,其虫卵形态相似,很难区别,为了区别这些线虫的种类,常将含有虫卵的粪便加以培养,待虫卵发育为幼虫时,再检查幼虫,根据幼虫形态上的差异加以鉴别。常用的方法是在培养皿底部放一张滤纸,将欲培养的粪便加水调成硬糊状,塑成半球形,放在皿内的纸上,使半球形粪球的顶部略高出平皿的边沿,加盖时与皿盖相接触。将此皿置于25℃温箱中,注意保持皿内湿度(底部垫纸要保持潮湿状态)。7 d后,多数虫卵可发育成第三期幼虫,并集中于皿盖上的水滴中,将幼虫吸出置于载玻片上,镜下观察、鉴定。另一种方法是贝尔曼法,常用于分离线虫,适用于从组织内分离幼虫,如肝、肺等组织内的幼虫,但需将组织剪碎。取粪便15~20 g,放在漏斗内的金属筛上,漏斗下接一短橡皮管,管下再接一小试管,将粪便放漏斗内网筛上,加入40℃温水至淹没粪球为止,静置1~3 h。此时大部分幼虫游走于试管底部,移走底部小试管,取其沉渣,镜检。

5. 粪便中虫体分离与鉴定

寄生于消化道的多种寄生蠕虫,有时可随粪便排出体外。大型虫体肉眼很容易观察,如蛔虫、莫尼茨绦虫、马裸头绦虫等。小型虫体肉眼不易观察,如捻转血矛线虫、奥斯特线虫、类圆线虫等。为了提高粪便中寄生虫的检出率,一般采用粪便淘洗法来分离粪便中的虫体。具体方法是将粪便用水稀释10~20倍后,选用黑色浅盘,逐次取适量粪水混合液,最好在日光下检查,发现虫体时,用挑虫针挑取虫体,放入事先备好的清水中,再移入70%乙醇中保存。检查时对易于辨认虫种可肉眼观察。

6. 测微技术

各种虫卵和幼虫一般有较为固定的大小,对虫卵或幼虫的大小进行测量,可作为确定某一种虫卵、幼虫及成虫的重要依据。虫卵和幼虫测量需要在显微镜下进行,需用特殊的装置——测微尺。测微尺分目镜测微尺和镜台测微尺,2尺配合使用。目镜测微尺是一块圆形玻璃,中心刻有一尺,长5~10 mm,分成50~100格。每个所代表的实际长度因不同物镜的放大率和不同镜筒长度而异。镜台测微尺是在一块载玻片的中央,用树胶封固一圆形的侧微尺,长1~2 mm,分成100或200格。每格实际长度为0.01 mm(10 μm)。用目镜测微尺测量虫体大小时,必须先用镜台测微尺核实目镜测微尺每一格所代表的实际长度。具体使用方法是将一侧目镜从镜筒中拔出,旋开目镜下面的部分,将目镜侧微尺刻度向下装在目镜的焦平面上,重新把旋下的部分装回目镜,然后把目镜插回镜筒中。将镜台侧微尺刻度向上放在镜台上夹好,使侧微尺分度位于视野中央。调焦至能看清镜台侧微尺的分度。小心移动镜台侧微尺和转动目镜侧微尺,使2尺左边的一直线重合,然后由左向右找出2尺另一次重合的直线。

纪录2条重合线间目镜侧微尺和镜台侧微尺的格数。计算目镜侧微尺每格所代表的实际长度。目镜尺每格所代表的实际长度=(2重合线间镜台测微尺的格数/2重合线间目镜测微尺的格数)×10 μm,取下镜台侧微尺,换上需要测量的玻片标本,用目镜侧微尺测量标本。

(二)体表虫体分离与鉴定

寄生于动物体表的寄生虫主要有蜱、螨、虱等,肉眼观察和显微镜观察相结合即可鉴别。

1. 蜱

寄生于动物体表,个体较大,肉眼观察即可发现。

2. 螨和虱

有些螨和虱个体较小,常需刮取皮屑或皮肤组织于镜下检测。刮取皮屑的方法非常重要,如检测疥螨和痒螨,应选择患病皮肤与健康皮肤交界处。刮取时先剪毛,取凸刃小刀,在酒精灯上消毒,使刀刃与皮肤表面垂直刮取皮屑,直到皮肤轻微出血。在野外采样时,为了避免风吹走皮屑,可在刮刀上先蘸取一些水或5%甘油溶液,使皮屑粘附在刀上。将刮下的皮屑集中于培养皿或试管中,带回实验室检查。如检查蠕形螨时,可用力挤压病变部,挤压出毛囊液或脓肿液,置于载玻片上观察。将刮取物或挤出的毛囊液与脓肿液置于载玻片上,滴50%甘油溶液,镜检。为了提高螨和虱的检出率,可采用浓集法。先取较多的病料,置于烧杯或试管中,加入10%氢氧化钠溶液,浸泡过夜(如急需检查,可在酒精灯上煮数分钟)使皮屑溶解,虫体自皮屑中分离出来,待其自然沉淀(或以2 000 r/min离心沉淀5 min),虫体即沉于管底,弃去上层液,吸取沉渣检查。还可将病料浸入40~45℃温水中,置恒温箱中,1~2 h

将其置于玻璃上，解剖镜下检查。活螨在温热的条件下从皮屑内爬出，集结成团，沉于水底。还可将刮取到的病料放入培养皿内，加盖，将培养皿置于40~45℃水浴锅 10~15 min，翻转培养皿，虫体与少量皮屑粘附于皿底，大量皮屑则落于皿盖上，取皿底沉淀物检查。

（三）生殖系统寄生虫分离与鉴定

寄生于家畜生殖道的寄生虫主要有牛胎儿毛滴虫和马媾疫锥虫。

1. 牛胎儿毛滴虫的鉴定

寄生于患病母牛的阴道与子宫分泌物、流产胎儿羊水、羊膜或第四胃内容物中，也存在于公牛的包皮鞘内，采取以上这些部位的病料进行虫体检查。从母畜体内采集到的病料为阴道分泌的透明黏液，从阴道内直接采取。用一根长 45 cm、直径 1 cm 的玻璃管，在距一端 12 cm 处，弯成 150°角，消毒备用。使用时将短臂插入家畜阴道，另一端接一橡皮管并抽吸，少量阴道黏液即可吸入管内。取出玻管，两端塞以棉球，带回实验室检查。公畜包皮冲洗液的收集要先准备 100~150 mL 30~35℃生理盐水，注入公畜包皮腔，用手指捏紧包皮口，按摩包皮后部，放松手指，将液体收集于广口瓶中检查。流产胎儿的样品采集主要是取流产胎儿的第四胃内容物、胸水或腹水检查。检查时将病料尽快放到载玻片上，防止材料干燥。被检物为浓稠阴道黏液时，用生理盐水稀释。羊水或包皮洗涤物先以 2 000 r/min 离心 5 min，取沉淀物制片检查。检查活动虫体标本无需染色，在镜下可见长度略大于白细胞，能清楚地看到波动膜，有时还可见鞭毛，虫体内部有一个圆形或椭圆形的强折光性核。观察到波动膜常作为被检虫体与其他一些非致病性鞭毛虫、纤毛虫形态鉴别的依据，也可将样品固定，用吉姆萨染色或苏木素染色后镜检。

2. 马媾疫锥虫的分离与鉴定

主要是采集浮肿部皮肤或丘疹抽出液、尿道及阴道黏膜刮取物作为检查材料，黏膜刮取物中最易检出虫体。用注射器抽取浮肿液和皮肤丘疹液。为防止吸入的血液发生凝固，可在注射器内先吸入适量 2%柠檬酸生理盐水。采集阴道黏膜刮取物时，先用阴道扩张器扩张阴道，再用长柄匙在其黏膜有炎症的部位刮取。刮取时稍用力,使刮取物微带血液,此法易于检到锥虫。采集公马尿道刮取物时,先将马保定,左手伸入包皮内,以食指插入龟头窝中,缓缓用力以牵出阴茎,用消毒的长柄锐匙插入尿道内,刮取病料。采集的病料加适量生理盐水,置载玻片上,盖上盖玻片,制成压滴标本进行检查,也可制成抹片经吉姆萨染色后镜检。

(四)血液和组织内虫体分离与鉴定

寄生于组织、腹腔、心血管系统的丝虫目线虫微丝蚴和寄生于血液内的原虫,病料采集和检查方法基本相似。

1. 血液内虫体的分离与鉴定

自动物耳静脉或颈静脉采血(其中加抗凝剂),将血液滴在洁净载玻片上,加等量生理盐水与之混合,盖上盖玻片,立即在镜下用低倍镜检查。发现有运动的可疑虫体时,再换高倍镜检查。由于虫体未染色,采用暗视野或弱光检查,作出初步诊断。也可按常规方法制成血片,吉姆萨染色或瑞氏染色,油镜下观察,确定病原种类。血液中的虫体较少时,以上方法易漏检,为提高检出率,可将虫体浓集后检查,采集抗凝血 6~7 mL,以 500 r/min 离心 5 min,使大部分红细胞沉降,而后将含有少量红细胞、白细胞和虫体的上层血浆移入另一离心管中,添加一些生理盐水,以 2 500 r/min 离心 10 min,取沉淀物制成抹片,吉姆萨染色或瑞氏染色检查。此法最适于伊氏锥虫病和梨形虫病的鉴定。另外需要对血液中的微丝蚴进行浓集检查时,将血液采集到离心管中,加入 5%醋酸溶液以溶血,待溶血完成后,离心并吸取沉淀检查。

2. 组织内虫体的分离与鉴定

有些原虫寄生于动物身体的不同组织内,一般在死后剖检时,取一小块组织,以其切面在载玻片上做成抹片、触片,或将小块组织固定后制成组织切片,染色检查。抹片或触片可用瑞氏染色或吉姆萨染色后镜检。接下来介绍几种常见的组织内病原的分离与鉴定方法。家畜泰勒虫病,常见病畜局部体表淋巴结肿大,如果早期诊断,可取淋巴结穿刺物进行镜检,以寻找病原体。先将病畜保定,局部剪毛、消毒,右手将肿大的淋巴结稍向上方推移,并用左手固定淋巴结。用粗针头的 10 mL 注射器刺入淋巴结,抽取淋巴组织,拔出针头,将针头内容物推挤到载玻片上,涂成抹片,固定、染色、镜检,可以找到柯赫氏蓝体(石榴体),即可初步确定病原。家畜弓形虫病,可在病死动物多种组织的涂片、触片或切片中发现包囊和速殖子。生前诊断可抽取腹水,检查是否有滋养体存在。将家畜侧卧保定,穿刺部在白线下侧脐的后方(公畜)或前方(母畜)1~2 cm 处,穿刺部位消毒,将皮肤推向一侧,针头以略倾斜的方向向下刺入,深度 2~4 cm,针头刺入腹腔时会感到阻力骤减,即有腹水流出,收集腹水,将腹水直接涂片或用离心后的沉淀物涂片,瑞氏染色或吉姆萨染色后镜检。家畜旋毛虫病,旋毛虫的幼虫寄生于多种动物的横纹肌中,肌肉中旋毛虫的检查是肉品卫生检验的重要项目,传统的方法是镜检法,但直接镜检漏检的可能性较大,可采用消化法分离获得更多幼虫以提高检出率。镜检法是取膈肌肉样 0.5~1 g,剪成 3 mm × 10 mm 的小块,用厚玻片压紧,放显微镜下检查。消化法是取肉样 100 g,搅碎或剪碎,放入 3 L 的烧杯,加入 10 g 胃蛋白酶,溶于 2 L 自来水,加入 25% 盐酸 16 mL,放一磁力棒搅拌,置于 44~46℃的磁力搅拌器上,30 min 后,将消化液用 180 μm 的滤筛滤入 - - 2 L 的分离漏斗,静置 30 min,倒出 40 mL 液体于另一个量筒内,静置 10 min,吸去 30 mL 上清液,加入 30 mL 水,摇匀,10 min 后再吸去 30 mL 上清液,剩下的液体倒入一个带有格线的平皿内,镜检。

(五)动物接种法

有些寄生虫从动物体内采集的病料中不易被检查到,可采用动物接种试验进一步分离病原,进而确定病原。此方法多用于动物原虫的分离、鉴定。

1. 伊氏锥虫

实验动物可用小鼠、大鼠、豚鼠、兔或犬。一般选用小鼠。用患病动物的抗凝血作为接种材料,全血采集后要在 2~4 h 接种完毕。接种量为 0.5~1 mL,经腹腔或皮下接种。接种后的小鼠要隔离饲养并经常观察。病料中的含虫量较多时,接种后 1~3 d 即可在小鼠的外周血液中查到锥虫;病料中的含虫量较少时,发病时间可能延后,接种后需至少观察 1 个月,也可在接种后第三天采被接种小鼠的血液 0.5~1 mL,接种于另一只小鼠,如果患病动物体内有锥虫寄生,盲传 3 代后,即可在接种小鼠外周血内检出虫体。

2. 马媾疫锥虫

一般的实验动物不能感染马媾疫锥虫。可将病畜的阴道刮取物与无菌生理盐水混合,接种于公兔的睾丸实质中,每个睾丸的接种量为 0.2 mL。如有马媾疫锥虫存在,经 1~2 周即可见兔的阴囊、阴茎、睾丸,以及耳、唇周围的皮肤发生水肿,并可在水肿液内检出虫体。

3. 胎儿毛滴虫

采集病牛阴道分泌物或包皮冲洗液,接种于妊娠豚鼠的腹腔内,如果病料中含有毛滴虫,在接种 1~20 d 可以使妊娠豚鼠发生流产,在其流产胎儿的消化道和胎盘里可查到大量毛滴虫。

4. 弓形虫

多种实验动物皆可感染弓形虫,一般用小鼠作为实验动物。采集急性死亡动物的肺、淋巴结、脾、肝或脑组织,以 1:5 的比例加入生理盐水制成乳剂,并加适量青霉素和链霉素以控制杂菌感染。吸取乳剂 0.2 mL 接种于小鼠腹腔,如病料中含虫量大及虫株致病性强,小鼠在 3~5 d 发病。病鼠被毛粗乱,食欲消失,腹部膨大,有大量腹水,病程 4~5 d。抽取病鼠或病死鼠腹水,取沉渣制作涂片,染色镜检,可见大量滋养体,如病料中含虫量少或虫株致病力弱,可进行 3 代盲传,待出现大量腹水时进行检查,确定病原。

(六)动物剖检法

对死亡或患病动物进行剖检,在动物体内检出寄生虫是鉴定病原最准确的方法。收集剖检动物体内的全部寄生虫,对于寄生虫鉴定具有重要意义。有时对全身各脏器进行检查,有时只对某一器官、某一系统或某一种寄生虫进行检查,一般采取全身剖检法。

1. 检查顺序

为全面收集、检查动物体内外的寄生虫,在动物死亡或扑杀后,一般按以下顺序进行观察、采样,必要时收集虫体。首先采集血液,制成血片,染色检查,观察血液中有无寄生虫;仔细检查体表,观察体表各部位是否有寄生虫;剥除全皮,观察皮下组织中有无虫体寄生;打开胸腔和腹腔,收集胸水、腹水检查;依次取出消化系统、呼吸系统、生殖系统、脑、眼、心脏等进行检查。

2. 各脏器的检查

(1)消化系统

消化管各段相连,取出前要将肠管两端进行双结扎,防止内容物流出。先将附着其上的肝、胰取下,再对食管、胃、小肠、大肠分别双结扎后分离,再分别放在不同的容器中待检。先剖开食管,检查食管黏膜下有无虫体寄生,要注意有无筒线虫和纹皮蝇幼虫(牛);犬食管内壁是否有狼旋尾线虫寄生并引起相应病变。再分别剖开胃和各肠段,加水将内容物洗入水中,仔细检查洗净的胃、肠黏膜上是否附着虫体,并用小刀刮取胃、肠黏膜,将刮取物置解剖显微镜下检查。冲洗物要多加生理盐水,反复多次洗涤、沉淀,待液体清净透明后,分批取少量沉渣,洗入大培养皿的清水中,先后在白色和黑色的背景下寻找虫体。将发现的虫体仔细挑出,洗净后放入70%乙醇中暂存,留作进一步检查或制作标本。肝和胰分别沿胆管或胰管剪开,检查其中是否有虫体,再将肝、胰组织撕成小块,用贝尔曼法分离虫体。

(2)呼吸器官

剪开鼻、喉、气管、支气管查找虫体,刮取气管黏膜,刮下物在解剖显微镜下检查,肺组织也可用贝尔曼法分离其中的虫体。

(3)泌尿器官

切开肾,肉眼检查肾盂,再刮取肾盂黏膜检查,然后将肾实质切成薄片,压于2个玻片之间,在放大镜或解剖显微镜下检查虫体。剪开输尿管、膀胱和尿道,检查其黏膜,注意观察黏膜下有无包囊。收集尿液,用反复沉淀法处理后检查。

(4)生殖器官

切开并刮下黏膜,压片检查。怀疑有马媾疫锥虫和牛胎儿毛滴虫时,涂片染色后镜检。

（5）脑

肉眼检查有无多头蚴,再取可疑部位的脑组织切成薄片,压片检查。

（6）眼

结膜和结膜腔以刮搔法处理检查,剖开眼球,将前房水收集于皿中,在放大镜下检查。

（7）心脏和主要血管

剖开将内容物洗于生理盐水中,反复用沉淀法检查。

（8）膈肌

主要检查旋毛虫,用镜检法和消化法进行检查。

在上述各部位检查中发现虫体,及时采集,放入70%乙醇中暂存,需详细记录,记录卡上要写清楚虫体来源,如动物来源、部位、采集时间、采集地点等,以备进一步检查或制作标本。

二、免疫学诊断

目前,利用寄生虫或寄生虫的黏附蛋白、循环抗原等制备的单克隆抗体,结合免疫学诊断技术进行寄生虫病的诊断已有诸多报道。

（一）乳胶凝集试验

将阴道毛滴虫的黏附蛋白制备单抗,并研制成乳胶凝集试剂。

（二）间接血凝试验

日本血吸虫肠相关循环阳性抗原单抗与血吸虫卵糖蛋白单抗,建立了检测血吸虫循环抗原的反向间接红细胞凝集试验。

（三）免疫荧光检测

利用隐孢子虫单抗,采用免疫荧光标记技术检测,提高了检测的阳性率和检测速度。

（四）流式细胞仪检测

流式细胞技术应用到对隐孢子虫卵囊的检测中,用荧光标记的隐孢子虫卵囊单抗与卵囊发生反应,然后用流式细胞仪计数,其敏感性比直接荧光免疫法高 10~15 倍。

（五）免疫组织化学技术

采用利什曼原虫单抗 G2D10 做免疫组织化学染色抗体，与标准苏木精-伊红染色做皮肤利什曼原虫染色对比，结果表明此试验的敏感性和特异性单抗组织化学染色都高于苏木精-伊红染色。

（六）放射免疫测定法

应用牛盘尾丝虫的 GIB13 单抗做双相放射免疫测定，以检测样品中班氏丝虫循环抗原。

（七）酶联免疫吸附试验

采用快速蛋白液相色谱法纯化羊片形吸虫分泌物，获得纯化片段后，以其为基础制备 MM3 单抗株，依此建立了一种捕获 ELISA 的检测方法。

三、分子生物学诊断

随着分子生物学的发展，PCR 基因扩增技术及核酸分子杂交技术已越来越多地应用于寄生虫病的诊断和研究之中，如锥虫病、利什曼病、肺孢子虫病、弓形虫病、血吸虫病、阿米巴病、包虫病、疟疾、丝虫病和肠球虫病等。这些技术虽具有高度的敏感性和特异性，但由于技术条件的要求高，尚存在准确性、特异性较差，交叉反应不易排除问题等诸多问题。另外应用分子生物学技术存在成本过高、操作复杂、不易推广等困难。

第二章　分子诊断技术

分子诊断学是以分子生物学理论为基础，利用分子生物学的技术和方法研究动物疫病，为动物疫病的预防、诊断、治疗和转归提供信息和决策依据。分子诊断技术大致经历了 3 个阶段：第一是利用 DNA 分子杂交技术进行遗传病、传染病的基因诊断；第二是以 PCR 技术为基础的 DNA 诊断，特别是定量 PCR 和实时荧光 PCR 的应用；第三是以生物芯片技术为代表的高通量密集型检测技术。

第一节　传统分子诊断技术

传统分子诊断技术在动物疫病的诊断和疫病监测中发挥着巨大作用。目前在兽医实验室运用较为广泛的有核酸杂交技术、聚合酶链反应技术、限制性酶切技术等。

一、核酸杂交技术

依据反应支持物可分为液相杂交技术和固相杂交技术。液相杂交技术主要指核酸探针与被检测的分子均在液相中发生的杂交反应。液相杂交方法简单、反应快速，增加了特异性和敏感性，但检测杂交体困难，应用少。固相杂交应用广，包括 Southern 印迹杂交、Northern 印迹杂交、斑点印迹杂交、原位杂交等。

（一）Southern 印迹杂交

该技术是 1975 年英国人 southern 创建的，是研究 DNA 图谱的基本技术,在遗传病诊断、DNA 图谱分析及 PCR 产物分析等方面有重要价值。其基本原理是具有一定同源性的 2 条核酸单链在一定的条件下,可按碱基互补的原则特异性地杂交形成双链。一般利用琼脂糖凝胶电泳分离经限制性内切酶消化的 DNA 片段,将胶上的 DNA 变性,并在原位将单链 DNA 片段转移至尼龙膜或其他固相支持物上,经干烤或者紫外线照射固定,再与相对应结构的标记探针进行杂交,用放射自显影或酶反应显色,从而检测特定 DNA 分子的含量。Southern 印迹杂交的操作步骤是待检核酸样品的制备、DNA 分离、凝胶中核酸的变性、转膜、预杂交、杂交、洗膜、杂交结果的检测。

（二）Northern 印迹杂交

这是一种将 RNA 从琼脂糖凝胶中转印到硝酸纤维素膜上的方法。DNA 印迹技术由 Southern 于 1975 年创建,称为 Southern 印迹技术。RNA 印迹技术正好与 DNA 相对应,故被称为 Northern 印迹杂交。Northern 杂交也采用琼脂糖凝胶电泳,将分子量大小不同的 RNA 分离开来,随后将其原位转移至固相支持物（如尼龙膜、硝酸纤维膜等）上,再用放射性（或非放射性）标记的 DNA 或 RNA 探针,依据其同源性进行杂交,最后进行放射自显影（或化学显影）,以目标 RNA 所在的位置表示其分子量的大小,而其显影强度则可提示目标 RNA 在所测样品中的相对含量。其具体操作步骤包括待检核酸样品的制备、凝胶中核酸的变性、转膜、预杂交、杂交、洗膜和杂交结果检测。

（三）斑点杂交

1983 年 Leary 等发展了简便、灵敏的斑点杂交技术,之后该技术得到了广泛应用。其原理是将 RNA 或 DNA 变性后直接以圆形点样于固相支持物（硝酸纤维素膜、尼龙膜或硅芯片）上,与标记的探针杂交,通过放射自显影或化学反应观察结果。其操作步骤包括膜预处理、点样、预杂交、杂交、洗膜、加抗体和显色。

（四）原位杂交

1969 年美国耶鲁大学的 Gall 等首先用爪蟾核糖体基因探针与其卵母细胞杂交,将该基因进行定位。与此同时,Buongiorno-Nardelli 和 Amaldi 等相继利用同位素标记核酸探针进行细胞或组织的基因定位，从而创造了原位杂交技术。自此以后，由于分子生物学技术的迅猛发展，特别是 20 世纪 70 年代末到 80 年代初，分子克隆、质粒和噬菌体 DNA 的构建成功，为原位杂交技术的发展奠定了坚实的技术基础。该技术的原理是保持组织与细胞的完整性，用核酸探针直接检测细胞内的靶核酸序列，也就是利用标记的已知核酸探针，在组织、细胞及染色体上检测特异的 DNA 或 RNA 序列的核酸杂交技术。根据检测物，分细胞内原位杂交和组织切片内原位杂交。根据探针与待检核酸，分 DNA/DNA、RNA/DNA、RNA/RNA 杂交。其操作步骤包括组织或细胞的固定、组织细胞杂交前的预处理、杂交和杂交结果检测。

二、聚合酶链反应

（一）聚合酶链式反应（Polymerase chain reaction，PCR）

美国人 Mullis 于 1983 年首先提出设想，1985 年发明聚合酶链反应，即简易 DNA 扩增法，意味着 PCR 技术的真正诞生。发现耐热 DNA 聚合酶-Taq 酶对于 PCR 的应用有里程碑意义。该酶可以耐受 90℃以上的高温而不失活，不需要每个循环加酶，使 PCR 技术变得非常简捷，同时大大降低了成本，PCR 技术得以大量应用，并逐步应用于各类实验室。该技术的原理是 DNA 的半保留复制是生物进化和传代的重要途径。双链 DNA 在多种酶的作用下可以变性解旋成单链，在 DNA 聚合酶的参与下，根据碱基互补配对原则复制成同样的 2 分子拷贝。在实验中发现，DNA 在高温时也可以发生变性解链，当温度降低后又可以复性成为双链。因此，通过温度变化控制 DNA 的变性和复性，加入设计引物、DNA 聚合酶、dNTP 就可以完成特定基因的体外复制。PCR 由变性、退火、延伸 3 个基本反应步骤构成。首先是模板 DNA 的变性。模板 DNA 经加热至 93℃左右一定时间后，使模板 DNA 双链或经 PCR 扩增形成的双链 DNA 解离，使之成为单链，以便它与引物结合，为下轮反应作准备。其次是模板 DNA 与引物的退火（复性）。模板 DNA 经加热变性成单链后，温度降至 55℃左右，引物与模板 DNA 单链的互补序列配对结合。最后是引物的延伸。DNA 模板和引物结合物在 72℃、DNA 聚合酶（如 TaqDNA 聚合酶)的作用下,以 dNTP 为反应原料,靶序列为模板,按碱基互补配对与半保留复制原理,合成一条新的与模板 DNA 链互补的半保留复制链,重复循环变性、退火、延伸 3 个过程,就可以获得更多的"半保留复制链",而且这种新链又可成为下次循环的模板。每完成一个循环需 2~4 min,2~3 h 就能将待扩目的基因扩增、放大几百万倍。

1. PCR 的体系

包括 dNTP 混合物,它是提供 DNA 结构的基础元件。引物是 DNA 聚合酶无法从无到有合成 DNA,需要一个 3'羟基,引物就是这个作用。TaqDNA 聚合酶是 DNA 聚合酶的一种,耐高温,保持高活性,使得 PCR 得以进行几十个循环。最后还有 PCR 缓冲液,为整个反应提供一个合适的环境。PCR 操作包括核酸提取、PCR 反应体系、PCR 扩增反应和电泳。

2. PCR 试验的特点

PCR 扩增的特异性是由一对寡核苷酸引物决定的。反应初期, 原来的 DNA 担负起始模板的作用,伴随循环次数的递增,由引物介导延伸的片段急剧增多而成为主要模板,最终的扩增产物是介于两种引物 5'之间的 DNA 片段。PCR 试验的优点是特异性强、灵敏度高、简便快速、对样品的纯度要求低且成本相对较小。缺点是引物会引导一定的错配,产生假阳性,并且容易受外源 DNA 的污染,凝胶电泳时需要用核酸变性剂(溴化乙啶),对人体有害等。

3. PCR 方法的应用

在兽医实验室检测中,PCR 技术已广泛应用于动物病毒病、细菌病、寄生虫病和支原体病等的检测。已经有许多动物疫病的诊断,尤其是一类动物疫病的 PCR 诊断被列入国家标准中。

(二)以 PCR 为基础的常用分子诊断技术

在 PCR 基础上衍生多种分子诊断技术。

1. 逆转录 PCR(Reverse transcription PCR,RT-PCR)

RT-PCR 用于 RNA 病毒目的片段的扩增,利用逆转录酶能将 RNA 逆转录成 DNA 的特性,用合适的引物,将样品细胞内的 RNA 逆转录成 cDNA,然后以 cDNA 为模板进行 PCR 反应,将 cDNA 扩增成大量的双链 DNA。该试验的操作步骤主要包括反转录、预变性、变性、退火、延伸、电泳、结果判定。RT-PCR 操作可分为一步法和两步法。一步法是将 cDNA 与 PCR 之间的过程省略,快速、简便、敏感,减少了污染的机会,减少了 RNA 二级结构,聚合酶具有校正活性,减少了 PCR 反应错配率。两步法首先 AMV 反转录酶或 M-MLV 反转录酶、Tth DNA 聚合酶合成 cDNA,然后以 cDNA 为模板进行 PCR 扩增。两步法将 RNA 转录为 cDNA,易于保存。RT-PCR 就是在 PCR 扩增前增加了一步逆转录的过程。

2. 套式 PCR/RT-PCR

套式 PCR,又称巢式 PCR,是一种变异的聚合酶链反应,使用 2 对 PCR 引物扩增完整的片段。第一对 PCR 引物扩增片段和普通 PCR 相似。第二对引物称为巢式引物(因为它们在第一次 PCR 扩增片段的内部)结合在第一次 PCR 产物内部,使得第二次 PCR 扩增片段短于第一次扩增。巢式 PCR 的优点是,如果第一次扩增产生了错误片段,第二次能在错误片段上进行引物配对并扩增的概率极低。因此,巢式 PCR 的扩增非常特异。该试验的操作步骤主要包括提取核酸、外引物进行第一轮扩增、内引物进行第二轮扩增、PCR 产物电泳检测。

3. 多重 PCR/RT-PCR

多重 PCR(multi-PCR),是在同一 PCR 反应体系里加上 2 对以上引物,同时扩增出多个核酸片段的 PCR 反应。其反应原理、反应试剂和操作过程与一般 PCR 相同。该试验的操作步骤与 PCR/RT-PCR 相同,仅仅是增加了若干对引物。多重 PCR 主要用于动物多种病原的同时检测,或鉴定某些动物病原、某些遗传病及癌基因的分型鉴定。多种病原的同时检测或鉴定,是在同一 PCR 反应管中同时加上多种病原的特异性引物,进行 PCR 扩增,可用于同时检测多种动物病原体或鉴定出是哪一型病原体感染。

三、核酸片段多态性分析

目前,应用于兽医实验室的多态性分析技术主要是限制性片段长度多态性（Restriction fragment length polymorphism，RFLP）、随机扩增的多态性DNA（Random amplified polymorphic DNA，RAPD）和扩增片段长度多态性（Amplified fragment length polymorphism，AFLP）。

（一）限制性片段长度多态性（RFLP）

RFLP 技术于 1980 年由人类遗传学家 Bostein 提出。它是第一代 DNA 分子标记技术。Donis-Keller 利用此技术于 1987 年构建了第一张人的遗传图谱。 RFLP 技术检测 DNA 在限制性内切酶消化后形成的特定 DNA 片段的大小，因此凡是可以引起酶切位点变异的突变，如点突变和一段 DNA 的重新组织等，均可通过 RFLP 发现。限制性内切酶是一类具有特殊功能的核酸切割酶，不同的内切酶可辨认并作用于特异的 DNA 序列，并将 DNA 切断，RFLP 主要应用于 3 种限制性内切酶。Ⅰ 型限制性内切酶既能催化宿主 DNA 的甲基化，又能催化非甲基化的 DNA 的水解。Ⅱ 型限制性内切酶只催化非甲基化的 DNA 的水解。Ⅲ 型限制性内切酶同时具有修饰及认知切割的作用。该试验的操作步骤包括不同个体 DNA 的提取、限制性内切酶酶切 DNA 片段、对限制性酶切片段进行凝胶电泳、转膜、变性、与标记探针杂交、洗膜、结果分析。RFLP 技术处理数据多态信息量大，呈共显性标记，不受显隐性关系、环境条件、发展阶段及组织部位影响，结果稳定，重复性好。但 RFLP 分析对样品纯度要求较高，样品用量大，多态性水平过分依赖于限制性内切酶的种类和数量，使多态性降低，且步骤繁琐、周期长、工作量大、成本高，应用受到一定限制。

（二）随机扩增变态性 DNA（RAPD）

RAPD 技术是 1990 年发明并发展起来的。RAPD 是建立在 PCR 基础之上的一种可对整个未知序列的基因组进行多态性分析的分子技术。其以基因组 DNA 为模板，以单个人工合成的随机多态核苷酸序列（通常为 10 个碱基对）为引物，在热稳定的 DNA 聚合酶（Taq 酶）作用下，进行 PCR 扩增。扩增产物经琼脂糖或聚丙烯酰胺电泳分离、溴化乙啶染色后，在紫外透视仪上检测多态性。扩增产物的多态性反映了基因组的多态性。该试验的操作步骤包括 DNA 提取、随机引物进行 PCR 扩增、凝胶电泳、图谱分析。该技术的特点是不使用同位素,减少了对工作人员健康的危害;可以在物种没有任何分子生物学研究的情况下分析其 DNA 多态性;对模板 DNA 的纯度要求不高;技术简单,无需克隆 DNA 探针,无需进行分子杂交;灵敏度高,可提供丰富的多态性;RAPD 引物没有严格的种属界限, 同一套引物可以应用于任何一种生物的研究,因而具有广泛性、通用性。但是 RAPD 技术较易受到各种因素的影响。无论是模板的质量和浓度、短的引物序列、PCR 的循环次数、基因组 DNA 的复杂性、技术设备等,都有可能是 RAPD 技术重复性差的直接原因。目前,多从以下几个方面来提高反应的稳定性:首先是操作规范,反应体系的组成要力求一致,尽可能地使 RAPD 反应标准化;其次是提高扩增片段的分辨率;最后是将 RAPD 标记转化为 SCAR 标记后再进行常规的 PCR 分析,可以提高反应的稳定性及可靠性。

(三)扩增片段长度多态性(AFLP)

AFLP 技术是 1993 年由荷兰科学家 Zbaeau 和 Vos 首先建立起来的一种检测 DNA 多态性的新方法。AFLP 是 RFLP 与 PCR 相结合的产物,其基本原理是先利用限制性内切酶水解基因组 DNA 产生不同大小的 DNA 片段,再使双链人工接头的酶切片段相连接,作为扩增反应的模板 DNA,然后以人工接头的互补链为引物进行预扩增, 最后在接头互补链的基础上添加 1~3 个选择性核苷酸作引物,对模板 DNA 基因再进行选择性扩增,通过聚丙烯酰胺凝胶电泳分离检测获得的 DNA 扩增片段,根据扩增片段长度的不同检测出多态性。引物由 3 部分组成:与人工接头互补的核心碱基序列、限制性内切酶识别序列、引物 3'端的选择碱基序列(1~10 bp)。接头与接头相邻的酶切片段的几个碱基序列为结合位点。该试验的操作步骤包括模板 DNA 的制备、双酶切及连接、PCR 预扩增、PCR 选择性扩增、变性聚丙烯酰胺凝胶电泳。AFLP 结合了 RFLP 和 RAPD 2 种技术的优点,具有分辨率高、稳定性好、效率高的优点。但它的技术费用昂贵,对 DNA 的纯度和内切酶的质量要求很高。尽管 AFLP 技术诞生时间较短,但可称之为分子标记技术的又一次重大突破,被认为是一种十分理想、有效的分子标记技术。

第二节　新型分子诊断技术

近年来,分子检测技术逐步向自动化和高通量的方向发展,出现了许多新型分子诊断技术,如实时荧光 PCR 技术、基因芯片技术和核酸恒温扩增技术等。与传统的分子诊断技术,尤其是常规 PCR 扩增技术相比,更加快速、特异和敏感。

一、实时荧光 PCR 技术

实时荧光定量 PCR 就是通过对 PCR 扩增反应中每一个循环产物荧光信号的实时检测实现对起始模板定量及定性的分析。在实时荧光定量 PCR 反应中,引入了一种荧光化学物质,随着 PCR 反应的进行,PCR 反应产物不断累计,荧光信号强度也等比例增加。每经过一个循环,收集一个荧光强度信号,这样就可以通过荧光强度变化监测产物量的变化,从而得到一条荧光扩增曲线图。

一般而言,荧光扩增曲线可以分成 3 个阶段:荧光背景信号阶段、荧光信号指数扩增阶段和平台期。在荧光背景信号阶段,扩增的荧光信号被荧光背景信号所掩盖,无法判断产物量的变化。而在平台期,扩增产物已不再呈指数级的增加。PCR 的终产物量与起始模板量之间没有线性关系,所以根据最终的 PCR 产物量不能计算出起始 DNA 的拷贝数。只有在荧光信号指数扩增阶段,PCR 产物量的对数值与起始模板量之间存在线性关系,可以选择在这个阶段进行定量分析。为了定量和比较方便,在实时荧光定量 PCR 技术中引入了 2 个非常重要的概念:荧光阈值和 CT 值。荧光阈值是在荧光扩增曲线上人为设定的一个值, 它可以设定在荧光信号指数扩增阶段的任意位置上,但一般是将荧光阈值的缺省设置是 3~15 个循环的荧光信号的标准偏差的 10 倍。每个反应管内的荧光信号到达设定的域值时所经历的循环数被称为 Ct 值。Ct 值与起始模板的关系研究表明,每个模板的 Ct 值与该模板的起始拷贝数的对数存在线性关系,起始拷贝数越多,Ct 值越小。利用已知起始拷贝数的标准品,可画出标准曲线,其中横坐标代表起始拷贝数的对数,纵坐标代表 Ct 值。因此,只要获得未知样品的 Ct 值,即可从标准曲线上计算出该样品的起始拷贝数。

荧光定量 PCR 所使用的荧光信号可分为 2 种,即荧光探针和荧光染料。TaqMan 荧光探针是一种寡核苷酸探针,它的荧光与目的序列的扩增相关。它设计为与目标序列上游引物和下游引物之间的序列配对。荧光基团连接在探针的 5' 末端,而淬灭剂则在 3' 末端。当完整的探针与目标序列配对时,荧光基团发射的荧光因与 3' 端的淬灭剂接近而被淬灭。但在进行延伸反应时,聚合酶的 5' 外切酶活性将探针进行酶切,使荧光基团与淬灭剂分离。TaqMan 探针适合于各种耐热的聚合酶,如 DyNAzymeTM II DNA 聚合酶。随着扩增循环数的增加,释放出来的荧光基团不断积累。因此荧光强度与扩增产物的数量成正比关系。SYBR 荧光染料是一种结合于小沟中的双链 DNA 结合染料。与双链 DNA 结合后,其荧光大大增强。这一性质使其用于扩增产物的检测非常理想。在 PCR 反应体系中,加入过量 SYBR 荧光染料,SYBR 荧光染料特异性地掺入 DNA 双链后,发射荧光信号,而不掺入链中的 SYBR 染料分子不会发射任何荧光信号,从而保证荧光信号的增加与 PCR 产物的增加完全同步。实时荧光定量 PCR 技术是 DNA 定量技术的一次飞跃。运用该项技术,可以对 DNA、RNA 样品进行定量和定性分析。定量分析包括绝对定量分析和相对定量分析。前者可以得到某个样本中基因的拷贝数和浓度;后者可以对不同方式处理的两个样本中的基因表达水平进行比较。除此之外,还可以对 PCR 产物或样品进行定性分析,例如利用熔解曲线分析识别扩增产物和引物二聚体以区分非特异扩增;利用特异性探针进行基因型分析及 SNP 检测等。目前实时荧光 PCR 技术已经被广泛应用于动物疫病基础科学研究、实验室诊断及药物研发等领域。

二、基因芯片技术

20 世纪 80 年代末,基因芯片技术应运而生,它利用微电子、微机械、生物化学、分子生物学、新型材料、计算机和统计学等多学科的先进技术,实现了在生命科学研究中样品处理、检测和分析过程的连续化、集成化和微型化。近年,基因芯片技术在疾病易感基因发现、疾病分子水平诊断、基因功能确认、多靶位同步超高通量药物筛选以及病原体检测等医学与生物学领域得到广泛应用。

(一)原理

基因芯片又称为 DNA 微阵列。基因芯片的测序原理是杂交测序方法,即通过与一组已知序列的核酸探针杂交进行核酸序列测定的方法。它是在基因探针的基础上研制出的。所谓基因探针,是一段碱基序列,由人工合成,大量的探针分子固定于支持物的探针上,连接一些如荧光等物质,以便于信号捕捉。根据碱基互补的原理,待测的基因混合物就能识别这些人工合成的基因探针,然后通过检测杂交信号的强度及分布进行分析。基因芯片通过应用平面微细加工技术和超分子自组装技术,把大量分子检测单元集成在一个微小的固体基片表面,可同时对大量的核酸和蛋白质等生物分子实现高效、快速、低成本的检测与分析。基因芯片因为其探针的不同,可以应用于许多检测领域。

(二)技术流程

基因芯片的技术流程主要包括,第一是基因芯片的制备。主要采用 3 种方法,即光蚀刻合成法、压电印刷法、点样法,指的是先将玻璃片或硅片进行表面处理后,根据不同方法的不同原理,将 DNA/RNA 片段按顺序排列在芯片上。第二是样品制备。生物样品成分往往比较复杂,除非常特殊的样品之外,一般在接触芯片前,这些样品往往要经过特殊的处理。为了提高结果的准确性,来自血液或组织中的 DNA/mRNA 样本须先行扩增,然后再被荧光素或同位素标记成为探针,以提高检测的灵敏度。第三是杂交。生物芯片上生物分子的反应是芯片检测的关键一步。影响杂交的因素很多,如时间、温度及缓冲液的盐浓度等。杂交条件的选择要根据芯片上核酸片段的长短及其本身的用途来定。通过选择合适的条件,使芯片上的生物分子之间的反应处于最佳状态,减少错配的比率,提高检测的准确性。第四是信号检测。所谓信号检测,主要是杂交图谱的检测和读出。芯片经杂交反应后,各反应点形成强弱不同的光信号图像,用芯片扫描仪和相关软件加以分析,即可获得有关的生物信息。

(三)特点

与传统的核酸印迹杂交方法相比,基因芯片技术改变载体类型和检测步骤,预先设计大量探针固定在载体中,一次杂交可检测样品中多种靶基因的相关信息,具有高通量、多参数、适时和快速全自动分析、高精密度、高灵敏度分析等显著特点。

目前基因芯片关键技术的专利限制,基因信息缺乏,设备昂贵,基因芯片技术标准化、成本高、可操作性差、人员要求高、敏感性低,待测的靶探针标记方法比较繁琐等问题,成为阻碍其在动物疫病诊断方面发挥作用的制约因素。在技术方面,DNA 芯片上原位合成探针中存在错误核酸掺入及混入杂质,增高了杂交背景,降低了特异性;复杂的寡核苷酸存在高级结构的自身配对,影响其与靶 DNA 杂交或形成不稳定的杂交二聚体;各实验室设备和处理方法等因素不同,众多数据间常缺乏可比性,不利于芯片数据的共享,这些都是芯片技术尚未得到广泛应用的原因。

第三章　血清学诊断技术

抗原与相应的抗体之间发生的特异性结合反应，这种反应既可以发生在体内，又可以发生在体外。在体内发生的抗原抗体反应是体液免疫应答的效应作用。体外的抗原抗体结合反应主要用于检测抗原或抗体，用于免疫学诊断。因抗体主要存在于血清中，所以将体外发生的抗原抗体结合反应称为血清学技术。血清学技术自 19 世纪建立凝集试验开始，不断发展，尤其是近几十年，各种新方法、新技术层出不穷，应用范围日益扩大，已深入生物学科的各个研究领域。

根据抗原抗体反应中是否使用生物或化学标记物，将其分为非标记免疫技术和标记免疫技术。非标记免疫技术根据抗原抗体反应性质不同，分为凝集性反应、有补体参与的试验、中和试验、变态反应试验和血凝与血凝抑制试验等。免疫标记技术按标记物不同，分为免疫荧光技术、酶免疫技术、放射免疫技术等。

第一节　非标记免疫技术

世界动物卫生组织规定国际贸易中的非标记免疫技术有凝集试验、沉淀试验、补体结合试验、中和试验、变态反应试验、血凝抑制试验等。

一、凝聚性试验

根据参与反应的抗原性质不同，分为由颗粒性抗原参与的凝集试验和由可溶性抗原参与的沉淀试验 2 大类。

（一）原理

细菌、红细胞等颗粒性抗原，或吸附在胶乳、离子交换树脂和红细胞上的抗原，与相应抗体结合后，在有适当电解质存在的条件下，经过一定时间作用后，形成肉眼可见的凝集颗粒。

（二）试验步骤

1. 直接凝集试验

平板凝集是将含有已知抗原（体）的诊断试剂与待检样品各一滴，在载玻片上混合，数分钟后若出现颗粒或絮状凝集，即为阳性反应。试管凝集是将已知的细菌作为抗原液与一系列稀释的待检血清混合后，观察试管中出现的凝集程度。一般以产生明显凝集现象最高稀释度作为血清抗体的效价。

2. 间接凝集试验

以正向间接血凝试验为例。首先是制备致敏红细胞，这个步骤分为 3 步。首先醛化绵羊红细胞，无菌采集绵羊血，脱纤抗凝，用 PBS 液配制成 10% 悬液，冷至 4℃，缓缓加入等量的 1% 戊二醛，摇动 30~60 min，PBS 洗涤后配制成 10% 悬液。其次测定红细胞自凝性，将醛化的红细胞加入阴性血清、阳性血清、PBS 液，混匀后 37℃ 条件下作用 1~2 h，红细胞均不凝集者为合格。最后是致敏红细胞，用醋酸盐缓冲液稀释醛化红细胞至 5% 浓度，加入等体积抗原，混匀，37℃ 条件下作用 30 min，离心，醋酸盐洗涤 3 遍，配制成 1% 致敏红细胞悬液备用。将待检血清做倍比稀释，加入抗原致敏红细胞，混匀，置于室温或 37℃ 条件下作用 45~60 min，观察结果。根据红细胞的凝集程度判定结果。一般以出现 50% 凝集的血清最高稀释度作为该血清的间接凝集效价。

二、沉淀试验

（一）原理

1. 液相沉淀试验

可溶性抗原与相应抗体结合，在电解质存在下，形成肉眼可见的白色沉淀。

2. 琼脂扩散试验

该试验为可溶性抗原与相应抗体在含有电解质的半固体凝胶（琼脂或

琼脂糖)中进行的一种沉淀试验。琼脂在试验中只起网架作用,含水量为99%,可溶性抗原与抗体在其间可以自由扩散。若抗原与抗体相对应,比例合适,在相遇处可形成白色沉淀线,反之则不会出现沉淀线。

3. 免疫电泳试验

该试验是将凝胶扩散置于同一电场中,在一定条件下,抗原及抗体离解成为带正电或负电的电子,在电场中向异相电荷的电极移动,所带净电荷量越多、颗粒越小,泳动速度越快,反之则慢。由于电流加速了抗原、抗体的运行速度,缩短了两者结合的时间,加快了沉淀现象的产生。当有多种带电荷的物质电泳时,由于各自所带净电荷不同,而区分成不同区带,使抗原决定簇不同的成分得以区分。

(二)操作步骤

液相沉淀试验是将试验抗原(或抗体)和待检样品加入小口径试管内混匀,一段时间后,在液面处出现环状沉淀现象,即为阳性反应。

1. 琼脂扩散试验

首先用 1%琼脂浇成厚 2~3 mm 的凝胶板,在上面打梅花孔,于相邻孔内滴加抗原和抗体,在湿盒中扩散 2~3 d,观察沉淀带。测抗原时,一般形成 3 种沉淀带,两相邻孔为同一抗原时,2 条沉淀带完全融合,若二者在分子结构上有部分相同的抗原决定簇,则两条沉淀带不完全融合并出现一个叉角。2 种完全不同的抗原则形成 2 条交叉的沉淀带。不同分子的抗原抗体系统可各自形成 2 条或更多的沉淀带。测抗体时,加待检血清的相邻孔要加入标准阳性血清作为对照。测定抗体效价时可倍比稀释血清,以出现沉淀带的血清最大稀释度为抗体效价。

2. 免疫电泳试验

先将抗原样品在琼脂平板上进行电泳,使其中的各种成分因电泳迁移率的不同而彼此分开,之后加入抗体做双相免疫扩散,把已分离的各抗原成分与抗体在琼脂中扩散而相遇,在二者比例适当的地方,形成肉眼可见的沉淀弧。根据沉淀弧的数量、位置和外形,对照已知抗原、抗体形成的电泳图,分析样品中所含成分。

三、有补体参与的试验

(一)原理

补体是机体非特异性免疫的重要体液因素，当被抗原抗体复合物或其他激活物被激活后,可表现为杀菌及溶菌,起到辅助和加强吞噬细胞和抗体等防御能力的作用。补体结合试验中有5种成分参与反应,分属3个系统:反应系统(抗原与抗体)、补体系统、指示系统。其中反应系统与指示系统争夺补体系统,测定时先加入反应系统和补体,给其以优先结合补体的机会,若反应系统存在待测抗体(或抗原),则抗原、抗体发生反应后可结合补体,再加入指示系统。由于反应中无游离的补体而不出现溶血,为补体结合试验阳性。

(二)操作步骤

试验分2步进行:一是反应系统作用阶段,由倍比稀释的待检血清加最适浓度的抗原和补体,混合后37℃水浴作用30~90 min或4℃冰箱过夜。二是溶血系统作用阶段,在上述管中加入致敏红细胞,置37℃水浴作用30~60 min,观察是否有溶血现象,若不溶血,则说明待检的抗体与相应抗原结合,反应结果是阳性,反之则为阴性。

补体结合试验是一种传统的免疫学技术,能够沿用至今说明它本身有一定的优点:一是灵敏度高,补体活化过程有放大作用,比沉淀反应和凝集反应的灵敏度高得多,能测定0.05 μg/mL的抗体,与间接凝集法的灵敏度相当。二是特异性强,各种反应成分事先都经过滴定,选择了最佳比例,出现交叉反应的概率较小。三是应用面广,可用于检测多种类型的抗原或抗体。四是易于普及,试验结果显而易见;试验条件要求低,不需要特殊仪器,或只用光电比色计即可。但是补体结合试验参与反应的成分多,影响因素复杂,操作步骤烦琐且要求十分严格,稍有失误便会得出不正确的结果。

四、中和试验

(一)原理及分类

病毒或毒素与相应的抗体结合后,失去对易感动物的致病力,称之为中和试验。本试验主要用于一是从待检血清中检出抗体，或从病料中检出病毒，从而诊断病毒性传染病。二是用抗毒素血清检查材料中的毒素或鉴定细菌的毒素类型。三是测定抗病毒血清或抗毒素效价。四是新分离病毒的鉴定和分型。中和试验不仅可在易感的实验动物体内进行，而且可在细胞培养上或鸡胚上进行。试验方法主要有简单定性试验、固定血清稀释病毒法、固定病毒稀释血清法、空斑减少法等。

（二）操作步骤

该试验是以病毒对宿主或细胞的毒力为基础，首先需要根据病毒的特性选择合适的细胞、鸡胚或实验动物测定病毒效价，之后将抗血清和病毒混合，经一段时间作用，接种于宿主系统以检测混合液中的病毒感染力。最后根据其产生的保护效果的差异，判断该病毒是否已被中和，并按规定的方法计算中和抗体的效价。

中和试验极为特异和敏感，具有严格的种、型特异性。利用同一病毒的不同型的毒株或不同型标准血清，即可测知相应血清或病毒的型。该试验与攻毒保护试验高度相关，中和抗体的水平可显示动物抵抗病毒的能力。其不足之处在于重复性不太理想，试验周期长、操作繁琐，不适用于大规模监测。细胞培养技术相对复杂，需要一定的设备和技术。

五、变态反应

（一）原理

变态反应是免疫系统对再次进行机体的抗原做出过于强烈或不适当反应而导致组织器官损伤的一类反应。兽医实验室应用最多的是迟发型变态反应。在此型反应中，抗体不起作用，也无补体参与，而由致敏淋巴细胞（T细胞）、单核-巨噬细胞等聚集于反应局部引起损伤。在动物疫病诊断和检疫中，常用的方法有皮内反应法、点眼法等，根据皮肤肿胀面积和肿胀厚度，可作出判断。

（二）操作步骤

将注射部位的毛剪干净，消毒。用卡尺量取剪毛部位的皮肤厚度，在剪毛部位皮内注射试剂,注射 48~72 h,根据试验操作规程,观察局部炎性反应,计算皮肤肿胀厚度判定结果。此试验存在一定非特异性,如动物发生某些细菌或病毒感染时,或使用某些药物治疗时,会造成假阳性或假阴性结果。另外注射用试剂需无菌配制、冷藏保存,应当天用完。

某些传染病引起的传染性变态反应具有很高的特异性,可用于传染病的诊断。但此方法工作量大、检出时间长、操作麻烦,被检动物个体差异、注射剂量和试剂批号等因素都可降低试验的敏感性和特异性。

五、血凝和血凝抑制试验

(一)原理

一些动物红细胞(如鸡、豚鼠等)以及人 O 型血红细胞上有流感病毒受体,遇流感病毒可产生红细胞凝集现象,简称血凝。若将特异性抗体与流感病毒(血凝素)预先作用后再加入红细胞,则不产生凝集,称为血凝抑制现象。用定量血凝素与不同稀释度血清抗体作用后,能完全抑制血凝的最高稀释度,即为血凝抑制抗体效价。

(二)操作步骤

测定动物血清中的血凝抑制抗体,首先要滴定病毒对相应红细胞的血凝效价,然后将配制为一定浓度的抗原与倍比稀释的待检血清混合,经适当时间作用后加入红细胞。当红细胞对照出现 100% 沉淀时判定结果,通常以能完全抑制红细胞凝集的血清最高稀释度为该血清的血凝抑制效价。

血凝和血凝抑制试验不需要活的试验动物,且可在几十分钟到几小时内获得结果,操作简便、快捷,成本低等。但在实际应用中,许多因素都会影响最终的试验结果。

第二节　免疫标记技术

免疫标记技术是用特定的物质标记抗原或抗体进行的抗原抗体反应。可借助各种仪器观察结果或进行自动化测定,可在细胞、亚细胞、超微结构及分子水平上,对抗原抗体反应进行定性和定位研究。或应用各种液相和固相免疫分析方法,对液体中的抗原、半抗原或抗体进行定性和定量测定。因标记物的应用,免疫标记技术在特异性、敏感性、精确性及应用范围等方面大大优于一般的免疫血清学方法。根据试验中所用标记物和检测方法的不同,免疫标记技术分为免疫荧光技术、放射免疫分析技术、免疫酶技术等。

一、免疫荧光技术

(一)原理

基本原理是将抗原和抗体反应的特异性和敏感性与显微示踪的精确性相结合。荧光素是具有共轭双键体系结构的化合物,当受到紫外光照射时,由低能量级基态向高能量级跃迁,形成电子能量较高的激发态。当电子从激发态恢复至基态时,发出荧光。以异硫氰酸荧光素、四乙基罗丹明等荧光素作为标记物,与已知的抗体结合,但不影响其免疫学特性,然后将荧光素标记的抗体作为标准试剂,用于检测和鉴定未知的抗原。在荧光显微镜下,可以直接观察呈特异荧光的抗原抗体复合物及存在部位。根据染色过程中抗原抗体反应的不同组合,经典的免疫荧光技术分有直接法、间接法和双标记法等。

(二)操作步骤

1. 制片

常见的实验室样品有组织、细胞和细菌 3 类。按不同的样品可制作涂片、印片和切片。组织材料可制成冷冻切片或石蜡切片;细菌培养物、感染动物组织,或血液、脓汁、粪便、尿沉淀等,可用涂或压印片;细胞培养物可制成涂片。

2. 染色

在已固定的标本上滴加经适当稀释的荧光抗体,置湿盒内,在一定温度下孵育一段时间,一般为 25~37℃条件下 30 min。用 PBS 液充分洗涤、干燥,同时设标本自发荧光对照(标本+PBS)、荧光抗体对照(标本+荧光抗体)、阴性血清对照和阳性血清对照。

3. 结果判定

经荧光抗体染色的标本,需在荧光显微镜下观察。染色后立即镜检。染色样本可见特异荧光, 即为阳性。观察时要将形态学特征和荧光强度相结合。进行病毒检测时,针对不同特征的病毒,观察荧光所在的部位,即有的病毒呈细胞质荧光,有的病毒呈细胞核荧光,有的在细胞质和细胞核的均可见荧光。荧光强度在一定强度上反映抗体或扩原的含量。在各种对照成立的前提下,待检样品特异性荧光染色强度达"++"以上,即可判定为阳性。免疫荧光技术敏感性高、特异性强、应用范围广,但是需要使用昂贵的荧光显微镜,并且结果判定存在一定的主观性,对检测人员有一定的要求,结果存在荧光淬灭无法长期保存的缺点等。

二、放射免疫分析技术

(一)原理

该技术是用竞争性结合的原理,应用放射性同位素标记抗原(或抗体),与相应抗体(或抗原)结合,通过检测抗原抗体复合物的放射性判断结果。放射性核素具有高灵敏性和抗原抗体反应的特异性相结合, 可进行超微量分析。可用于检测抗原、抗体、抗原抗体复合物。

(二)操作步骤

将抗原(标准品和待检样品)、标记抗原和抗血清按顺序定量加入小试管中,在一定温度下作用一段时间后,使竞争抑制反应达到平衡。标记的抗原与未标记的抗原和抗体相结合后,均形成抗原抗体复合物。由于标记抗原抗体复合物含量很低不能自行沉淀,需要合适的沉淀剂使其彻底沉淀,完成与游离标记抗原的分离。根据抗原的特性、待检样品体积、测定需要的灵敏度和精确度,进行分离技术的选择,常用的分离法有盐析法、双抗体法、聚乙二醇法、活性炭吸附法等。标记抗原抗体复合物与游离的标记抗原分离后,可进行放射性强度的测定。测定仪器有 2 类:液体闪烁计数仪和晶体闪烁计数仪。在此试验操作过程中,要注意做好个人防护,放射源、放射性废弃物要进行专门处理,放射物质储存要符合防护的要求。

该技术具有灵敏度高、特异性强,检出极限可达 pg 级水平,可广泛应用于生物活性物质、激素、各类抗原和小分子物质检测的优点。但由于该技术在操作过程中存在放射线辐射和污染问题,对实验室条件和人员有较高要求,很大程度上限制了此项技术的应用。

三、酶免疫技术

(一)原理

该技术是将抗原抗体反应的特异性与酶的高效催化作用相结合。其原理与操作步骤与免疫荧光技术相似,不同的是用酶代替荧光素作为标记物,并以底物被酶分解后的显色反应进行抗原或抗体的示踪。ELISA 是酶免疫技术中应用最广泛的一项技术。

ELISA 的试验原理是将已知的抗体或抗原结合在某种固相载体并保持免疫活性。测定时,将待检样品和酶标抗原或抗体,按不同步骤与固相载体表面吸附的抗体或抗原发生反应,形成酶标抗原抗体复合物,用洗涤的方法分离未结合的游离成分,加入底物后,底物被酶催化成有色产物。产物的量与待检样品中受检物质的量直接相关,根据颜色深浅判定结果。

目前,在兽医实验室广泛应用的 ELISA 方法,根据检测目的和操作步骤的不同,主要有用于检测抗体的竞争法/阻断法、间接法、双抗原夹心法,用于检测抗原的双抗体夹心法、竞争法,此外还有用于检测 IgM 的捕获法。斑点酶联免疫吸附试验(Dot-ELISA)是以纤维素膜代替常规 ELISA 中常用的聚苯乙烯酶标板为载体,显示底物的供氢体为不溶性的,结果以在基质膜上出现的有色斑点来判定的一种技术。

(二)操作步骤

一般 ELISA 操作步骤为包被抗原或抗体于载体上,加入待检样品之后在一定温度范围内孵育一段时间,洗涤,再加酶标记物,再洗涤,加底物显色后加入终止液,再进行酶标仪读数。

（三）注意事项

1. 样品保存

多数 ELISA 检测以动物血清为检测样品,血清按规范采集制备,避免溶血、细菌污染。1 周以内,检测的样品可放在 4℃冰箱内,超过 1 周,需低温冷冻。反复冻融会使抗体效价降低,因此用于测抗体的血清样品若要保存做多次检测,宜少量分装后再冻存。

2. 试剂准备

按试剂盒说明书的要求准备实验中需用的试剂。ELISA 中用的蒸馏水或去离子水,包括用于洗涤的,必须是新鲜的和高质量的。自配的缓冲液应用 pH 计测量校正。从冰箱中取出的试验用试剂应待温度与室温平衡后再使用。试剂盒中本次试验不需用的部分应及时放回冰箱保存。

3. 加样

加样时应将所加物加在 ELISA 板孔的底部,避免加在孔壁上部,并注意不可溅出,不可产生气泡。加样时一般用微量加样器,按规定的量加入板孔中。每次加样品应更换吸头,以免发生交叉污染。

4. 孵育

操作要在室温条件下进行。标准室温指 20~25℃。室温下反应的 ELISA 应在第一孔加完后即开始计时,加完整板时间要控制在 3 min 以内。由于室温变化较大,推荐在 25℃的培养箱中进行反应。在 37℃条件下反应的试验,ELISA 板上要加盖封板膜以防水分蒸发，且 ELISA 板应平铺在 37℃的温箱中,避免叠放。

5. 洗涤

将洗涤液注满板孔后应浸泡 30 s,最后一遍洗完要吸干孔中液体,要彻底,也可甩去液体后在清洁毛巾上或吸水纸上拍干,一般重复洗涤 4~5 次。

ELISA 由于具有敏感性和特异性较高,操作简便,不需要昂贵的仪器设备,成本相对较低,可实现高通量和自动化批量检测等优点,已成为当今使用最广泛的血清学技术之一。但是由于在 ELISA 检测中,判定临界值是在一定的统计学基础上建立的，相对于某个具体检测样品来说，可能存在假阳性或假阴性的情况，所以 ELISA 更适用于对动物群体的监测和流行病学的调查。想确定某个个体样品的检测结果时，往往需要辅以其他方法。另外所用的包被抗原应尽可能包含所有的特异抗原决定簇，同时还要尽可能不含有非特异的成分。这些问题由于技术水平的限制而难以做到，因此无法完全避免假阳性和假阴性结果的发生。

第四章　病理学诊断技术

兽医病理学是研究疫病病因、发病机制、形态结构改变以及由此引起的功能变化的一门兽医基础学科与临床兽医学之间的桥梁学科。动物疫病病理学主要研究由传染性病原体引起的动物疫病。

第一节　常规病理学诊断技术

常规病理学诊断技术主要包括大体解剖和显微镜下观察。目前,各类兽医技术人员重视分子生物学诊断技术,忽视大体形态,认为病原是诊断的主要依据。其实不然,在许多情况下,特别是疫病发生的后期,常会有多种病原混合感染,取材者对大体形态的观察、判断和取材部位的选择,可能直接影响诊断的准确性。一个有经验的病理学者,通过常规病理学检查,即可提出明确的病理诊断,提供可能的病因学证据或线索,提供病情可能的预后进展,所以常规病理学方法仍是动物疫病诊断中必不可少的一个重要组成部分。

一、大体解剖技术

病理学属于形态学科,其主要研究手段是运用各种观察方法对病死动物进行细致的观察分析。大体解剖观察主要运用肉眼及放大镜、量器等辅助工具,对各器官组织形态及其病变特征(大小、形状、重量、颜色、质地、切面等)进行细致的观察和检测。此方法简便易行。大体解剖技术是对有典型及示病性病变的发病或死亡动物进行诊断的重要手段之一,在动物疫病诊断中具有特殊且无可替代的作用。大体剖检后,可以直接观察各器官、组织的病变,做出初步诊断,同时还可以全面采集检测所需的脏器样品,为进一步诊断动物疫病提供重要的科学材料。

(一)注意事项

剖检前仔细询问、了解动物发病流行的基本情况,其中包括临床发病、治疗、死亡等要素,提前准备各类剖检器械及药品。主要用具有刀剪、镊、锯等;药品有消毒液来苏儿、新洁尔灭、碘酊等;固定液有酒精、福尔马林等。地点的选择,最好在室内,消毒控制;野外人畜少到,高处远离水源,就地掩埋。病死动物能否剖检,要排除人畜共患传染病,防止尸体搬运过程中的扩散。剖检中还需注意个人防护、防护用品的准备、皮肤有无伤口等。取材时动作要轻,防挤压等人为变化。剖检后要对场地、废弃物和解剖用具消毒处理等。

(二)大体剖检

全面系统剖检病死动物时,要按一定的方法和顺序进行。常规要求剖检时根据不同的动物、不同的疫病规律性,在保证质量的基础上,有一定的灵活性。剖检方法和顺序不是一成不变的。通常采用的剖检顺序首先是体表检查,包括营养状况、皮肤被毛、天然孔、可视黏膜等。其次是内部检查,主要是皮下、胸腹腔等检查。最后是内脏器官的取出和检查(腹腔、胸腔、盆腔、颅腔、口腔和颈部、鼻腔、肌肉关节、骨和骨髓)。

病理剖检记录与报告的编写要求是内容完整、详细、客观、如实。剖检后及时记录,重点记录剖检时发现的一些异常现象,最后将畜主个人联系方式,动物的种类、品种,流行情况,临床症状,发病经过,及诊断、治疗、免疫等情况详细登记。

(三)取材

1. 体表样品的采集

表皮寄生虫检查,需活体刮取病变组织碎屑或用透明胶带粘取内耳、耳根及颈背部毛根部皮屑,粘附于载玻片上,在显微镜下尽快检查。产生水疱或皮肤病变的疫病,直接从病变部位采样,可直接收集病变皮肤的碎屑及未破裂水疱液、水疱皮等作为样品。液体采集后置离心管内,水疱皮等置于灭菌的 50%甘油盐水保存液中低温保存送检。

2. 眼、呼吸道、咽、肛拭子的采集

用灭菌棉拭子采集眼结膜、鼻腔、咽喉或气管内的分泌物,蘸取分泌物后立即将拭子浸入保存液中(50%甘油生理盐水,没过拭子即可),密封低温保存。或将消毒拭子插入动物肛门或泄殖腔中,采取直肠黏液或粪便,放入装有缓冲液的容器中,尽快送实验室。

3. 实质脏器的采集

无菌采集组织脏器块,放入无菌容器内。每块组织要单独放在无菌容器内,注明日期、组织和动物名称,注意防止组织间相互污染。供组织病理学检查的样品要新鲜,不能冷冻,不要挤压,避免造成人为损伤。取材包括病灶及周边的正常组织,组织块的厚度最好不超过 1.5 cm,要有切面,取材后及时固定于终浓度 10%福尔马林溶液中(固定液最好 10 倍于组织样品)。如做冷冻切片用,则需将组织块放在 0~4℃容器中,尽快送往实验室进行检测。

因大体解剖只能用肉眼观察,很多细菌和病毒性疫病在大体器官组织病变上有相似之处,需要剖检者有丰富的兽医临床经验和病理学基础。因此在实际工作中,大体剖检需同临床检查和流行病学相结合,除对少数具有特征性病变的病毒病和寄生虫病可进行确诊外,通常仅可对疾病进行初步诊断,剖检取材要为后续的实验室诊断提供样品,所以适宜的取材非常重要。

二、组织病理学技术

组织病理学是将组织切片、组织触片(压印片)或细胞(体液、分泌物、排泄物等多种样品)涂片,经不同方法进行染色后用显微镜观察。该技术的应用提高了肉眼观察的分辨力,加深了对病变的认识,同时辅以免疫学方法,对相关病原在组织原位进行定位检查,通过综合分析病变特点,可作出明确的病理诊断。

(一)病理实验室所需仪器设备及其主要用途

1. 取材台或通风橱

用于对固定样品的二次取材修块,因样品大多固定于甲醛溶液中,取材需在通风良好、气体全外排的环境下进行。

2. 全密闭组织脱水机

用于对所取样品的脱水、透明、浸蜡。若无条件购买,可人工在通风橱的密封标本缸中进行脱水、透明,在水浴恒温箱中浸蜡。

3. 石蜡包埋机

用于对浸蜡后的样品浇注成可在石蜡切片机上切片的石蜡样品块。若无条件,可人工用溶蜡壶、玻璃板、包埋筐进行。

4. 石蜡切片机

用于对包埋好的石蜡块进行切片。能否制备出质量好的薄片,切片机的质量至关重要。

5. 捞片机或可控恒温水盒

用于将切好的薄片裱在载玻片上。

6. 烤片机或可控恒温烤板

用于将裱好的切片烤干。用于免疫组织化学染色的切片需在37℃温箱中干片。

7. 组织染色机

用于石蜡切片的常规染色或特定染色程序的染色。无条件购买时,可人工在通风橱的标本缸中进行。

8. 封片机

用于对染色后的标本进行封片。无条件购买时,可在通风橱中进行。

9. 温箱

免疫组织化学染色时,用于恒温孵育。

10. 其他配套用品

石蜡、塑料包埋盒、不锈钢包埋模具、一次性切片刀片、载玻片、盖玻片、乙醇、二甲苯、苏木精、伊红等化学试剂。

(二)常规组织制片技术

为在显微镜下观察到组织细胞的微细结构,必须将固定后的组织切成数微米的薄片,为此通常采用石蜡包埋后切片的技术,称为常规组织制片技术。

1. 制片前的准备

(1)修块

将固定好的组织样品修整至可用于制备石蜡切片的大小和形状,也称二次取材。所取样品要包括正常组织和病变组织的交界部位。若所取样品块内有多种形态,则需取多个切面,必要时可将不同部位修整成不同形状,并标记于记录纸上,以便在显微镜下观察时识别。

(2)冲洗

为消除福尔马林对染色及观察的影响,进行常规制片前,需用流水对已经修过的组织块放入包埋盒的组织样品进行 1 h 以上的水洗。之后尽量控干水分,放入脱水包埋机或手动进行脱水、透明、浸蜡、包埋。用乙醇或其混合液作为固定剂时,通常不需水洗。

2. 常规组织脱水、透明、浸蜡、包埋

用于石蜡切片的组织需经固定、脱水、透明、浸蜡和石蜡包埋,才能制备出薄片。在整个操作过程中,要掌握的原则的是脱水透明要够而不过,浸蜡的温度不宜超过 64℃,否则可能使抗原活性下降,降低检出率,还可能造成组织焦脆,焦脆的组织切片时易碎,即使勉强切片,染色过程中也极易脱片,且染色效果不好。

(1)脱水

石蜡包埋的最终目的是用石蜡代替组织内的水分,从而易于在石蜡的支撑下将组织切成薄片。但石蜡不能与水互溶,固定后的组织内含有大量水分,石蜡不能浸入组织,因此需要先将组织中的水分脱去,这一过程常用梯度乙醇,因其与水可以任意比例混合。直接用高浓度酒精会引起组织快速脱水变形,通常从低浓度到高浓度逐渐过渡。

(2)透明

经酒精脱水后,组织中的水分即被酒精所代替,但酒精仍不能与石蜡相融合,需经能与两者以任一比例混合的媒浸剂置换,石蜡才能浸入组织。组织在此液内呈透明状态, 因此将该步骤称为透明, 一般以二甲苯作为透明剂。

（3）浸蜡

透明的组织是由透明剂替代了组织中的水分, 此时将组织浸于熔化的石蜡内,石蜡即可浸入组织内部,最后组织用包埋框制备成蜡块。使组织细胞保持原有形态,具有一定的硬度可制成薄片。

（4）包埋

将组织切面置于包埋模具底面摆好,置冷台上稍加固定,浇注石蜡覆盖组织,将包埋盒底盖背侧面朝下放在其上,然后浇满整个包埋模具,使两者成为一体,置冷台冷凝变硬后,将蜡块从包埋模具中剥出。包埋好的组织内部充满石蜡,组织周围被石蜡包裹。组织的硬度和使用的石蜡硬度相同。

3. 切片

（1）石蜡切片

用石蜡切片机将包埋有组织的蜡块切成薄片（为增加蜡块硬度,切片前可将蜡块置于冰上）,切片厚度 3~5 μm,除脑组织等细胞量较少的组织外,切片要尽可能薄。

（2）展片与裱片

石蜡切片必须展平裱在载玻片上,沥干水分后置 60~65℃烤片（用于免疫组织化学染色时不烤片,置于 37℃温箱过夜干燥后,用硫酸纸分别包好,于自封袋中–20℃条件下备用）。

（3）冰冻切片

将新鲜取材样品修整到可置于样品托的大小和厚度, 用冷冻切片机进行快速冷冻切薄片的方法。

4. 常规染色（HE）

苏木素–伊红（HE 染色）是病理组织制片技术中最常用的染色方法,被称为常规染色。

（1）基本原理

苏木素为碱性天然染料，可使细胞核着色。细胞核内染色质的成分主要是 DNA。在 DNA 的双螺旋结构中，两条核苷酸链上的磷酸基向外，使 DNA 双螺旋的外侧带负电荷，呈酸性，很容易与带正电荷的苏木素碱性染料以离子键或氢键结合而被染色。苏木素在碱性溶液中呈蓝色，所以细胞核被染成蓝色。伊红是一种化学合成的酸性染料，在一定条件下可使细胞浆着色。细胞浆的主要成分是蛋白质，为两性化合物，细胞浆的染色与染液的 pH 在胞浆蛋白质等电点（4.7~5.0）以下时，胞浆蛋白质以碱式电离，则细胞浆带正电荷，就可被带负电荷的酸性染料染色。伊红在水中离解成带负电荷的阴离子，与胞浆蛋白质带正电荷的阳离子结合，使细胞浆着色，呈现红色。染色后，用某些特定的溶液将组织过多结合的染色剂脱去，这个过程称为分化作用，所用的溶液称为分化液。在 HE 染色中，用 1%盐酸乙醇作为分化液，因酸能破坏苏木素的醌型结构，使组织与色素分离而褪色。经苏木素染色后，必须用 1%盐酸乙醇分化，使细胞核过多结合的苏木素染料和细胞浆吸附的苏木素染料脱去，再进行伊红染色，才能保证细胞核与细胞浆染色分明。因此在 HE 染色中，分化是极为关键的一步。分化后，苏木素在酸性条件下处于红色离子状态，呈红色，在碱性条件下处于蓝色离子状态，呈蓝色。组织切片经 1%盐酸乙醇分化后呈红色或粉红色。分化后，立即用水除去组织切片上的酸而终止分化，再用弱碱性水（0.2%氨水）使苏木素染上的细胞核呈蓝色，这个过程称为返蓝作用或蓝化作用。另外用自来水浸洗也可使细胞核返蓝，但所需时间较长。

（2）染色程序

常规石蜡切片的 HE 染色包括以下 3 个步骤，根据实际情况可适当调整。与石蜡包埋的原理相同，因染色剂均为水溶性制剂，染色前，石蜡切片需与石蜡包埋反向脱蜡成水方可进行染色，冷冻切片经乙醇适当固定，冲洗后即可进行染色。HE 染色具体步骤：二甲苯Ⅰ5 min、二甲苯Ⅱ5 min、无水乙醇Ⅰ5 min、无水乙醇Ⅱ3 min、90%乙醇 3 min、80%乙醇 3 min、70%乙醇 3 min、水洗 2 min、苏木素液染色 6~10 min、水洗 2 min、1%盐酸乙醇 20~30 s、流水水洗 10~15 min、伊红液染色 5 min、70%乙醇 2 min、80%乙醇 2 min、90%乙醇 2 min、95%乙醇 2 min、无水乙醇 5 min、无水乙醇 5 min、二甲苯 I 2 min、二甲苯 II 2 min，最后用中性树胶做介质，选用适当的盖玻片封固，封片时不要有气泡，树胶的浓度和用量要适宜，不要流出载玻片。显微镜下观察细胞核、软骨、钙盐、黏液和各种微生物呈蓝色，细胞质呈粉红色或桃红色，胶原纤维呈淡粉红色，红细胞呈鲜艳的橘红色。

（三）特殊（组织化学）染色技术

为显示特定的组织结构或组织细胞的特殊成分，用特定的染料和方法对切片进行染色，称为特殊染色。特殊染色能显示或进一步确定病变性质、异常物质及某些病原体，对诊断疫病具有重要作用，是对常规染色的有效补充。如针对细菌的革兰氏染色法和抗酸杆菌染色法，真菌的 PAS 染色，病毒包涵体的特殊染色，支原体、衣原体、立克次体、螺旋体的吉姆萨染色法等，除以上这些外，特殊染色技术还包括器官组织成分的染色，如结缔组织染色、肌肉组织染色、脂质染色、神经组织染色，还可用于组织内蛋白质、酶类、无机盐（铁、钙、铜等）、病理性沉着物（含铁血黄素、黑色素等）等的显示。

组织病理学技术对所取组织经制片后，用不同方法进行染色再用显微镜观察，提高了肉眼观察的分辨力，加深了对病变的认识，可观察到组织病变及与周围组织细胞的关系，并可根据观察所见进行病理学诊断，其直观性和相应的准确性是其他诊断方法所不能取代的，如马立克氏病可观察到具有示病性变化的"马立克细胞"、结核病结节中的"郎罕细胞"、伤寒病时的"伤寒结节"等病变。在某些情况下，诊断需观察到病毒等致病因子与病变的关系，常规组织病理学有一定的局限性，还需采用免疫组织化学、电子显微镜等技术作为补充手段。

第二节　免疫组织化学与分子病理学诊断技术

免疫组织化学又称为免疫细胞化学,简称为免疫组化,是组织化学的分支。其主要原理是用标记的抗体(或抗原)对细胞或组织内相应抗原(或抗体)进行定性、定位或相对定量检测,经过组织化学呈色反应之后,用显微镜、荧光显微镜或电子显微镜观察。凡是能做抗原、半抗原的物质,如蛋白质、多肽、核酸、酶、激素、磷脂、多糖、受体及病原体等,都可用相应的特异性抗体在组织、细胞内用免疫组织化学的方法检出和研究。此方法在原位 PCR 染色中是原位扩增后重要的组织化学显色观察手段,因此有些学者也将其归类到分子病理学中。

分子病理学是指应用分子生物学技术,从分子或基因水平上研究疾病的发生、发展和转归,是随着疾病的细胞生物学和分子生物学的发展与相互交叉渗透形成的病理学分支学科。其主要原理是在分子和基因水平,利用分子生物学和免疫病理学相结合的方法,对组织细胞内的核酸等物质进行定性、定位或定量检测。主要包括原位杂交、原位末端标记、原位 PCR 等技术。这里重点介绍已广泛在兽医实验室应用,并且在病原体诊断中极有价值的免疫组织化学技术和分子病理学技术。

一、免疫组织化学诊断技术

免疫组织化学(以下简称免疫组化)的迅猛发展是从 19 世纪 70 年代后期开始的,继 Nadane 建立酶标记抗体技术后,Sternberger 在此基础上改良并建立了辣根过氧化物酶-抗辣根过氧化物酶方法,使免疫组化技术得到了广泛应用。80 年代,Hsu 等建立了抗生物素蛋白-生物素-过氧化物酶复合物法之后,免疫金-银染色法、半抗原标记法、免疫电镜技术等相继问世,使免疫组化技术成为当今生物医学、兽医学中综合研究机体形态、功能、代谢的一种常用技术。随着抗原的提纯和抗体标记技术的改进,特别是单克隆抗体技术的引入,免疫组化技术在生物基础研究,如病理学、神经生物学、发育生物学、细胞生物学和微生物、寄生虫等病原体的诊断和研究中,日益显示出巨大的实用价值,并使其向临床、定量和分子水平深入。免疫组化技术也可根据标记物的不同,分为免疫荧光法、免疫酶标法、亲和组织化学法、免疫金-银法、放射自显影法等,其中最常用的是前 3 种。

（一）免疫组化染色所需的仪器设备

微波炉、高压锅、水浴锅等用于抗原修复。石蜡切片标本通常用甲醛固定,固定液使细胞内抗原形成醛键、羧甲键而封闭了部分抗原决定簇,同时抗原决定簇因蛋白质间发生交联而隐蔽。因此在肿瘤等组织进行免疫组织化学染色时,通常要求先进行抗原修复或暴露抗原,打开因固定造成的分子之间的交联,恢复抗原的原有空间形态。其他的设备同常规组织病理学技术相同。

（二）免疫组化制片技术

免疫酶组化技术是用酶标记抗体,通过显色反应检测细胞和组织内的抗原,从而达到诊断和研究动物疫病的目的。抗原的准确显示和定位与制备的细胞和组织标本质量息息相关。由于各种抗原的生化、物理性质不同,免疫学活性受温度、酸碱度及各种化学试剂作用的影响。良好的细胞和组织学结构有助于抗原的准确定位。因此细胞和组织标本的采集、制备在免疫组化技术中占有相当重要的位置。

1. 细胞标本的取材

（1）印片法

主要应用于活组织检查标本和剖检取材标本。新鲜标本做剖面,充分暴露病变区,将载玻片轻轻压于病变区,脱落的细胞便粘附在载玻片中,自然干燥后立即浸入细胞固定液内 5~10 min,取出后自然干燥,低温保存备用。该方法的优点是简便省时,细胞抗原保存好;缺点是细胞分布不均匀,易出现细胞重叠,影响观察效果。

（2）涂片法

将培养细胞制成 1mL 2×10^6 个细胞的细胞悬液,用细胞离心涂片器或注射针头式滴管涂布于载玻片上,自然干燥,冷丙酮固定,低温保存备用。若待检物为组织液、分泌物、血液等,可在载玻片上做涂片,固定后4℃条件下保存备用。

（3）爬片法

对有贴壁生长特性的细胞,可将盖玻片直接置于培养皿内,让细胞爬满盖玻片,即可得到理想的细胞标本,取出后用PBS清洗,丙酮固定,4℃条件下保存备用。

2. 组织标本取材

为避免组织自溶造成的抗原性消失、弥散现象,要尽量采取活体放血剖检动物组织,并尽快固定处理。取材时要注意取材部位为主要病变区,取病灶与正常组织的交界区,必要时取远离病灶区的正常组织做对照。

3. 细胞和组织的固定

（1）固定

为更好地保持细胞和组织原有的形态结构,防止组织自溶,有必要对细胞和组织进行固定。固定的作用不仅使细胞内蛋白质凝固,终止或抑制外源性和内源性酶活性,而且最大限度地保存细胞和组织的抗原性,使水溶性抗原转变为非水溶性抗原,防止抗原弥散。

（2）固定剂

用于免疫组化的固定剂种类较多,性能各异,在固定半稳定性抗原时,尤其要重视固定剂的选择。

① 醛类固定剂。

为双功能交联剂, 其作用是使组织细胞之间相互交联, 保存抗原于原位。其特点是组织穿透性强、收缩性小,对IgM、IgA、J链、k链和λ链的标记效果良好,背景清晰,是最常用的固定剂。常用的有甲醛、戊二醛和多聚甲醛。

② 丙酮及醇类固定剂。

是最早使用免疫组化染色的固定剂,其作用是沉淀蛋白质和糖类物质,对组织穿透性强,保存抗原的免疫活性好,但醇类对低分子蛋白质、多肽及胞质内蛋白质的保存效果较差,一般与其他试剂混合使用,如冰醋酸、乙醚、氯仿、甲醛等。丙酮的组织穿透性和脱水性更强,常用于冰冻切片及细胞涂片的后固定,保存抗原较好,平时 4℃低温保存备用。临用时,只需将涂片插入冷丙酮内 5~10 min,取出后自然干燥,低温冰箱保存备用。乙醚(或氯仿)与乙醇等量混合液,对组织穿透性极强,即使涂片含有较多黏液,固定效果仍较好,是理想的细胞固定液。

用于免疫组化的固定剂种类多,不同的抗原和标本需经过反复试验,选用最佳固定液。一般选择固定液的标准是能最好地保持细胞和组织的形态结构,且最大限度地保存抗原的免疫活性。在实际工作中,中性福尔马林(或多聚甲醛)是适应性最广的固定液,但固定时间不宜过长,必要时可进行多种固定液的对比,从中选择最佳的固定液。

(3)注意事项

要尽快固定处理要取材的组织,力求保持组织新鲜、不干燥。固定时组织块不要过大、过厚,厚度不要超过 1 cm,且一定要有切面,固定液的量要20 倍于组织,量太少会造成固定液浓度降低。组织固定后要充分水洗,去除固定液,以减少固定液造成的人为假象。固定时间最好以完全浸透为宜(12~72 h),固定时间过久可能会影响染色效果。

4. 组织的脱水、透明、浸蜡

同常规组织病理学技术,其中要注意的是浸蜡的温度最好不超过 60℃,因此要尽量选用熔点低的蜡。

5. 切片

(1)载玻片的预处理

载玻片的处理是做好免疫组化染色的重要步骤,尤其是对一些需做酶消化、微波或高压处理、PCR 扩增的组织切片更为重要。目前常用的防脱片剂有下面几种:一是 APES(3-氨丙基三乙氧硅烷),可以和组织、玻片中的氢键形成共价键。用甲醇/丙酮配成 2% 浓度使用。APES 使用方便,便于大量应用,且价格便宜。二是 1%铬明矾明胶。还有白胶和多聚左旋赖氨酸等。

（2）切片

用石蜡切片机将包埋有组织的蜡块切成薄片,切片厚度 3~5 μm,除脑组织等细胞量较少的组织块,组织要尽可能薄。40~45℃水温展片,要尽量展平,否则皱褶处易出现非特异染色。裱片时,每个载玻片上最好左右各裱一张切片。染色时,一张用于对照、一张用于检测。55~60℃温箱烤片 2 h 或 37℃温箱 24 h 干片。处理好的切片防水密封包好,低温保存备用。

（三）免疫荧光染色技术

免疫荧光技术是将免疫学方法(抗原抗体特异结合)与荧光标记技术结合在一起,研究特异性抗原在细胞内分布的方法。在荧光显微镜下观察标记在抗体上的荧光素所发出的荧光信号,即可对抗原进行细胞定位。

1. 基本原理

免疫荧光技术是根据免疫学抗原抗体反应的原理, 先将已知的抗原或抗体标记上的荧光素制成荧光标记物,再用这种荧光抗体(或抗原)检查细胞或组织内的相应抗原(或抗体)。在细胞或组织中形成的抗原抗体复合物上含有荧光素,利用荧光显微镜观察样品,荧光素受激发光的照射而发出明亮的荧光(黄绿色或橘红色),即可观察到荧光所在的组织或细胞,从而确定抗原或抗体的位置。

用荧光抗体示踪或检查相应抗原的方法称为荧光抗体法。用已知的荧光抗原标记物示踪或检查相应抗体的方法称为荧光抗原法。这 2 种方法总称为免疫荧光技术。用免疫荧光技术显示和检查细胞或组织内抗原或半抗原物质等的方法称为免疫荧光组织(或细胞)化学技术。该技术又分为直接法、夹心法、间接法和补体法。

2. 仪器与试剂

主要是荧光显微镜和与所检抗原对应的荧光标记抗体或抗原。

3. 染色程序(以检抗原为例进行介绍)

A. 在制备好的冰冻切片或细胞片上滴加 0.01 mol/L pH 7.4 的 PBS,

10 min 后弃去,使标本保持一定的湿度。

B. 在载玻片上滴加用 0.01% 伊文氏蓝稀释适当荧光标记的抗体(染色前标记好工作浓度)溶液,使其完全覆盖标本,置于湿盒内,孵育 30 min。

C. 取出玻片,置玻片架上,先用 0.01 mol/L pH 7.4 的 PBS 冲洗后,再按顺序过 0.01 mol/L pH 7.4 的 PBS 三缸浸泡,每缸 3~5 min,浸泡时要不时振荡。

D. 取出玻片,用滤纸吸去多余水分,但不使标本干燥,加一滴缓冲甘油,用盖玻片覆盖。

E. 立即用荧光显微镜观察。背景组织细胞呈红色荧光,特异性荧光呈黄绿色。特异性荧光强度,一般可用"+"表示:(−)为无荧光;(±)为极弱的可疑荧光;(+)为荧光较弱,但清楚可见;(++)为荧光明亮,每个视野内均可见;(+++ −++++)为荧光闪亮,荧光强。待检标本特异性荧光染色强度达"++"以上,而各种对照显示为(±)或(−),即可判定为阳性。

4. 注意事项

A. 对荧光标记抗体的稀释,要保证抗体的蛋白有一定的浓度,一般稀释度不应超过 1:20。抗体浓度过低,会导致产生的荧光过弱,影响对结果的观察。

B. 染色的温度和时间需要根据各种不同的标本及抗原而变化,染色时间可以从 10 min 至数小时,一般 30 min 足够。染色温度多采用室温(25℃左右),高于 37℃可加强染色效果,但对不耐热的抗原(如流行性乙型脑炎病毒)可采用 0~2℃的低温,延长染色时间。低温染色过夜较 37℃ 30 min 效果好得多。

C. 为了保证荧光染色的正确性,首次试验时需设置下述对照,以排除某些非特异性荧光染色的干扰。一是标本自发荧光对照,标本加 1~2 滴 0.01 mol/L pH 7.4 的 PBS。二是特异性对照(抑制试验),标本加未标记的特异性抗体,再加荧光标记的特异性抗体。三是阳性对照,已知的阳性标本加荧光标记的特异性抗体。如果标本自发荧光对照和特异性对照呈无荧光或弱荧光,阳性对照和待检标本呈强荧光,则为特异性阳性染色。

D. 一般标本在高压汞灯下照射超过 3 min,就有荧光减弱现象。经荧光染色的标本最好在当天观察,随着时间的延长,荧光强度会逐渐下降。

(四)免疫酶组织化学染色技术

1. 酶标抗体法

免疫酶标抗体技术是一种综合定性、定位和定量,形态、机能和代谢密切结合为一体的研究与检测技术。在原位检测出病原的同时,还能观察到组织病变与该病原的关系,确认受染细胞类型,从而有助于了解动物疫病的发现机理和病理过程。

(1)基本原理

酶标抗体技术是通过共价键将酶连接在抗体上,制成酶标抗体,再借酶对底物的特异催化作用, 生成有色的不溶性产物或具有一定电子密度的颗粒,在普通显微镜或电镜下进行细胞表面及细胞内各种抗原成分的定位。根据酶标记的部位,可将其分为直接法(一步法)、间接法(二步法)、桥联法(多步法)等。用于标记的抗体可以是用免疫动物制备的多克隆抗体或特异性单克隆抗体,最好是特异性强的、高效价的单克隆抗体。直接法是将酶直接标记在第一抗体上。间接法是将酶标记在第二抗体中,检测组织细胞内的特定抗原物质。目前通常选用免疫酶组化间接染色法。

(2)标记酶

用于标记的酶,一是酶催化的底物必须是特异的,而且容易被显示,即催化反应所形成的产物易于在光镜和电镜下观察。二是酶反应的终产物所形成的沉淀必须稳定,即终产物不能从酶活性部位向周围组织弥散,而影响组织学定位。三是较易获得纯的酶分子。四是中性 pH 值时,酶分子要稳定。五是在酶标过程中,酶连接在抗体上不能影响二者的活性。六是在被检组织中,不应存在与标记酶相同的内源性酶或类似的物质,否则结果将难以判定。

上述 6 点中,前 2 点最为重要,因为并非所有的容易显示的酶均能形成不溶性的复合物。符合上述要求的,最为常用的酶是辣根过氧化物酶,其次是碱性磷酸酶,除此之外,还有葡萄糖氧化酶等,但因其形成的不溶性色素扩散作用较大,在应用上受到很大限制。

（3）常用的底物显色剂

一般有 2 种:一种是 DAB(3,3 二氨基联苯胺),显色后阳性反应产物呈褐色;另一种是 AEC(3,氨基-9-乙基卡巴唑),显色后阳性反应产物呈红色或紫红色。

（4）染色程序

常规脱蜡、1%盐酸酒精作用 10 min 后, 再用 3%过氧化氢水溶液处理 15 min,以抑制内源酶,然后蒸馏水洗 2 次,用 0.05%胰酶 37℃条件下消化 2 min,PBS 洗 2 次,擦干组织周围部分后,用组化笔沿标本周边画一个圈,正常马血清(用 PBS 做 1:20 稀释),37℃湿盒内作用 20 min,加一抗后 37℃条件下 1 h 或 37℃条件下 0.5 h 后 4℃条件下过夜。对照片略去一抗或加阴性血清,PBS 洗 3 次,加 AEC 显色 5~10 min,苏木素衬染细胞核 10 s(一过性淡染,不分化),自来水洗 2 min,待切片干燥后用水溶性封片剂封片。在普通光学显微镜下观察结果,标本上出现红色或紫红色可判为阳性,用"+"表示,(−)为无红色阳性反应;(±)为极弱的可疑阳性反应;(+)为可见阳性反应;(++)为单个视野内可见 2 个以上阳性反应;(+++ −++++)为单个视野内可见 2 个以上强阳性反应。照相记录结果。

2. 葡萄球菌蛋白 A(SPA)法

（1）基本原理

SPA 具有和人与许多动物,如豚鼠、猪、小鼠、猴等 IgG 结合的能力。SPA 结合部位是 Fc 段而不是 Fab 段,这种结合不会影响抗体的活性。SPA 具有的结合力是双价的,每个 SPA 分子可以同时结合 2 个 IgG 分子,也可一方面同 IgG 相结合,一方面与标记物,如荧光素、过氧化物酶、胶体金和铁蛋白等结合。但需注意的是,葡萄球菌蛋白 A 对 IgG 免疫球蛋白亚型的结合有选择性,如葡萄球菌蛋白 A 与人 IgG 亚型 IgG1、IgG2 和 IgG4 有结合力,唯独不结合 IgG3,只结合 IgA2 而不结合 IgA1,葡萄球菌蛋白 A 与禽类血清 IgG 不结合,因此要注意可能出现的假阴性结果。葡萄球菌蛋白 A 常用辣根过氧化物酶标记,可应用于间接法。

(2)染色程序

染色程序基本同酶标抗体法,仅二抗改为辣根过氧化物酶标记的葡萄球菌蛋白 A。

3. 免疫组化染色结果的判定

(1)对照的设立

设立对照的目的在于证明和肯定阳性结果的特异性,排除非特异性疑问。每批染色都要以特异性阳性对照和阴性对照为基础,只有这样,才能对染色结果做出判断。对照主要针对第一抗体。

① 阳性对照。

用已知抗原阳性的切片与待检标本同时进行免疫细胞化学染色,对照切片应呈阳性结果,阳性对照成立,证明整个染色过程有效。

② 阴性对照。

用确证不含已知抗原的标本做对照,应呈阴性结果,另外空白、替代、吸收和抑制试验均为阴性对照。当阴性对照成立时,才能判定检测结果,主要用于排除假阳性。

对免疫组化染色结果的判断应持科学的慎重态度,要准确判断阳性和阴性,排除假阳性和假阴性结果,必须严格进行对照试验,对发现的阳性结果,除有对照试验结果之外,还要进行多次重复试验,最好用几种其他方法进行验证,如用免疫酶法染色阳性,可再用亲和组织化学、原位 PCR 等方法验证。初学者必须学会判断特异性染色和非特异性染色,否则会得出不科学的结论。特异性染色和非特异性染色的鉴别点,主要在于特异性反应产物常分布于特定部位,如细胞质、细胞核和细胞表面,即具有结构性。特异性染色表现为在同一切片上呈现不同程度的阳性染色结果,非特异性染色表现为无一定的分布规律,常为某一部位成片的均匀着色,细胞和周围结缔组织均无区别地着色,或结缔组织呈现很强的染色。非特异性染色常出现在干燥切片的边缘、有刀痕或组织折叠的部位。过大的组织块,中心固定不良也会导致非特异染色。有时可见非特异性染色和特异性染色同时存在,由于过强的非特异性染色背景不但影响对特异性染色结果的观察记录,而且令人对其特异性结果产生怀疑。

(2)阳性细胞的染色特征

免疫组织化学的阳性反应呈色深浅可反映抗原存在的数量,可作为定性、定位和半定量的依据。同时阳性反应必须在特定的部位才具有诊断意义。阳性细胞染色分布有3种类型,即细胞质、细胞核和细胞表面。大部分抗原见于细胞质,可见于整个胞质或部分胞质。阳性细胞分布可分为散在、灶性和弥漫性。由于细胞内抗原含量不同,所以染色强度不一,如果细胞之间染色强度相同,常提示其反应为非特异性。阳性染色定位于细胞,且阳性与阴性细胞相互交杂分布。而非特异性染色常不限于单个细胞,而累及一片细胞。若仅在切片边缘、刀痕或皱褶区域、坏死或挤压的细胞区、胶原结缔组织等部位呈现阳性反应,且表现为相同的阳性染色强度,不能判定为阳性。

免疫组化方法不仅可在动物脏器组织中特异地检出病原,而且可发挥病理学检查直观、抗原定位准确的特点,如犬传染性肝炎病毒定位于细胞核内,伪狂犬病病毒可先后定位于细胞核和细胞质,犬瘟热病毒同时定位于细胞质和细胞核,口蹄疫、狂犬病、乙脑病毒只定位于细胞质内等。另外通过免疫组织化学方法,还可明确观察到致病病原在组织培养细胞和机体细胞内的生长增殖动态,即病毒的扩散过程。目前已在兽医病理学诊断中得到应用。

免疫组化诊断技术已列入我国《猪瘟诊断技术》《犬传染性肝炎诊断技术》和《犬瘟热诊断技术》等动物疫病诊断方法的国家标准或行业标准中,但因免疫组化诊断需要高滴度、高特异的一抗,目前尚无相关商品化试剂盒供应,在一些实验室还缺乏病理制片等工作基础,因此限制了其在兽医疫病诊断中的应用。

二、分子病理学诊断技术

分子病理学诊断技术是利用分子生物学的灵敏性和高效扩增特性,与免疫病理学的定位性相结合的方法,对组织细胞内的核酸等物质进行定性、定位或定量检测。由于实验条件要求高,所需仪器设备昂贵,目前兽医领域,除一些研究性工作外,在疫病诊断中不经常应用。这里仅对原位杂交、原位PCR技术进行简单阐述。

(一)原位杂交技术

原位杂交技术是应用分子生物学的核酸杂交原理,组织切片、细胞涂片原位不经核酸提取步骤,直接进行核酸杂交,在显微镜或电镜下观察杂交信号的一项新技术。该技术广泛应用于医学基础研究、细胞遗传学、肿瘤、生物学剂量测定和病原学诊断。

1. 基本原理

不经过体外核酸提取步骤,在组织细胞原位,将标记的目的核酸探针与组织或细胞内待检 DNA 或 RNA 互补配对。结合成 DNA-DNA、DNA-RNA 或 RNA-RNA 双链分子,应用与标记物相应的检测系统显色,在显微镜或电镜下对阳性物质进行细胞内定位。

2. 基本程序

杂交前准备(固定、玻片和组织处理)、杂交、杂交后处理、杂交后检测和结果判定。

固定的目的是保持细胞生理状态下的形态结构和最大限度地保存细胞内目的 DNA 或 RNA,特别是易被降解的 RNA。最常用的固定剂是 4%多聚甲醛。因杂交过程中温度变化大,容易造成脱片,因此需要用免洗玻片或经去油、去污处理的洁净载玻片,涂布多聚赖氨酸、3'-氨丙基三乙氧硅烷等较牢固的防脱片剂,制备尽量薄的切片等方法防止组织脱片。染色前还要对组织切片进行处理,充分脱蜡,TritonX-100 去污处理(过度会引起靶核酸的丢失,组织形态结构受损)、蛋白酶 K 消化以增强组织和细胞膜的通透性。并用 0.25%醋酸酐处理以降低非特异本底,通过预杂交封闭组织中非特异性杂交点。再将杂交液(10~20 μl/张)滴加至切片标本上,置湿盒中,根据检测标本所需温度（通常 DNA-DNA 37℃、DNA-RNA 42~44℃、RNA-RNA 48~50℃）过夜进行杂交孵育(杂交时间与探针浓度呈负相关,时间为 4~24 h)。杂交后处理包括用系列不同浓度、不同温度的盐溶液漂洗。漂洗的原则是盐浓度由高到低,温度由低到高。最后时进行杂交检测,检测需根据探针标记物的种类分别进行。具体操作方法可参考免疫组化技术,如荧光标记直接用荧光显微镜观察,酶标记底物显色后用光学显微镜观察,同位素标记通过放射自显影观察。在组织对照、探针对照、杂交反应对照和检测系统对照成立的前提下判定结果。

（二）原位 PCR

原位 PCR 技术是在组织细胞原位进行 PCR 扩增,以检测单拷贝或低拷贝特定 DNA 或 RNA 序列的一种方法,是将 PCR 扩增与原位杂交检测相结合建立的一项新技术,可检测内源性和外源性基因。

1. 基本原理

直接在组织或细胞样本上原位扩增目的片段（不改变靶基因定位）,经过 PCR 反应,使原有细胞内单拷贝或低拷贝的特定目的核酸序列呈指数扩增,再应用标记的探针以原位杂交方法检测扩增产物。

2. 基本程序

扩增前准备(固定、取材、玻片和组织预处理等)、原位 PCR 仪扩增、扩增产物的检出。通常根据扩增产物内是否含标记物,分为直接法和间接法。因直接法特异性差,易出现假阳性,特别不适用于组织切片检测,因此一般采用间接法。

取材要新鲜,固定要及时,固定液和玻片组织预处理同原位杂交技术。然后脱蜡、去污、酶消化、去除内源酶,再进行原位 PCR 扩增,用原位 PCR 仪在组织细胞片上进行,反应过程不带任何标记物,由组织细胞内目的基因原位扩增。最后是原位杂交检测特异性扩增产物,具体方法同原位杂交。

第二篇
牛羊共患病分述

第一章　口蹄疫

口蹄疫（Food-and-mouth disease，FMD）是由口蹄疫病毒（Food-and-mouth disease vivus，FMDV）引起的，以偶蹄动物口、鼻、蹄和雌性动物乳头等无毛部位发生水疱为特征的急性、热性、高度接触性传染病。口蹄疫病毒的感染性和致病力特别强，且可迅速远距离传播，感染发病率 100%，病畜生产性能平均下降 30%，种畜价值丧失，严重时新生幼畜死亡率达 100%。鉴于该病对经济发展、国际贸易和社会稳定的重要影响，世界动物卫生组织（OIE）将该病列为法定上报的动物疫病，我国也将其列为一类动物疫病之首。

第一节　病原

一、分类地位

按照 2005 年国际病毒分类委员会第八次报告，口蹄疫病毒属微 RNA 病毒目、微 RNA 病毒科、口蹄疫病毒属成员。该属除口蹄疫病毒外，还包括马鼻炎病毒 A 和牛鼻炎病毒 B。

二、分型

口蹄疫病毒基因组变异频繁，不同分离株以及同一毒株不同代次之间存在明显的核苷酸差异。根据病毒抗原的差异，口蹄疫病毒分为 7 个血清型，各血清型间无交叉免疫。依据病毒分子遗传演化，在同一血清型中可分为不同的基因型/拓扑型，基因型不仅可明确反映各毒株之间的亲缘关系，而且进一步反映了不同分离株的遗传关联和地域特征。

（一）O 型

此血清型包括 8 个拓扑型，分别为中国型（Cahtay）、中东-南亚型（Middle East-South Asia,ME-SA）、东南亚型（South East Asia,SEA）、欧洲-南美型（Europe-South America,Euro-SA）、印尼 1 型（Indonesia-1,ISA-1）、印尼 2 型（Indonesia-2,ISA-2）、东非型（East Africa,EA）和西非型（West Africa,WA）。O 型是口蹄疫病毒临床分离毒株中最常见的血清型,其中近年来大多数分离株属于 ME-SA 拓扑型中的泛亚谱系。而我国最近流行的 O/MYA98 毒株属于 SEA 拓扑型中的 Mya98 谱系。该谱系还包括以前称之为耿马谱系（GML）的 1997 年 GM 毒、2002 年 GM 华南支系及 2003 年 GM 北方支系的流行毒株。

（二）AsiaI 型（亚洲 I 型）

对此型口蹄疫病毒的核苷酸序列分析,表明其变异程度较低,不同毒株间核苷酸差异仅为 15.6%，比其他血清型中不同病毒分离株间核苷酸差异低,因此现在没有将其分为不同的基因型/拓扑型。

（三）A 型

此型口蹄疫病毒包括 3 个地域分明的拓扑型，分别为欧洲-南美型（Euro-SA）、亚洲型（Asia）和非洲型（Africa）。

（四）C 型

此型主要分为 8 个拓扑型,分别为欧洲型（Euro）、南美型（SA）、菲律宾型（Philippines）、安哥拉型（Angola）、中东-南亚型（ME-SA）、斯里兰卡型（Sri-Lanka）、东亚型（EA）和塔吉克斯坦型（Tadzhikistan）。

（五）SAT1 型（南非 1 型）

主要分为 3 个拓扑型，分别为发生于津巴布韦东南部和南非的 I 型（SEZ）,发生于津巴布韦西部、博茨瓦纳和纳米比亚的 II 型（WZ）,发生于津巴布韦西北部、赞比亚和马拉维的 III 型（NWZ）。

（六）SAT2 型（南非 2 型）

主要分为 2 个拓扑型。1981—1991 年的津巴布韦的毒株属于一个拓扑型,另一个是流行于整个南非地区并扩散到东亚和中东地区的毒株。与SAT1 和 SAT3 型不同的是,SAT2 型的 2 个拓扑型似乎不存在地缘性关系。

(七)SAT3 型(南非 3 型)

主要分为 3 个拓扑型,即津巴布韦东南部及南非(Ⅰ-SEZ)、津巴布韦西部及博茨瓦纳(Ⅱ-WZ)、津巴布韦西北部及马拉维(Ⅲ-NWZ),其地域分布与南非 1 型基本一致。

三、生物学特性

口蹄疫病毒尤其对酸、碱十分敏感,甲醛的熏蒸消毒最为常用。0.5%过氧乙酸主要用于对污染的用具、车辆、饲槽以及污染的皮毛等进行消毒。2%~4%的氢氧化钠常用于消毒被污染的畜舍地面、墙壁、运动场、污物等,亦可用于屠宰场、食品厂等地面以及运输车船等物品的消毒。有机氯类消毒剂亦对口蹄疫病毒具有良好的消毒效果,常用的有机氯消毒剂有强力消毒灵、次氯酸钠、"84"消毒液、抗毒威等。

第二节　流行状况

一、起源

我国自 1949 年后一直记录有口蹄疫疫情。从口蹄疫地理分布态势来看,与我国陆地接壤的 14 个国家中的 9 个国家(塔吉克斯坦、吉尔吉斯斯坦、哈萨克斯坦、朝鲜、俄罗斯、老挝、缅甸、越南、蒙古)都有口蹄疫的流行,而且疫情复杂,A 型、C 型、AsiaI 型和众多的 O 型变异株随时都有侵入我国,造成大流行的可能。更大的威胁则来自于我国西南的有"口蹄疫毒库"之称的印度和西北的"病毒通道"中亚数国。

二、流行范围

O 型、A 型和 AsiaI 型 3 种血清型在我国均有分布,流行时间分别是 O 型1958 年、1986 年、1999—2001 年、2003 年、2010 年,A 型 1951 年、1958 年、1960 年、1962 年、1964 年、2009—2010 年,AsiaI 型 1958 年、2005—2009年。

2011 年以来,全国未检出亚洲 I 型口蹄疫病原学阳性样品。我国亚洲 I 型口蹄疫已达到全国免疫无疫标准。农业农村部研究决定,自 2018 年 7 月 1 日起停止亚洲 I 型口蹄疫免疫,实施以监测扑杀为主的综合防控措施。当前,全国口蹄疫流行血清型主要是 O 型和 A 型。根据农业农村部公布数据显示,2010 年起,我国通报口蹄疫的发病次数随着新毒株出现、流行、控制,发病情况存在此起彼伏、暗流涌动的特点。从流行毒株来看,O 型 Mya-98、Cathay、PanAsia、Ind-2001 和 A 型 Sea-97/G2 多毒株同时流行,病毒不断变异,一直考验着现行疫苗和免疫策略。

(一)O 型

一直是我国主要流行的血清型,主要有 Cathay、ME-SA、SEA 3 种拓扑型。其中 20 世纪末 21 世纪初 ME-SA 拓扑型的泛亚谱系毒株传入我国,于 1999 年引起全国牛口蹄疫大流行,3~5 年演化为以猪发病为主的疫情。2010 年 SEA 拓扑型的 Mya-98 谱系毒株引发广东、甘肃、山西、江西、贵州、宁夏、西藏、新疆、青海等多地暴发 O 型口蹄疫疫情,其代表毒株 O/MYA98 毒株为当前我国最强势的流行毒株,具有传染性强、宿主范围广、传播速度快的特点。

(二)AsiaI 型

2004 年以前,AsiaI 型口蹄疫只有我国边境地区存在,2004 年传入我国内地,2005 年在新疆、山东、江苏、北京和河北等地相继发生疫情。近年来,AsiaI 型引起动物的发病率持续下降,目前在我国流行的代表毒株为 AsiaI 型/JS/CHA/05 毒株,主要引起牛、羊发病,也有个别猪病例的出现。

(三)A 型

2009 年,我国湖北省武汉市和上海市奉贤区先后发生 A 型口蹄疫疫情。这是自 20 世纪五六十年代我国边境发生 A 型口蹄疫后首次在内地发生的 A 型口蹄疫疫情。目前在我国流行的 A 型代表毒株为 A/WH/09 毒株,可以传染牛、猪、羊,并引起临床发病,其传染性与致病力有限,已基本度过暴发性流行阶段。

2005—2019 年，我国口蹄疫疫情共计 166 次，其中 O 型 83 次、A 型 37次、AsiaI 型 46 次。总之口蹄疫病毒具有极高的传染性，并且能通过空气等多种媒介传播。易感动物也可以通过多种方式感染病毒，如消化道、呼吸道途径。由于病毒的不断演化而出现的竞争优势毒株具备更强的入侵能力和更好的适应环境变化的能力，能冲破现有的多种防疫屏障模式，实现跨境传播，造成范围更广的口蹄疫暴发。

第三节　临床症状和病理变化

一、临床症状

根据病毒毒株、感染剂量、动物年龄和品种、宿主种类、免疫情况的不同，该病可表现出多种临床症状，从隐性感染或温和型感染到严重型，可发生致死型，感染率 100%，成年动物死亡率低（1%~5%），幼年动物由于心肌炎死亡率高（20%或更高）。

口蹄疫发病初始，病畜出现精神抑郁、发热、流涎、跛行，特征性症状是口、鼻、蹄及乳房等无毛部位出现水疱，继而水疱破溃形成溃疡、结痂，痂块脱落后形成瘢痕。蹄冠损伤、蹄匣脱落引起跛行。由于病毒诱导的心肌炎，犊牛可能在水疱出现之前死亡。有乳头病变的牛挤奶困难，病变处易继发感染，诱发乳房炎，感染牛体况急剧下降，产奶量严重下降。绵羊、山羊的症状一般较轻微，表现为口部有小水疱和肿胀。

二、病理变化

（一）病理剖检变化

病畜主要表现为口腔、咽喉、鼻腔、气管和支气管黏膜有溃疡；蹄间水疱破裂后，常发生继发性感染，表现为深部组织坏死及化脓；反刍动物胃部黏膜可见水疱及破裂烂斑；幼龄动物心肌坏死，心肌切面有灰白色或浅黄色斑点或条纹，表现为"虎斑心"。

（二）组织学病变

表现为皮肤棘层的上皮细胞气性变性，随着细胞坏死、水肿液积聚，水疱形成并融合，形成口蹄疫特征性的水疱，也会波及瘤胃、网胃、瓣胃的鳞状上皮。心肌组织表现为广泛性的细胞质嗜酸性物质皱缩、核固缩及细胞间质增宽，肌纤维变性坏死。

第四节　实验室诊断

根据本病流行特点、临床症状、病理变化，可做出初步诊断，确诊需进行实验室检测并鉴定毒型。严格按照《口蹄疫诊断技术》（GB/T18935-2003）进行。

实验室诊断主要依据病毒分离、病毒抗原或核酸检测进行判定，在此基础上，再对口蹄疫病毒血清型、基因型及毒株谱系进行鉴别诊断，有利于对该病采取有针对性的措施和对疫情来源进行追溯调查。病原学诊断中分子生物学方法最常用，是个体病原学诊断的首选方法。由于口蹄疫的高传染性和对经济的重大影响，世界动物卫生组织规定实验室诊断、血清型鉴别要在符合四级病原控制要求的实验室进行。

一、病料样品的采集

口蹄疫病原学诊断很大程度上依赖于采集样品的质量，上皮组织或水疱液（舌、颊黏膜、足部）是最适用于诊断的样品。取未破裂或刚破裂的水疱皮，置于 pH 7.2~7.6 的甘油-缓冲液混合物中。食管-咽黏液样本（OP 液）适用于感染前期、康复期或无临床症状的病例（病毒在 OP 液中可存活 28 d）。还有血液样本（血清或全血）或乳、精液、唾液、鼻分泌液、粪便、尿液、黏膜拭子等其他样本。对于死亡病畜可采集心肌组织、脊髓、淋巴结和扁桃体。另外肉制品、奶制品、皮革制品中也可能含有病毒。可疑病例样品必须在安全条件下按国际规则运输，且只能送往指定的授权实验室。

二、口蹄疫病原通用检测技术

(一)口蹄疫病毒分离鉴定

病毒分离鉴定可作为口蹄疫的确证试验,是该病诊断的金标准,但该方法耗时长(需 1~4 d),整个试验过程烦琐,且因涉及活病毒的分离培养,必须在生物安全水平四级实验室操作。

1. 接种乳鼠

接种 2~7 日龄未断奶乳鼠,如果乳鼠死亡,则将其骨骼肌组织切成碎片,匀浆成悬液后鉴定。

2. 接种细胞培养物

最适用的细胞培养物是犊牛甲状腺原代细胞,最常用的是幼仓鼠肾传代细胞(BHK-21)和仔鼠肾传代细胞(IB-RS-2)。细胞培养 48 h 检查细胞病变,如无细胞病变,将细胞培养物冻融,盲传一代。出现细胞病变时,即可用细胞培养液进行病毒核酸、抗原检测。

(二)分子生物学诊断技术

口蹄疫病毒基因组的非编码区、非结构蛋白编码区是较保守的片段,5'UTR、3D、2B、2A 基因都可作为通用分子检测的靶标,尤其是 5'UTR、3D 基因应用较多。此外 1D 基因的保守区段也可作为检测的靶标。

1. 常规 RT-PCR

此方法用于口蹄疫的诊断始于 1991 年,目前世界动物卫生组织推荐的引物主要针对 5'UTR。RT-PCR 技术可检测到细胞毒 20 $TCID_{50}$ 或组织毒 0.16~0.32 LD_{50}。该方法可用于 FMDV 感染的早期诊断(在临床症状出现之前),可查出动物感染后 24~96 h 口腔和鼻腔中的病毒,还可用于隐性感染和持续感染动物带毒状况的检测。

2. 多重 RT-PCR

此方法主要用于鉴别诊断与口蹄疫临床症状相似的水疱性病毒病,如口蹄疫病毒、猪水疱病病毒、脑心肌炎病毒和牛病毒性腹泻病毒 4 种病毒的多重 RT-PCR 方法。

3. 荧光定量 RT-PCR

此方法比常规 RT-PCR 技术更迅速、灵敏、准确、低污染,5 h 内即能完成全过程。目前世界动物卫生组织推荐的 2 套引物分别针对 5'UTR 和 3D 基因。我国国家标准推荐的引物也是针对 3D 基因的。

三、口蹄疫血清学诊断

口蹄疫血清学检测有 2 种类型:一是检测针对非结构蛋白(NSP)的抗体,该抗体针对病毒所有血清型,用于诊断动物是否感染口蹄疫病毒;二是检测针对结构蛋白(SP)的抗体,该抗体是血清型特异性的,用于评估口蹄疫疫苗免疫效果。

(一)非结构蛋白抗体检测技术

作为口蹄疫病毒通用型抗体检测技术,口蹄疫病毒非结构蛋白较保守,其抗体无型特异性,可用来确证动物过去或现在是否被 7 个血清型中的任何一个感染过,在国际贸易中检测不明血清型病例时较检测结构蛋白抗体具有优势。作为口蹄疫病毒感染抗体鉴别检测技术,由于目前使用的口蹄疫疫苗是灭活疫苗,其生产工艺是在病毒纯化过程中去除绝大部分的非结构蛋白,灭活疫苗免疫动物后,动物体内没有病毒增殖,就没有非结构蛋白的表达及其抗体产生。而自然感染动物体内有病毒增殖,在病毒的装配过程中有非结构蛋白的参与,可以刺激机体产生相应的抗体,因此非结构蛋白抗体能鉴别自然感染和免疫动物。非结构蛋白抗体检测的分子基础,主要是基于各非结构蛋白的免疫原性和诱导机体产生抗体的特点, 可选择的非结构蛋白有 L、2C、3ABC、3D 蛋白。目前我国非结构蛋白抗体检测技术使用最广泛的是 ELISA 试验。

(二)结构蛋白抗体检测技术

是血清型特异的,可检测由于免疫和感染而产生的抗体,主要用于确证未免疫动物是否曾经和正在感染某种血清型的口蹄疫病毒, 以及检测免疫动物的免疫状态。结构蛋白变异程度高,尤其是 VP1 蛋白。该抗体检测技术关键点在于分别制备针对 7 种血清型的病毒抗原和抗血清, 有效抗原包括活病毒、灭活的病毒抗原"146S"、VP1蛋白以及结构蛋白合成肽。制备抗原的病毒毒株应与田间毒株接近,抗血清的制备同口蹄疫病毒病原诊断血清分型技术,包括多克隆抗体、单克隆抗体。结构蛋白抗体检测技术种类较多,包括病毒中和试验、液相阻断ELISA、正向间接血凝试验和结构蛋白ELISA等。

第二章　炭疽

　　炭疽(Anthrax)是由炭疽芽孢杆菌(Bacillus anthracis)引起的一种烈性、热性、败血性的自然疫源性人畜共患传染病。牛、羊、骆驼、马等草食性动物是炭疽病感染的主要易感宿主。临床上以突然高热和死亡,可视黏膜发绀,皮肤坏死、溃疡,天然孔流出煤焦油样血液为特征。世界动物卫生组织将该病列为必须报告的动物疫病。我国将炭疽列为二类动物疫病。《中华人民共和国传染病防治法》规定的乙类传染病,其中肺炭疽按照甲类传染病管理处置。

第一节　病原

一、分类地位

　　按照《伯吉氏系统细菌手册》第二版第三册(2009年),炭疽芽孢杆菌在分类上属厚壁菌门、芽孢杆菌纲、芽孢杆菌目、芽孢杆菌科、芽孢杆菌属,与植物炭疽无关。

二、形态学特点和培养特性

(一)形态学特点

　　炭疽杆菌的繁殖型是致病菌中最大的细菌,长4~8 μm,宽0.1~1.5 μm,两端平切,在动物或人体内常单个或呈短链存在。在人工培养基上常呈竹节状长链,是一种革兰氏阳性大杆菌,无鞭毛,不能运动。在机体内或含有血清的培养基上可形成荚膜,荚膜与致病力有密切关系。在氧气充足、温度适宜

(25~30℃)的外界环境中或人工培养基上易形成芽孢,在活的机体或未经剖检的尸体内不易形成芽孢, 芽孢位于菌体中央或稍偏一端，呈椭圆形或圆形。

(二)培养特性

本菌为需氧和兼性需氧。最适生长温度为37℃,最适 pH 为7.2~7.4。营养要求不高,在普通琼脂平板上培养24 h,可形成灰白色、不透明、扁平、表面粗糙的菌落,边缘不整齐,低倍镜下呈卷发样。在血琼脂平板上,早期无溶血环,培养24 h 后有轻微溶血。有毒株在碳酸氢钠琼脂平板上,置5%CO_2环境中孵育48 h,因产生荚膜形成黏液型菌落。荚膜多肽抗原由 D-谷氨酸多肽组成,具有抗吞噬作用,与毒力有关。取菌落在10%兔血清盐水中做涂片,火焰固定,用碱性美蓝染色,菌体呈蓝色,荚膜呈粉红色。无毒炭疽杆菌在上述培养环境中丧失荚膜,仍形成粗糙型菌落,可依此做致病性鉴定。在含青霉素琼脂平板上不生长。用半固体高层穿刺培养,呈倒树状生长。接种于普通肉汤培养基中,不形成菌膜,呈絮状卷绕成团沉淀生长,上层液体澄清,无菌膜,有别于本属其他菌种。

(三)生化特性

暖黄反应和 VP 反应阳性。分解葡萄糖、麦芽糖和蔗糖,产酸不产气。不分解淀粉、甘露醇、阿拉伯糖和木糖。能在沙氏琼脂上生长,强毒株不能在7% NaCl 琼脂上生长,弱毒株可程度不同地生长。

(四)芽孢

芽孢是处于代谢相对静止的休眠状态,以维持细菌生存的持久体。炭疽菌营养缺乏时可形成芽孢。其结构具有多层厚而致密的胞膜,芽孢壳无通透性,能阻止化学品渗入,其核心的皮质层中含有大量 DPA(吡啶二羧酸),可使其具有高度耐热性。芽孢含水量少,蛋白质受热不易变性。其抵抗力极强,在土壤中可存活数十年甚至上百年;对热力、干燥、辐射、化学消毒剂等理化因素均有强大的抵抗力,一般方法不易将其杀死。有的芽孢可耐100℃沸水煮数小时。杀灭芽孢最可靠的方法是高压蒸汽灭菌。在合适的营养和温度条件下,芽孢的核心向外生长成繁殖体,具有致病性。芽孢含水量少(约40%),蛋白质受热不易变性。芽孢具有多层厚而致密的胞膜,由内向外依次为核心、内膜、芽孢壁、皮质、外膜、芽孢壳和芽孢外衣。特别是芽孢壳,无通透性,有保护作用,能阻止化学品渗入。芽孢形成时能合成一些特殊的酶。这些酶较之繁殖体中的酶具有更强的耐热性。芽孢核心和皮质层中含有大量吡啶二羧酸(Dipicolinic acid, DPA),占芽孢干重的5%~15%,是芽孢所特有的成分,在细菌繁殖体和其他生物细胞中都没有。DPA能以一种现尚不明的方式,使芽孢的酶类具有很高的稳定性。芽孢形成过程中很快合成DPA,同时也获得耐热性。芽孢呈圆形或椭圆形,其直径和在菌体内的位置随菌种不同而不同。炭疽杆菌的芽孢为卵圆形,比菌体小,位于菌体中央。

三、分型

炭疽杆菌基因型有80多个,按遗传学距离归纳为2个群:A群和B群。Keim等对全世界各地所分离的400多株炭疽杆菌进行了分析,鉴定出6个组,分别为A1、A2、A3、A4、B1、B2。

四、基因组

炭疽杆菌基因组分为主基因组和质粒2部分。质粒包括pXO1质粒和pXO2质粒。炭疽芽孢杆菌蛋白质是利用蛋白质技术研究炭疽生长过程中的蛋白变化,其产生是蛋白质组学与炭疽杆菌病原学交叉渗透的结果。炭疽杆菌蛋白质主要有表达蛋白质、比较蛋白质、免疫蛋白质、炭疽杆菌感染宿主的蛋白质。

五、生物学特性

炭疽杆菌对外界理化因素抵抗力不强,常规消毒方法即可灭活,但其芽孢的抵抗力极强,干燥状态下可存活若干年。炭疽杆菌的芽孢对碘敏感,1:2 500碘液10 min即可杀死芽孢。120℃高压蒸汽灭菌10 min,140℃干热3 h可破坏芽孢。20%漂白粉和20%石灰乳浸泡2 d,3%过氧化氢1 h,0.5%过氧乙酸10 min,均可将炭疽芽孢杀死。

第二节 流行状况

一、起源

我国炭疽疫源地分布广泛,全国 30 多个省(市、自治区)都有炭疽发生和流行。据近年兽医公报统计(不完全统计),我国动物炭疽疫情每年发生 30 次左右,发病动物可达数千头(只)。我国炭疽疫区主要集中在西北和东北地区,特别是新疆、青海、宁夏、内蒙古、黑龙江、吉林、辽宁多发。根据我国相关权威机构数据显示,6 380 万农村贫困养殖农民生活在炭疽高风险区, 约 11 亿家畜属于炭疽感染高风险地区。

二、流行范围

近年来,我国炭疽流行呈稳中有升趋势,人炭疽传播来源均为感染发病的牲畜。1948 年江西省临川县有 2 500 耕牛死于炭疽;1949 年山东省因炭疽死亡的牲畜达 2 万余头;1950 年安徽省太和县发生畜间炭疽, 牛发病 4 889 头,死亡 1 741 头,在这次流行中有 3 180 人因感染炭疽死亡;1954 年贵州省罗甸县羊群发生炭疽流行,1 100 只羊发病死亡;1956 年河北省涿鹿县因挖泥积肥造成肺炭疽流行,46 人发病,死亡 34 人。据《兽医公报》统计,2005—2012 年,全国共发生动物炭疽疫情 219 起,其中牛炭疽疫情 135 起、羊炭疽疫情 17 起、猪炭疽疫情 14 起,年均疫情 27 起。2002—2012 年,人类感染炭疽病例 4 907 例,死亡 78 例,病死率 1.59%。仅 2011—2012 年,吉林、内蒙古、新疆、辽宁、山东、江苏等地连续暴发 14 起动物炭疽,多点同时暴发流行,并导致人感染发病。而山东、江苏地区在过去 5 年无炭疽疫情报道,疫情的暴发是通过未严格检测长途贩运疫区感染牛、羊所引发。由于家畜炭疽疫情不能被及时发现和处置,加上监管措施不到位,导致感染动物随意流动,结果几乎都是发现人疑似炭疽病例后才追溯到动物炭疽。值得关注的是,我国现行的动物炭疽疫情监测技术体系仍不完善, 所报告的动物炭疽病例数远远不能真实反映动物炭疽的流行情况。因此动物炭疽的传播范围更广,传播速度更快,如不加强监测与防控,会造成更多新的疫源地,加重疫病的流行。

我国是一个养殖大国,很多地区的牛、羊养殖还是以放养为主,而在北方牧区和南方丘陵地区均有炭疽自然疫源地,使畜间动物炭疽病难以消灭。2007—2017年,全国共报告动物炭疽疫情253起,高发季节是6—10月,疫情占全年的65%,以牛、羊疫情为主。累计患病动物2 080头,病死动物1 453头(只),病死率达69.9%,另外扑杀同群动物1 810头(只),患病、死亡动物以黄牛和奶牛等大家畜为主,给农业和畜牧业造成重大经济损失。

2021年1—8月,全国畜间炭疽疫情数是2020年同期的2.8倍,6个报告疫情的省份均为老疫区,疫情数量较近5年同期平均水平略有升高。近年来,畜间炭疽疫情主要流行特点一是以小范围、点状、分散流行为主,感染地区仍以牧区、半农半牧区和农区为主;二是疫情多发生在6—9月,雨水多、洪水泛滥、吸血昆虫多的季节;三是曾发生疫情的地区,清除炭疽芽孢不彻底,存在复发的威胁。

第三节　临床症状和病理变化

一、临床症状

本病在动物中的潜伏期一般为20 d。主要呈急性经过,多以突然死亡、天然孔出血、血液呈酱油色且不易凝固、尸僵不全、腹部膨胀为特征。典型症状,牛表现为体温升高到41℃以上,可视黏膜呈暗紫色,心动过速、呼吸困难。呈慢性经过的病牛,在颈、胸前、肩胛、腹下或外阴部常见水肿;皮肤病灶温度增高,坚硬,有压痛,也可发生坏死,有时形成溃疡;颈部水肿常与咽炎和喉头水肿相伴发生,致使呼吸困难加重。急性病例一般经24~36 h死亡,亚急性病例一般经2~5 d死亡。羊一般多表现为最急性(猝死)病症,摇摆、磨牙、抽搐、挣扎、突然倒毙,有的可见从天然孔流出带气泡的黑红色血液,病程稍长者也只持续数小时后死亡。

二、病理变化

患病死亡动物可视黏膜发绀、出血。血液呈暗紫红色,凝固不良,黏稠似煤焦油状。皮下、肌间、咽喉等部位有浆液性渗出及出血。淋巴结肿大、充血,切面潮红。脾脏高度肿胀,可达正常的数倍,脾髓呈黑紫色。

第四节　实验室诊断

疑为炭疽死亡的动物尸体通常禁止解剖,应先自末梢血管采血涂片镜检,做初步诊断。尸体可做局部解剖,采取小块脾脏,然后将切口用浸透了浓漂白粉液的棉花或纱布堵塞,妥善包装后送检。实验室病原分离需要在生物安全三级以上实验室开展。

一、快速检验

炭疽杆菌在动物体内有形成荚膜的特征,其他需氧芽孢杆菌则少见。取病畜濒死时或刚死亡动物的血液做涂片标本,用瑞氏染色或吉姆萨染色,牛、羊炭疽常可见数量很多的有荚膜炭疽杆菌,单个或成对存在,偶有短链,菌端平切,荚膜呈深紫红色,镜检结果结合临床症状一般可做出确诊。

二、噬菌体裂解试验

用铂金耳钓取普通营养肉汤培养物或制备的标本乳剂涂于普通营养琼脂平板上,在培养物中央出现明显而清亮的噬菌斑者,为裂解阳性反应;在培养物中不出现或只出现不明显的斑点者,为阴性反应。

三、Ascoli 试验

1911 年 Ascoli 建立了以兔抗炭疽杆菌血清检测炭疽杆菌的方法,当抗血清与热稳定性炭疽杆菌抗原混合时可发生沉淀反应,该方法可用来检测动物组织中的炭疽杆菌。因为炭疽杆菌热稳定性抗原与其他杆菌抗原有交叉性,故该反应特异性不强,使用较少。

四、分子诊断技术

目前,针对炭疽芽孢杆菌及其芽孢的核酸检测多数依赖聚合酶链式反应,有定性和定量 PCR。现在只有 Hutson 等评价了针对致病相关基因 pag、lef、cya 设计的系列寡核苷酸探针在炭疽芽孢杆菌检测中的应用。多数报道是利用纯培养物或纯芽孢进行试验,有少量报道检测土壤、感染组织或模拟标本。

第三章　布鲁氏菌病

布鲁氏菌病（Brucellosis）又称布病，是由布鲁菌属（brucellosis）细菌引起人与动物共患的变态反应性传染病。陆地或海洋中的所有哺乳动物均容易受到感染，但牛、羊等家畜和野生动物最易感。布鲁氏菌是一种细胞内寄生的病原菌，对人和哺乳动物具有高度感染性和致病性，临床上，动物以流产、胎衣不下、睾丸炎、附睾炎、关节炎等为特征。人感染表现为长期发热、多汗、生殖系统疾病、关节痛、肝脾肿大以及肌肉-骨骼系统和中枢神经系统的严重并发症等，至今尚无根治方法，因此成为一个严重的公共卫生安全问题。世界动物卫生组织将该病列为必须报告的动物疫病。我国将该病列为二类动物疫病，同时该病也是《中华人民共和国传染病防治法》规定的 35 种法定传染病中的乙类传染病、《中华人民共和国职业病防治法》中规定的细菌性职业病之一。

第一节　病原

一、分类地位

按照《伯吉氏系统细菌学手册》第二版第三册（2009 年），布鲁氏菌在分类上属根瘤菌目、布鲁菌科、布鲁菌属。布鲁氏菌属有 9 个生物种，即马耳他布鲁氏菌（羊种布鲁氏菌含 3 个生物型）、流产布鲁氏菌（牛种布鲁氏菌含 8 个生物型）、猪种布鲁氏菌（含 5 个生物型）、绵羊附睾种布鲁氏菌、沙林鼠种布鲁氏菌、犬种布鲁氏菌、鲸种布鲁氏菌、鳍足种布鲁氏菌和田鼠种布鲁氏菌。临床上,以羊种、牛种、猪种3种布鲁菌的意义最大,羊种布鲁氏菌的致病力最强。牛种布鲁氏菌、羊种布鲁氏菌和猪种布鲁氏菌对人均有很强的致病性,且大约80%的感染由羊型布鲁氏菌引起,所以必须在有相适应的生物安全控制条件下处理所有感染组织、培养物和可能污染的材料。

二、形态学特征和培养特性

(一)形态学特征

本菌为长 0.6~1.5 μm、宽 0.5~0.7 μm 的球杆菌或短杆菌。菌体多单在,很少成对或成团,无鞭毛,无质粒,无荚膜。初次分离培养时,菌体多呈小球杆状,毒力菌株有微荚膜。布鲁氏菌形态稳定,但在老龄培养物中有多晶体形态存在。革兰氏染色阴性,一般不发生两极着染。抗酸性不强,可以抵抗弱酸的脱色作用而染成红色,吉姆萨染色呈紫色。

(二)培养特性

布鲁氏菌对营养要求高,目前实验室多用牛、羊新鲜胎盘加 10%兔血清制作的培养基效果较好。可用布鲁氏菌基础培养基、胰化酪蛋白大豆胨琼脂(TSA)作为基础培养基,也可加入多黏菌素 B、杆菌肽、游霉素、萘啶酸、制霉菌素、万古霉素等作为选择培养基。但即使在良好培养条件下,该菌生长仍较缓慢。在不良环境,如抗生素的影响下,易发生变异。在 5%~10% CO_2 环境中才能生长,对营养要求高,需硫胺素、烟草酸和生物素、泛酸钙等营养物质,传代培养菌体呈杆状。

(三)生化特性

过氧化氢酶、氧化酶反应阳性,但沙林鼠种和绵羊附睾种布鲁氏菌为阴性,一般不能还原硝酸盐(绵羊附睾种布鲁氏菌除外),产生 H_2S 和水解尿素的程度较稳定,不产生吲哚,不液化明胶,不凝固牛乳,可产生靛基质,MR 和VP 试验阴性,不利用柠檬酸盐,不能从 O-硝基酸-B-D-半乳糖苷中释放 O-硝基酸,不改变石蕊牛奶或使之呈碱性。

布鲁氏菌分光滑型(S 型)和粗糙型(R 型)2 种,区别在于布鲁氏菌的脂多糖(LPS)的分子结构中是否存在 O-多聚糖。具有 O-多聚糖的为光滑型,其下面覆盖着大量与毒力相关的抗原,如外膜蛋白(OMP)。粗糙型布鲁氏菌的 OMP 暴露在外膜表面。除绵羊附睾种、犬种和猪种第五生物型以稳定的粗糙型菌存在于自然界外,其余种均为光滑型菌。当布鲁氏菌壁的脂多糖受损时,菌落即由光滑型变为粗糙型。由于粗糙型布鲁氏菌表面缺乏光滑型菌的脂多糖,光滑型布鲁氏菌的毒力明显高于粗糙型布鲁氏菌。

三、分型

(一)生物型

根据布鲁氏菌单基因的多样性,分为 9 个生物种、22 个生物型,其中我国已分离出 15 个生物型,分别为羊种布鲁氏菌的 3 个型、牛种布鲁氏菌的 8 个型、猪种布鲁氏菌的 2 个型、绵羊附睾种布鲁氏菌和犬种布鲁氏菌各 1 个型。

(二)抗原型

布鲁氏菌有 A、M、G 3 种抗原成分,共同抗原为 G,且与 30 多种微生物有共同抗原,存在不同血清交叉反应。A 对牛种生物型 1 有特异性,M 对羊种生物型 1 有特异性。羊种生物型 1 含表面抗原 M 成分多于 A,牛种生物型 1 含表面抗原成分 A 多于 M,猪种生物型 1 含表面抗原成分 A 多于 M 约 2 倍。

四、基因组

布鲁氏菌代表株的 DNA 分子量为 $(2.37 \sim 2.82) \times 10^9$,G+C 含量为 55%~58%。布鲁氏菌对宿主的亲和性、毒力、感染力的功能基因都位于 DNA 保守区,不同种布鲁氏菌的 DNA 间有明显的相关性。它们在免疫原性、毒力、形态表征、氧化代谢、生化特性以及噬菌体裂解反应方面存在一定差异,而这些种间差异仅仅体现在基因序列的微小差异上。

五、生物学特性

布鲁氏菌对外界环境因素的抵抗力较强,如对干燥有较强抵抗力,在干燥土壤中存活 2 个月, 干的胎膜内存活 4 个月, 污染粪水中存活 4 个月以上,衣服、皮毛上存活 5 个月。在流产胎儿中存活 75 d,子宫渗出物中存活 200 d,乳、肉食品中存活 2 个月。对寒冷抵抗力也强,冷乳中存活 40 d 以上,在冷暗处的胎儿体内存活 6 个月。但对热很敏感,60℃加热 30 min、70℃ 5~

10 min 死亡,煮沸立即死亡。对消毒药的抵抗力不强,常用的一般消毒药,如 3%石炭酸、来苏儿、5%漂白粉、2%甲醛液、5%石灰水、0.5%洗必泰、0.1%新洁尔灭、消毒净等,都能在较短时间内将其杀死。

第二节　流行状况

一、我国的分布

近年,我国本病疫情与 20 世纪 90 年代疫情基本控制期相比有以下特点:疫情持续快速上升,疫情波及范围较广,新发疫区逐年增多,老疫区死灰复燃,新疫区范围不断扩大,大规模暴发流行逐渐减少,小规模、分散、多点流行较常见,典型病例增多。这为防治工作带来较大困难。

二、国内流行形势

我国 1952—1981 年动物布鲁氏菌病阳性检出率高达 41.27%,1982—1998 年动物布鲁氏菌病得到了有效而显著的控制,1999—2000 年布鲁氏菌病疫点和发病数也趋于稳定。但随着畜牧业发展及牛羊饲养量的急剧增加,动物布鲁氏菌病也呈上升趋势。布鲁氏菌病阳性检出率从 2000 年的 0.11%上升到 2004 年的 0.63%。2006 年全国报告畜间布鲁氏菌病疫点 1 178 个,发病牲畜总数为 7 123 头(只)。2009 年动物布鲁氏菌病发病数比 2008 年又增加了 49.12%。2010 年 1—7 月动物布鲁氏菌病发病数比 2009 年同期增加了 22.79%。同时人间布鲁氏菌病发病数与动物布鲁氏菌发病数具有一定的线性关系,动物布鲁氏菌病发病数增多,人间布鲁氏菌病发病数也随之增高。《兽医公报》统计数据显示,2006—2012 年牲畜布病发病数迅猛增长,由 2 032 头增长到 82 071 头,同时处在 2006—2012 年人间布病累积发病率和牲畜布病累积发病数前 10 位的省份有 7 个,分别为内蒙古、山西、河北、新疆、宁夏、辽宁、陕西。2013 年全国共发生布鲁氏菌病 3 620 次,42 720 头(只)牛、羊发病。

20 世纪 80 年代以前是我国布氏杆菌病流行较重时期,从人、畜中分离到的羊种布鲁氏杆菌占 60%~70%,牛种布鲁氏杆菌占 20%~25%,猪种布鲁氏杆菌不足 10%。20 世纪 80 年代以后,我国布鲁氏杆菌病疫情处于低发阶段。在此期间,从人、畜间分离到的羊种布鲁氏杆菌仅占 30%,牛种布鲁氏杆菌占 40%以上, 猪种布鲁氏杆菌占 20%, 其余的为犬种和绵羊种布鲁氏杆菌。20 世纪 90 年代,在从人、畜中分离到的 220 株布鲁氏杆菌中,羊种布鲁氏杆菌占 79.1%,牛种布鲁氏杆菌占 12.2%,猪种布鲁氏杆菌占 0.45%,犬种布鲁氏杆菌占 2.27%,未定种型菌占 2.27%。这提示羊种布鲁氏杆菌已成为我国布鲁氏杆菌病流行的优势菌种。

近年来随着养殖业的迅速发展,全国牛羊饲养规模化程度越来越高,动物流通交易频繁,畜间布鲁氏菌病疫情呈逐年上升趋势。2012 年 5 月国家出台《中长期动物疫病防治规划(2012—2020 年)的通知》,明确指出对北京、天津、河北、山西、内蒙古、辽宁、吉林、黑龙江、山东、河南、陕西、甘肃、青海、宁夏、新疆 15 个省(区、市)和新疆生产建设兵团重点加强布鲁氏菌病防治。对布鲁氏菌病,建立牲畜定期检测、分区免疫、强制扑杀政策,强化动物卫生监督和无害化处理措施。根据国家中长期动物疫病防治规划,宁夏被列为一类地区。2015 年,宁夏除种羊、奶羊以外的羊只开展一年一次布鲁氏菌病疫苗强制免疫工作。种牛场实施以监测净化为主的综合防控措施,奶牛场和肉牛场根据实际情况自行决定是否实施免疫, 实施免疫的牛场须到当地畜牧兽医主管部门备案。

第三节　临床症状和病理变化

一、临床症状

家畜布鲁氏菌病的潜伏期长短不一,一般为 14~180 d,短的可在半月内发病,长的可达半年、一年甚至几年,且症状一般不明显,多数病例为隐性感染,可能终生潜伏体内而不发病。

（一）牛

发病的潜伏期为2周至6个月，未怀孕的母牛感染布鲁氏杆菌通常无临床症状。怀孕母牛感染牛种布鲁氏杆菌或羊种布鲁氏杆菌后，会引发胎盘炎，常导致怀孕后5~9个月流产，在胎盘、胎液和阴道排泄物中也有大量病原。乳腺可被感染，并经乳汁排菌。急性感染时，大多数体表淋巴结都有细菌。成年公牛可发生睾丸炎。因此，布鲁氏杆菌是引起家畜不孕的一个重要原因。

（二）羊

绵羊及山羊常不表现症状，首先被注意到的症状也是流产。流产前，食欲减退，口渴，精神委顿，阴道流出黄色黏液等。流产发生在妊娠后3~4个月。有的山羊流产2~3次，有的则不发生流产，但也有的山羊群流产率达40%~90%，其他症状还有乳房炎、支气管炎、关节炎、滑液囊炎引起的跛行。公羊睾丸炎、乳山羊乳房炎常较早出现。

二、病理变化

呈亚急性或慢性时，病理特征主要为妊娠子宫和胎盘发生化脓-坏死性炎、睾丸炎、单核-巨噬细胞系统增生和形成肉芽肿。病理变化广泛，受损组织为肝、脾、骨髓、淋巴结、骨、关节、血管、神经、内分泌及生殖系统。不仅损伤间质细胞，而且损伤器官的实质细胞，主要以单核巨噬细胞系统的病变最为明显，病变以浆液性炎性渗出为主，伴随着增生性改变，慢性病例可形成肉芽肿。剖检可见胎衣呈黄色胶冻样浸润，有些部位覆有纤维蛋白絮片和脓液，有的增厚且有出血点。子宫绒毛叶部分或全部贫血、呈黄白色，或覆有脂肪状渗出物。胎儿胃中有淡黄色或白色絮状物黏液。

第四节　实验室诊断

鉴于布鲁氏菌对人的致病性，处理病原时必须在生物安全三级以上的实验室条件中进行。

一、病原分离鉴定

采集流产胎衣、绒毛膜水肿液、肝、脾、淋巴结、胎儿胃内容物等组织,制成抹片,用柯兹罗夫斯基染色法染色,镜检。若发现有红色球杆状而其他菌为蓝色时,可作出初步疑似诊断。也可将未污染的样品接种于含10%马血清的马丁琼脂斜面。若病料有污染,可以用选择性培养基,如Farrell氏培养基进行分离培养。根据其特异性单向血清A、M凝集试验,菌体粗糙程度,分离物的性状、生化特性,对某些染料的抑制作用和对Tb噬菌体裂解作用的感受性,糖发酵试验或单基因多样性等进行鉴定。也可采集血液、乳汁、胎儿组织或胎盘组织乳剂、阴道洗液等做接种材料,皮下接种豚鼠1~3 mL,接种后3~5周剖杀,取淋巴结或脾脏进行细菌培养和鉴定,可提高分离率。

二、检测布鲁氏菌抗原

A抗原和M抗原在不同种的布鲁氏菌中含量不同,因此可对菌种进行区别,牛种布鲁氏菌含A抗原多,故又称为牛种布鲁氏菌抗原;羊种布鲁氏菌含M抗原多,故又称为羊种布鲁氏菌抗原。其中牛种布鲁氏菌A:M=20:1,羊种布鲁氏菌A:M=1:20,用A与M因子血清进行凝集试验可鉴别3种布鲁氏菌。

三、分子诊断技术

目前,布鲁氏菌病的分子生物学诊断技术中最常用的是常规PCR、AMOS-PCR、荧光PCR等。这些诊断技术不仅提高了检测的特异性,而且增加了检测的灵敏度,也适用于一般条件的实验室,其中AMOS-PCR、多重荧光PCR等技术可同时实现不同布鲁氏菌生物种的检测和生物型的鉴定,有助于诊断和检测效率的提高。

四、变态反应

临床上,用布鲁氏菌水解素0.2 mL注射于动物尾根皱褶处,24 h及48 h各观察一次,若注射部位发红、肿胀,即判断为阳性反应。此方法对慢性病检出率较高,并且注射水解素后无抗体产生,不妨碍今后的血清学检查。

五、血清学诊断

是布鲁氏菌病诊断(检疫、监测)的主要手段,尤其对群体筛查有意义。在未免疫的情况下,血清学诊断主要检测是否感染布鲁氏菌病,而且可根据抗体滴度的不同判断其病程的长短。但是在免疫的情况下,无法区别免疫抗体和感染抗体。

血清学诊断的方法很多,且多为国际贸易和国家标准方法,主要包括缓冲布鲁氏菌抗原试验、试管凝集试验、补体结合试验、酶联免疫吸附试验和全乳环状试验。血清学检测方法以抗原抗体反应为基础,抗原和参考血清的制备是此方法的关键。诊断抗原多使用牛种布鲁氏菌菌株(光滑型菌落)的纯培养物,绵羊种布鲁氏菌菌株用粗糙型菌落。

(一)缓冲布鲁氏杆菌抗原凝集试验(BBAT)

包括虎红平板凝集试验(RBT)和缓冲平板凝集试验(BPAT)。这些方法的优点是高敏感性,试剂廉价,操作简便,适合于现场操作,并且可用于大面积检疫及流行病学调查,主要用于本病的初筛。缺点是不能鉴别疫苗免疫和野毒感染的动物,容易形成假阳性结果。尽管如此,BPAT 通常是现场检测的唯一方法。在国际贸易中,BBAT 试验是诊断牛、羊、猪种布鲁氏杆菌病的指定筛选试验。

(二)试管凝集试验

检测血清中的布鲁氏菌 IgG、IgM、IgA 3 类免疫球蛋白,主要是 IgM 和 IgG2 型抗体,且检测 IgM 的敏感性显著高于 IgG,可用于布鲁氏菌病的早期诊断。此种检测方法的优点是可以定量检测,由于检测的 IgM 抗体的敏感性高,可作为本病的早期诊断。本方法的缺点是反应时间长,判定结果存在一定的主观性,当感染动物的抗体滴度达不到检测水平时,可能出现误判和漏判。

(三)补体结合试验(CFT)

检测的抗体属 IgG 型,出现较晚,且保持时间长,对诊断慢性布鲁氏菌病意义重大。此方法特异性好,敏感性差,是个体诊断的金标准,官方普遍采用此方法作为本病的确诊试验。但补体结合试验不适用于猪的个体诊断，因为猪的补体会干扰豚鼠补体而使补体结合试验的敏感性降低，但是在猪群体的监测中，CFT方法仍然有应用价值。本方法需大量试剂及各对照组，试验步骤繁杂，结果判定具有主观性，对实验室要求高。本方法是国际贸易中指定的用于牛、羊布鲁氏杆菌病的确诊方法，在很多国家布鲁氏杆菌病的控制和消除项目中作为确诊试验。

（四）酶联免疫吸附试验（ELISA）

具有敏感、特异、简单、快速、稳定、安全及污染少、易于自动化操作等特点，主要检测IgG抗体，是一种与补体结合试验效果相当的检测方法，操作方便，既可作为确诊检测，又可筛选和鉴别，适合大规模检测。本检测技术的关键在于抗原的选择，在标准化的ELISA诊断试剂中，主要使用S-LPS抗原，检测最低抗原浓度达0.05~0.1 mg/mL。

（五）全乳环状试验

用已知全乳四氯唑染色环状抗原检测新鲜的全脂乳中的未知抗体，在乳样与稀释抗原液面处出现乳白色沉淀环，按照乳脂和乳柱的颜色进行判定，可进行定性或半定量试验，此方法操作简便、灵敏度高，但对乳样要求苛刻，存在非特异性反应，可用于本病的初筛。

第四章　棘球蚴病

棘球蚴病(Echinococcosis)又称包虫病(Hydatidosis)，是由寄生于犬、狼、狐狸等动物小肠的棘球绦虫中绦期幼虫——棘球蚴，感染中间宿主而引起人与动物共患的寄生虫病。棘球蚴寄生于牛、羊等家畜及多种野生动物，以及人的肝、肺及其他器官内，由于蚴体生长力强、体积大，不仅压迫周围组织使之萎缩和功能障碍，而且易造成继发感染。如果蚴体包囊破裂，可引起过敏反应，使人和动物患严重的疾病，甚至死亡。在各种动物中，该病对羊，尤其是绵羊的危害最为严重。该病呈世界性分布，导致全球性的公共卫生和经济问题，受到各国人们的普遍关注，尤其在经济不发达国家流行最为严重。每年世界各地都有人患棘球蚴病而丧失劳动力或身体衰弱继发多种疾病而死亡的报道，动物发生棘球蚴病更是常见。在我国，棘球蚴病主要流行于西北部和东北部的广大牧区及大部分农村，危害十分严重。

第一节　病原

一、分类地位

棘球绦虫在分类上属扁形动物门、绦虫纲、圆叶目、带科、棘球属。目前公认的虫种有 4 个，分别为细粒棘球绦虫、多房棘球绦虫、少节棘球绦虫和伏氏棘球绦虫。

二、形态

在我国，引起动物及人棘球蚴病的病原为单房棘球蚴和多房棘球蚴。这两种棘球蚴的成虫分别是寄生于犬、狼及其他犬科动物小肠的细粒棘球绦虫和寄生于狐狸、犬、猫小肠内的多房棘球绦虫，其中细粒棘球绦虫分布广泛，是最重要的虫种。

（一）细粒棘球绦虫成虫

为小型绦虫，是绦虫中最小的几种之一，体长 2~7 mm，平均长 3.6 mm。除头节和颈部外，整个链体只有幼节、成节和孕节各 1 节，偶尔多 1~2 节。头节略呈梨形，直径 0.3 mm，具有顶突和 4 个吸盘。顶突富含肌肉组织，伸缩力很强，其上有 2 圈大小相间的小钩，共 28~48 个（通常 30~36 个），呈放射状排列，颈节内含生发细胞，再生能力强。顶突顶端有一群梭形细胞组成的顶突腺，其分泌物可能具有抗原性。各节片均为狭长形。成节的结构与带绦虫略相似。生殖孔位于节片一侧的中部偏后。睾丸 45~65 个，均匀地散布于生殖孔水平线前后方。孕节的生殖孔更靠后，子宫具不规则的分支和侧囊，含虫卵 200~800 个。

（二）细粒棘球蚴

是细粒棘球绦虫的中绦期虫体，为圆形囊状体，随寄生时间长短、寄生部位和宿主不同，直径在 5~10 cm。棘球蚴为单房性囊，由囊壁和囊内含物（生发囊、原头蚴、囊液等）组成。有的还有子囊和孙囊，囊壁外有宿主的纤维组织包绕。囊壁分 2 层，外层为角皮层，厚约 1 mm，乳白色、半透明，似粉皮状，较松脆，易破裂。光镜下无细胞结构，呈多层纹理状。内层为生发层，亦称为胚层，厚约 20 μm，具有细胞核。生发层紧贴在角皮层内，囊腔内充满囊液，亦称棘球蚴液。囊液无色透明或微带黄色，内含多种蛋白、肌醇、卵磷脂、尿素，以及少量糖、无机盐和酶，对人体有抗原性。生发层（胚层）向囊内长出许多原头蚴，此小囊也称为育囊或生发囊，是具有一层生发层的小囊，由生发层的有核细胞发育而来。据观察，最初由生发层向囊内芽生成群的细胞，这些细胞空腔化后，形成小囊并长出小蒂，与胚层连接。在小囊壁上生成数量不等的原头蚴，多者可达 30~40 个。原头蚴可向生发囊内生长，也可向囊外生长，为外生性原头蚴。子囊可由母囊（棘状蚴囊）的生发层直接长出，也可由原头蚴或生发囊进一步发育而成。子囊结构与母囊相似,其囊壁具有角皮层和生发层,囊内也可生长原头蚴、生发囊以及与子囊结构相似的小囊,称为孙囊。有的母囊无原头蚴、生发囊等,称为不育囊。原头蚴、生发囊和子囊可从胚层上脱落,悬浮在囊液中,称为囊砂或棘球蚴砂。

（三）多房棘球绦虫

虫体很小,与细粒棘球绦虫相似,仅 1.2~4.5 mm 长,由 2~6 个节片组成。头节有吸盘,顶突上有小钩 14~34 个,倒数第二节为成节,有睾丸 14~35 个,生殖孔在侧缘的前半部。孕节内子宫呈带状,无侧枝。多房棘球绦虫的中绦期为多房棘球蚴,又称为泡状蚴,为圆形的小囊泡,大小有豌豆至核桃大,被膜薄,半透明,由角质层和生发层组成,呈灰白色,囊内有原头蚴,含胶状物。实际上泡球蚴是由无数个小的囊泡聚集形成的。

三、生活史

细粒棘球绦虫寄生于终末宿主犬、狼和狐狸的小肠中。中间宿主是羊、牛、骆驼、猪和鹿等偶蹄类,偶可感染灵长类和人。成虫寄生在终宿主小肠上段,以顶突上的小钩和吸盘固着在肠绒毛基部隐窝内,孕节或虫卵随宿主粪便排出。孕节有较强的活动能力,可沿草地或植物蠕动爬行,致使虫卵污染动物皮毛和周围环境,包括牧场、畜舍、蔬菜、土壤及水源等。当中间宿主吞食了虫卵和孕节后,六钩蚴在其肠内孵出,然后钻入肠壁,经血循环至肝、肺等器官,经 3~5 个月发育,成直径为 1~3 cm 的棘球蚴。由于棘球蚴囊的大小和发育程度不同,囊内原头蚴可达数千至数万甚至数百万个。原头蚴在中间宿主体内播散可形成新的棘球蚴,在终宿主体内可发育为成虫。棘球蚴被犬、狼等终宿主吞食后,其所含的每个原头蚴都可发育为一条成虫,故犬、狼肠内寄生的成虫也可达数千至上万条。从感染至发育成熟排出虫卵和孕节约需 8 周时间,大多数成虫的寿命为 5~6 个月。

第二节　流行状况

一、流行范围

我国是全世界棘球蚴病高发的国家之一，流行最严重的是新疆、西藏、宁夏、甘肃、青海、内蒙古、四川 7 个省份。

二、流行特征

我国主要以囊型包虫病为主，流行于西北的广大农牧区，尤其以高海拔的牧区流行最为严重，家犬和野犬是主要的传染源和终末宿主（犬细粒棘球绦虫）。在西藏、青海、甘肃、四川、新疆的部分地区，也存在泡型棘球蚴病。

第三节　临床症状和病理变化

一、临床症状

（一）羊

绵羊对本病最易感，死亡率比其他动物高。严重感染时，出现消瘦、被毛逆立、脱毛、连续咳嗽、卧地等症状，病死率较高。

（二）牛

牛感染包虫病后，营养失调、体瘦衰弱、反刍无力、常鼓气，叩诊浊音区扩大，触诊表现疼痛、咳嗽，肺部血管破裂则全身症状迅速恶化，通常会窒息死亡。牛肺部寄生棘球蚴时，会出现长期慢性呼吸困难和微弱的咳嗽。肝被寄生时，肝增大，腹右侧膨大，病牛营养失调、反刍无力、常鼓气、消瘦、虚弱。终末宿主的棘球绦虫病一般无明显症状，感染严重时，病狗表现出腹泻、消化不良、消瘦、贫血、肛门瘙痒等症状。

二、病理变化

细粒棘球蚴寄生于家畜（羊、牛），会压迫所寄生的脏器及周围组织，引起组织萎缩和机能障碍。寄生于肝脏时能导致消化失调,出现黄疸,肝区压痛明显。寄生于肺脏时会出现咳嗽、喘息和呼吸困难。代谢产物被吸收后,使周围组织发生炎症和全身过敏反应,严重者可致死。

第四节　实验室诊断

典型病例可根据流行病学资料、临床症状及病理变化作出初步诊断,确诊应以病原学结果为依据。动物死后剖检能通过肉眼发现组织器官中的棘球蚴。牛、羊的棘球蚴病,在内脏器官内查出幼虫期包囊或囊泡,在肝、肺发现棘球蚴,即可确诊。

一、棘球蚴的检查

在屠宰场进行,选取一定数量的牛、羊,屠宰后检测肝和肺有无包囊,确定棘球蚴的幼虫期包囊后,测定包囊大小,记录数量,采集包囊样品。这是检测棘球蚴感染的主要手段,一般能直接看到许多器官上有棘球蚴包囊。对牛、羊等动物的肝、肺进行检查时,应进行触诊,必要时切开包囊或囊泡。绵羊和山羊的肝脏可感染细颈囊尾蚴,对患病肝做鉴别诊断时,这2种寄生虫不易区分,需特别注意。

福尔马林固定的样品可用常规的组织染色。目前,过碘酸雪夫呈阳性染色是典型的棘球绦虫中绦期囊壁结构的显色特征。本染色法可清晰观察到宿主结缔组织之下的无细胞角质层和含细胞或无细胞的巨核生发层。子囊中或包囊砂上的原头节可做种的鉴别诊断。

从冷冻、冷藏或90%乙醇保存的原头节或幼虫组织中提取DNA,用于细粒棘球绦虫或多房棘球绦虫的基因定型。目前,已经建立了Digoxinum(DIG)标记DNA杂交诊断技术,是以棘球蚴的囊液、子囊及原头蚴为模板,经PCR扩增获得471 bp特异性区带。将扩增产物纯化后,用DIG标记DNA,制备成特异性核酸探针用于细粒棘球蚴的检测。

二、成虫检查

从犬体内分离鉴定棘球绦虫成虫非常必要，是监测棘球病区域流行的重要手段。由于对粪便的检查不能区分棘球属和带属的绦虫虫卵,屠宰被检犬后,需尽快取出小肠,并结扎两端。若病料不能冷冻或用福尔马林固定,要迅速检查,否则虫体会在 24 h 内崩解。将新鲜小肠剪成数段,立即浸泡于37℃生理盐水中进行检查,借助放大镜可看到肠壁上粘附的成虫,并计数。为精确计数,将未固定的小肠截成 4 段或 6 段,沿纵轴剪开,浸于 37℃生理盐水 30 min,使虫体脱落,同时用刮舌板刮肠壁。全部材料煮沸,用筛除去颗粒,冲洗下来的内容物和碎屑置于黑底托盘,用放大镜和体视显微镜进行虫体计数。一般可在小肠的前 1/3 段发现细粒棘球绦虫成虫,多房棘球绦虫成虫一般寄生在小肠中部或后部。

（一）剖检法

是终末宿主多房棘球绦虫诊断最可靠的方法，也是调查本病群体流行情况和判定荷虫量的最佳及最廉价的方法。

（二）沉淀计数法

与其他检查方法的特异性、敏感性相比,此法被认为是金标准。依据上述剖检法,将全部沉淀物混合,抽取少量沉淀物放置于盘底画有小方格的长方形塑料盘中，在 120 倍解剖显微镜下寻找虫体和计数。假如荷虫总量在100 条以内,全部计数。超过 100 条,按比例抽样计数,计算总荷虫量。

（三）抽检黏膜刮取法

将终末宿主小肠纵向切开,用载玻片插入黏膜深处刮取黏膜物,选 3 个刮取部位,分别为小肠前端、中部和后段,每个部位刮 5 个点,共 15 个点。并将刮取物放置于干净的载玻片上,覆盖另一张干净的载玻片,挤压,用 120倍体视显微镜检查成虫。

（四）槟榔碱下泻法

让犬服用导泻药(最常用槟榔碱),可使小肠内容物排空,在排泄的粪便中检查有无棘球绦虫或其他绦虫。该法已普遍应用于家犬和牧犬感染棘球绦虫成虫的检查和监测。犬在口灌喂槟榔碱后出现 2 个过程:首先是排出成形的粪便,随后排出黏液。将黏液样品(4 mL)用自来水稀释(100 mL),并盖上一薄层煤油或石蜡(约 1 mL),煮沸 5 min。静置后弃去上清液,用生理盐水或自来水反复冲洗沉淀物,直至上清液中大部分絮状物被除去。然后将沉淀物缓慢倒入带黑底的搪瓷盘中,加适量生理盐水或自来水,检查虫体。但由于 15%~25%的犬用本方法不能有效下泻或有效排出虫体,因此该法的敏感性偏低,但特异性为 100%。第一次下泻后,犬可能继续排出成虫、节片和虫卵,因此泻后要继续将犬拴在检查点 2 h。此法的检查工作结束后,一定要对犬的拴置区和检查操作区用煤油或喷灯焚烧,进行环境灭卵消毒。

三、生物安全防护

对终末宿主体内的成虫或虫卵的检查,操作者均具有被感染的高危险性。因此应高度注意自我保护,必须穿连体工作服、胶鞋,戴手套、口罩和帽子。使用后的连体工作服要煮沸洗净,胶鞋用 10%次氯酸钠溶液消毒,其余防护用品做无害化焚烧,严格防止操作人员经口感染棘球绦虫虫卵。检查中所有的感染性材料置-80℃条件下 48 h 或-70℃条件下 4 d 或 70℃加热 12 h,可消除感染风险。使用过的一次性防护用品都必须无害化焚烧处理。尽管次氯酸钠能杀死部分虫卵,但化学消毒并不可靠。污染物品应加热处理,加热 85℃以上效果最好。降低湿度(40%)并提高室温(30℃)48 h 以上,可消除实验室污染。

四、其他方法

虽有研究显示多种免疫学方法可用于棘球蚴病的诊断,但利用免疫学检测诊断动物棘球蚴病敏感性和特异性较低,且常与其他棘球蚴感染和其他绦虫幼虫期感染存在交叉反应,因而不能替代动物剖检诊断,临床上常用于大量动物棘球蚴病的筛查。

成虫的检测,是犬通过食入棘球蚴包囊遭受感染,在虫体发育、虫卵形成的各个阶段抗原都暴露于小肠内,感染犬血清中可分别产生针对六钩蚴抗原和原头节抗原的特异性抗体。可通过检测血清中的相应抗体进行诊断,还可通过检测粪抗原进行检测。

第三篇
牛病分述

第一章　牛海绵状脑病

牛海绵状脑病(Bovine spongiform enceph alopathy,BSE)俗称疯牛病,是由正常的朊蛋白(PrP^C)发生错误折叠变成异常蛋白形式(PrP^{SC}),造成牛的一种进行性、致死性的神经退化疾病。其特征为精神状态异常、运动失调、感觉异常;脑干灰质海绵状水肿,特定神经元核周体或神经纤维网出现海绵状空泡变性。本病在全球呈蔓延趋势,随着世界经济一体化的不断发展,牛海绵状脑病严重影响西方发达国家牛源性产品的国际贸易,由此引起的贸易争端也越来越多。牛海绵状脑病是人、畜共患病,一旦发生,所造成的直接和间接损失将无法估量。世界动物卫生组织将其列为法定报告的动物疫病,我国将其列为一类动物疫病。

新型克-雅氏病(variant creutzfeldt-jakob disease,vCJD)是由牛海绵状脑病朊病毒引起的一种新型人朊病毒病。vCJD 于 1994 年 2 月首先在英国发现,截至 2003 年 1 月,全世界确诊患者已超过 150 人。vCJD 潜伏期较长,一旦出现症状,致死率几乎为 100%,且大多数病例均发生在英国。据英国相关政府部门统计,vCJD 主要发生于青壮年,发病年龄多在 14~40 岁,平均为 26.3 岁,临床症状早期主要表现为精神萎靡、行为异常,数月后出现神经症状。本病病程长达 9~53 个月,平均为 14 个月,明显短于散发性人的克-雅氏病,所有病例临床表现较一致。

BSE 的流行是因为牛食用了含有朊病毒的牛肉骨粉或羊肉骨粉。朊病毒的本质是一种结构发生变化的宿主蛋白。这种蛋白的正常结构称为 PrP^C。它普遍存在于动物和人的神经细胞与淋巴细胞表面,是一种含有磷脂酰肌醇锚点的糖蛋白。异常的 PrP 蛋白称为 PrP^{SC}，它和 PrP^C 具有相同的一级结构，即氨基酸序列，而二级结构上 PrP^{SC} 中 β 折叠的比例较 PrP^C 有了较大的提高。

第一节 病原

一、分类地位

朊病毒是亚病毒中一类重要的感染因子，按照 2005 年国际病毒分类委员会第八次大会报告，朊病毒在分类上属亚病毒传染因子朊毒目、哺乳动物朊毒科。由于目前对各种朊病毒本质的了解不够，代表种用"因子"命名，如牛海绵状脑病因子等。

牛海绵状脑病属于传染性海绵状脑病的一种，该病是由朊病毒引起的人和多种哺乳动物以神经退行性变化为主要特征的一种慢性消耗性致死性传染病。在动物中还包括羊痒病、鹿慢性消耗性疾病、传染性水貂脑病和猫科动物海绵状脑病。

二、分型

目前尚无关于朊病毒的分型报道。

三、基因组

朊病毒蛋白本身并不含有核酸，它由宿主染色体基因编码。PrP 基因是 1 个单拷贝基因，具有 2 个外显子和 1 个大内含子。PrP^C 和 PrP^{SC} 的基因或 mRNA 没有差异，均有一个正常的内源性基因编码。

四、蛋白质组

朊病毒是一种具有侵染性且不含核酸的蛋白质。PrP^{SC} 是 PrP^C 的异构体，PrP^C 可以不可逆地转变为 PrP^{SC}。二者在蛋白一级结构没有差异，但在二级结构上存在从 α 螺旋到 β 折叠的转变。正常的朊蛋白以 α 螺旋为主要的高级结构，而异常的朊蛋白则以 β 折叠为主。PrP^{SC} 和 PrP^C 具有不同的生化特性和特征。

五、生物学特性

PrP^{sc} 明显的特性在于对部分理化因素具有极强的抵抗力，而这种特性建立在富含 β 折叠结构的基础之上。正常的朊蛋白可以完全被蛋白酶 K 消化,而 PrP^{sc} 只能被消化掉 N 端的 67 个氨基酸,其余 C 端 141 个氨基酸组成的核心片段(27 千~30 千道尔顿)则不能被蛋白酶 K 降解,这也是 BSE 检测的主要原理。常规的消毒方法,如紫外线、放射线、乙醇、福尔马林、双氧水、酚、戊二醛等不能灭活 PrP^{sc}。含 2%有效氯的次氯酸钠及 2 mol 浓度氢氧化钠在室温作用 1 h 以上可以用于表面或溶液消毒，但也只能灭活大部分的 PrP^{sc}。134~138℃高压蒸汽处理 18 min,可使大部分 PrP^{sc}C 灭活。360℃干热处理 1 h 以上,方可灭活 PrP^{sc}。焚烧是最可靠的杀灭方法。

第二节 流行状况

一、起源及全球分布

1985 年 4 月首次在英国发现牛海绵状脑病,1986 年 11 月经病理组织学确诊,并正式命名为牛海绵状脑病。随后该病传入其他国家,包括爱尔兰、瑞士、法国、比利时、德国、葡萄牙、荷兰、丹麦、卢森堡、阿曼、意大利、西班牙、加拿大、日本、芬兰、奥地利、列支敦士登 17 个国家。这些病例有的是因进口动物而发病,有的是因饲喂进口肉骨粉而引起本地牛发病。

二、传播途径

许多专家认为接触或食用感染 BSE Prion 的牛组织及其产品是人类 vCJD 的主要传染来源。目前,人们普遍支持"饮食暴露假说"。该假说分析 BSE 和 vCJD 的时空分布显示 2 种疾病都主要发生于英国,二者出现的时间间隔提示 vCJD 最短潜伏期为 6~12 年,这恰好与 BSE 的潜伏期一致,从而在一定程度上支持了该假说。目前,vCJD 主要发生于英国,呈散发,尚无人–人传播的报道。BSE 传染给人的途径主要有 2 种:一种是通过消化道途径,如食用污染的食品;另一种是通过医源性途径,如外科手术器械感染和输血感染等。最近有人提出污染 BSE 的化妆品可能会通过皮肤进入人体而使人感染。

三、流行病学特征

BSE 被报道之后,对其病因争论很久。在病因不明的情况下,英国组织了针对 BSE 流行病学特征的调查研究,发现以下几种情况。

A. BSE 具有共同来源暴发的典型特征,即每次暴发涉及很多病例,这些病例都可以追溯到同一个来源。

B. 牛和牛之间不传染。

C. 和暴露于有机磷农药等物理或化学因子没有关联性。

D. 和牛的遗传特征没有关联性。

E. 牛直接接触到绵羊痒病因子导致此病假说不成立, 因为约有 20% 牛饲养在没有绵羊的地区。

F. 流行病学病例对照研究, 发现 BSE 的流行是因为牛食用了含有某种传染性因子的牛肉骨粉或羊肉骨粉。这个结论使英国颁布了禁止用反刍动物源性肉骨粉饲喂反刍动物的法令。其后,欧盟和其他一些国家也禁止用哺乳动物源性蛋白粉饲喂反刍动物。随着在一些欧洲国家实施反刍动物肉骨粉控制措施,BSE 的流行已经明显下降。

G. 垂直传播。从 2002 年开始,一项耗时多年的流行病学队列研究估计,感染 BSE 的母畜在怀孕的最后的 6 个月通过胎盘将 BSE 垂直传给胎牛的可能性只有 1%。这对发病的饲养场屠宰发病牛所有后代的做法提出质疑。队列研究是一种前瞻性研究, 它将动物按照暴露于某种可疑因素的不同暴露程度分成不同的组,追踪各组的结局,比较各组发病情况,从而判定疾病相关的危险因素,建立病因假说。

H. BSE 能否感染发病公牛的精液。精液带有传染 BSE 物质的可能性很小,因此欧盟于 2002 年取消了对英国牛胚胎的出口禁令。

I. 动物易感性。试验表明,牛可通过注射和口服感染 BSE 牛的部分组织而发生 BSE。BSE 在奶牛群的发病率高于肉牛群,这与品种的易感性无关,原因是两种牛的饲养方式不同。奶牛通常在断奶后头 6 个月饲喂含肉骨粉的混合饲料,而肉牛很少喂这种饲料。BSE 患牛的比例与牛群的大小成正比。原因是牛群越大,需要越多的饲料,那么购买被污染饲料的概率就更大。

J. 动物试验。BSE 可实验性地感染狨(一种猴)、鼠、牛、猪、绵羊和山羊。将 BSE 患牛的脑组织匀浆脑内接种和腹腔接种狨,46~47 个月后出现神经症状,脑组织病理学检查可发现其具有 BSE 典型的病理学变化。

第三节　临床症状和病理变化

我国至今尚未发现牛海绵状脑病,但其传入我国的危险因素依然存在。

一、临床症状

BSE 的病程一般为 14~90 d,潜伏期长达 4~6 年。该病多发生于 4 岁左右的成年牛。其症状不尽相同,多数病牛中枢神经系统出现变化,行为反常,烦躁不安,对声音和触摸,尤其是对头部触摸过分敏感,步态不稳,经常乱踢以至摔倒、抽搐。发病初期和后期可出现强直性痉挛,粪便坚硬,两耳活动困难,心搏缓慢(平均 50 次/min),呼吸频率加快,体重下降,极度消瘦,以至死亡。

二、病理变化

经解剖,发现病牛中枢神经系统的脑灰质部分形成海绵状空泡,脑干灰质两侧呈对称性病变,神经纤维网有中等数量不连续的卵形和球形空洞,神经细胞肿胀成气球状,细胞质变窄,另外还有明显的神经细胞变性及坏死。

第四节　实验室诊断

BSE 为人、畜共患病,处理疑似 BSE 感染材料应采取必要的生物安全措施。由于 BSE 感染的动物不产生特异性抗体,因此 BSE 没有特异的血清学检测技术,只有病原学检测技术。

目前还没有对活体进行动物检测 BSE 病原的方法，因此检测样品都来自宰杀后的牛。牛屠宰后，要尽快用特制采样勺通过枕骨大孔处将牛脑的延髓取出，或者用电锯、砍刀将牛的颅腔打开取出脑干。妥善处理采集的样品，送国家指定的实验室检测。

绝大多数 BSE 病原学检测技术是依据朊病毒 PrP^{SC} 具有蛋白酶抵抗性的特性而设计的。目前，BSE 主要有以下 3 种检测方法。

一、组织病理学方法

本方法是疯牛病检测方法中最为经典的。疯牛病的病理变化主要在中枢神经系统，但肉眼不能辨别，只能用生物显微镜观察通过常规 H.E 染色的组织病理切片才能诊断。BSE 病牛的病理变化以脑干部灰质的空泡化为特征，且呈双侧对称。在神经纤维网中也有一定数量的散在空泡存在，呈海绵状病变。空泡主要集中在脑干的某些神经核团中，主要有迷走神经背侧核、孤束核、三叉神经脊束核、红核、中央灰质和前庭复合体，其中孤束核、三叉神经脊束核和中央灰质出现空泡变化的概率最高。空泡呈规则的圆形或卵圆形，胞核常被空泡压挤到一侧，有时一个神经元里有多个空泡存在，神经纤维网中的空泡则呈海绵状变化。病牛的另一个脑部病理变化是星形胶质细胞增生。本方法耗时较长，约需 14 d 才能出结果。用本方法诊断疯牛病，必须有较高的专业水平和丰富的神经病理学观察经验。组织切片效果较好时，确诊率可达 90%。

二、免疫组织化学方法

本方法也是一种经典的 BSE 检测方法，还是世界动物卫生组织规定的疯牛病检测金标准，是疯牛病确诊方法之一。该方法的原理是待检样品的组织切片经过蛋白酶 K 消化后，先用疯牛病 PrP 抗体与脑部朊病毒发生免疫反应，然后用标记有生物素的二抗与 PrP 抗体结合，再用亲和素与过氧化物酶的结合物进行孵育，每个生物素有 4 个部位可以与亲和素发生反应，并且结合紧密，因此一个朊病毒分子可以被放大 4 倍，最后用 AEC 底物孵育处理显示颜色，镜检观察结果。免疫组织化学的反应时间约需 6 h，但从样品处理到出结果共需 15 d。如果 PrP 抗体的性能是优良的,那么本方法的特异性和敏感性均为 100%。

三、酶联免疫吸附试验(ELISA)

本方法是一种快速、准确性高的疯牛病检测方法,1999 年通过欧盟认证。该方法具有反应时间短、成本低、反应步骤少的特点。疯牛病夹心 ELISA 是法国原子能委员会研制出来的一种诊断疯牛病的快速方法, 它由两种试剂盒组成,即 BSE 纯化试剂盒和 BSE 检测试剂盒。其原理是用 BSE 纯化试剂盒中的试剂和蛋白酶 K 对牛脑脑干部朊病毒进行消化、纯化、浓缩和溶解。BSE 检测试剂盒是用两种单克隆抗体通过免疫酶技术对异常 PrP 进行检测的试剂盒,本试剂盒可检测 180 个样本。

第二章 牛瘟

牛瘟(Rinderpest)俗称烂肠瘟,是由牛瘟病毒(Rinderpest virus,RPV)致病牛、水牛等偶蹄动物的一种烈性传染病。该病以高热稽留、黏膜坏死为主要特征,发病率和死亡率高,可达90%以上。世界动物卫生组织将其列为法定报告的多种动物共患病,我国将其列为一类动物疫病。通过实施全球清除牛瘟计划,到1999年,全世界绝大部分国家已经消灭了牛瘟。2011年5月和10月,世界动物卫生组织和联合国粮农组织(FAO)分别正式宣布全球消灭牛瘟,使该病成为世界上首个被消灭的动物疫病。

第一节 病原

一、分类地位

按照2005年国际病毒分类委员会第八次报告,牛瘟病毒在分类上属副黏膜病科、副粘病毒亚科、麻疹病毒属。该属除牛瘟病毒外,还包括小反刍兽疫病毒、犬瘟热病毒、海豚瘟热病毒、鼠海豚病毒、牛麻疹病毒和麻疹病毒。

二、分型

牛瘟病毒只有一个血清型。通过基因序列分析,可以将牛瘟病毒分为3个基因谱系,不同基因谱系的地理分布不同,其中基因谱系1和2仅记载于非洲,基因谱系3记载于阿富汗、印度、伊朗、伊拉克、科威特等国家或地区。

三、基因组

牛瘟病毒为单股负链不分节段的RNA病毒,病毒基因组全长约

16 000 bp,有 6 个基因,从 3'到 5'端依次为 N 基因、P 基因、M 基因、F 基因、H 基因和 L 基因。

四、蛋白组

蛋白组主要包括核衣壳蛋白(N)、多聚酶蛋白(P)、基质蛋白(M)、融合蛋白(F)、血凝蛋白(H)、大蛋白(L)。

五、生物学特性

牛瘟病毒比较脆弱,干燥曝晒易被灭活,但在湿冷或冷冻的组织中可存活很长时间。56℃条件下 60 min 或 60℃条件下 30 min 能被灭活,但少数病毒能抵抗。在 pH 4.0~10.0 稳定。对脂溶剂敏感。对多数普通消毒剂,如石炭酸、甲酚、氢氧化钠敏感。

第二节　流行状况

一、起源

牛瘟在我国又叫烂肠瘟、胆胀瘟、百叶干、牛烧摆等,藏语叫"格罗",蒙语叫"其次后"。《汉书》有汉建初四年(79 年)"京都牛大疫"的记载。

二、流行范围

1949 年前,全国除新疆没有出现牛瘟外,其余各省都发生过牛瘟,仅 1938—1941 年,四川、青海、西藏、甘肃一带流行牛瘟就造成牛死亡百万以上。1949 年后,全国开展扑灭牛瘟的工作,到 1952 年,国内农区牛瘟已经基本消灭。1956 年以后,全国已不再发生牛瘟。在 2008 年 5 月 25—30 日召开的世界动物卫生组织国际委员会第 76 届大会上,我国被正式宣布为无牛瘟国家。

第三节 临床症状和病理变化

一、临床症状

(一)牛

急性病例表现为体温突然迅速升高，发病后第二天或第三天温度可达40~42℃,持续高温 3~5 d。发热个体早期精神萎靡、食欲废绝、可视黏膜充血、流泪、流涕、鼻唇镜干燥、便秘、被毛粗糙,产奶动物产奶量减少。发热后第二天或第三天,下唇和齿龈出现浅表性、坏死性溃疡,逐步扩展,日渐严重。最后舌自由活动区下部、口腔底部、口腔乳头之间、上唇和牙龈之间的边缘、硬腭脊之间都会发现牛瘟的典型症状。鼻腔前部、外阴和阴道黏膜可见溃疡。眼睛和鼻腔黏膜脓性分泌物增多,动物呼吸气味变得恶臭。口腔病变出现后 2~3 d,通常开始出现严重腹泻,先是水状便,之后出现含黏膜液、血液和坏死性上皮碎片的腹泻,出现脱水、虚弱和衰竭。大多在出现临床症状后的 6~12 d 死亡。部分病畜在经过 4~5 d 的腹泻后可以痊愈。病毒初次传染易感牛群时,上述典型症状可能部分或全部表现出来,死亡率 30%~100%,随着反复传播,可能出现特急性病例。

(二)羊

绵羊和山羊也能感染,可出现发热、食欲废绝、眼流涕、呼吸困难、口腔黏膜充血和坏死、腹泻等临床症状。临床上,41~42℃的高热可能持续 3 d,口腔出现分散或合并的点状糜烂,在齿龈和嘴唇上较为明显。还伴随有黏脓性鼻涕、结膜炎和呼吸道窘迫症状。腹泻也是一个主要症状。羔羊比成年羊症状更为严重,一般在发热后 3~7 d 出现死亡,死亡率 70%~90%。

二、病理变化

主要表现为脱水,水样便中有血。口腔、咽部和食管黏膜溃疡,皱胃黏膜充血、水肿和溃疡,小肠特别是十二指肠黏膜充血、潮红、肿胀、点状出血和有烂斑。大肠黏膜充血、糜烂,沿肠纵襞出现虎纹状(或斑马状)。呼吸道黏膜潮红、肿胀、出血,鼻腔、喉头和气管黏膜覆伪膜,其下有烂斑或覆以渗出物。组织学病变可见淋巴细胞和上皮细胞坏死,在淋巴组织的生发中心和复层鳞状上皮细胞中形成多核巨噬细胞,内含细胞内质网和核内容物。

第四节　实验室诊断

样品采集时,活体采集抗凝全血(分离白细胞),采集死亡动物的脾、肩前淋巴结、肠系膜淋巴结及扁桃体等组织,在前驱期或糜烂期可以采集眼、鼻分泌物拭子。组织病理学检测,宜采集舌根、咽后淋巴结。

一、病原学诊断

(一)病毒分离鉴定

牛瘟病毒能在原代和继代犊牛肾细胞、绒猴类淋巴母细胞 B95a 以及非洲绿猴肾细胞(Vero)等继代细胞上增殖和产生细胞病变(CPE),而兔化和山羊化牛瘟毒株往往不产生细胞病变。形成细胞病变的速度因毒株和细胞株的不同而不同,原代细胞 12 d,Vero 细胞 1 周,B95a 2~4 d。特征细胞病变主要是形成轮廓清楚的多核细胞(合胞体)或星状细胞,出现胞质和核内包涵体。样品处理后接种于易感细胞,待细胞出现 80%~90%病变时收获。然后通过捕获 ELISA、RT-PCR、中和试验或单克隆抗体标记的免疫荧光等方法进行鉴定,必要时可进行 F 基因测序。

(二)检测牛瘟抗原

采用牛或兔的牛瘟高免血清做抗体,或者针对病毒蛋白的单抗,可建立多种抗原检测技术,其中包括琼脂免疫扩散试验(AGID)、免疫捕获 ELISA 试验、直接荧光抗体试验等。琼脂免疫扩散试验(AGID)是将可溶性牛瘟抗原与抗体结合后形成沉淀。被检抗原是病牛或新鲜尸体组织碎块或淋巴结的浓缩抽提物。此方法能在田间条件下诊断该病。但本方法敏感性低,不能检测出微量抗原,不能在疫病早期作出诊断。免疫捕获 ELISA 试验可鉴别诊断牛瘟与小反刍兽疫,用抗牛瘟和小反刍兽疫两种病毒 N 蛋白的单抗作为捕获抗体,捕获被检抗原,可实现牛瘟和小反刍兽疫的鉴别诊断。直接荧光抗体试验是用牛瘟兔化弱毒疫苗免疫黄牛制备牛抗牛瘟高免血清,并提取抗牛瘟 IgG,荧光素标记后作为牛抗牛瘟荧光抗体。淋巴结、肝、肾组织样品制备涂片或冷冻切片,制成染色片后在荧光显微镜下观察。

（三）分子诊断技术

牛瘟(RPV)的 F 基因高度保守,且与其他属内病毒不同。针对该基因保守区进行特异性引物设计,从动物的脾、淋巴结和扁桃体等细胞中提取 RNA 进行检测。此方法耗时短、敏感性高,获得的病毒基因扩增片段可以做进一步的基因序列分析、分子流行病学分析等工作。

二、血清学诊断

（一）竞争酶联免疫吸附试验(C-ELISA)

牛瘟阳性被检血清和牛瘟病毒抗 H 蛋白的单抗与牛瘟抗原竞争结合。如果被检样品中存在牛瘟抗体,将阻断抗 H 蛋白单抗与牛瘟抗原结合,用酶标记的抗鼠 IgG 结合物和底物/显色液进行检测。此方法是世界动物卫生组织指定的在国际贸易中检测牛瘟的方法。与小反刍兽疫病毒没有交叉反应,适用于感染牛瘟病毒的任何品种动物血清抗体的检测。

（二）病毒中和试验

牛瘟病毒感染后产生的中和抗体能与病毒结合,通过空间位阻断病毒吸附到细胞受体,而使病毒失去感染性,使细胞不产生病变。本试验是用于检测无牛瘟感染认证监测计划的血清、疫苗试验的定量和野生动物的血清样品,是 ELISA 检测试验的替代检测方法,必要时作为其他血清学检测的验证试验。1:2 血清稀释度能检测出抗体,说明曾感染牛瘟病毒。此方法的缺点是需要进行细胞培养,费时、费力且需使用牛瘟活病毒,不适用于常规检测。

第三章 牛传染性胸膜肺炎

牛传染性胸膜肺炎（Contagious bovine pleuropneumonia，CBPP）又称为牛肺疫，是由丝状支原体丝状亚种 SC 型引起牛的一种传染病。病程常为亚急性或慢性，临床特征为浆液性纤维素性肺炎和胸膜炎，发病率和死亡率都较高。20 世纪初，许多国家通过扑杀和免疫政策消灭了该病。该病在非洲的许多地区、东欧及亚洲的部分国家和地区继续存在。该病曾在我国流行，现在我国为世界动物卫生组织认可的无牛传染性胸膜肺炎国家。由于控制该病困难，该病经常发生亚急性或无临床症状感染，且康复牛可能成为慢性带菌者，且该病能造成巨大的经济损失，世界动物卫生组织将牛肺疫定为必须报告的动物疫病，我国将其列为一类动物疫病。

第一节 病原

一、分类地位

按照《伯吉氏系统细菌学手册》第二版第三册（2009 年），牛传染性胸膜肺炎的病原体为丝状支原体丝状亚种SC 型，在分类上属柔膜体纲、支原体目、支原体科、支原体属。支原体公认的种有 102 种，丝状支原体丝状亚种是其中之一。丝状支原体丝状亚种根据菌落大小可分为 2 个型：小菌落型（SC）和大菌落型（LC）。丝状支原体丝状亚种 SC 型是牛肺疫的病原体，而丝状支原体丝状亚种 LC 型不引起牛传染性胸膜肺炎，常见于山羊，引起败血病、关节炎、肺炎，代表菌株为 Y-goat。

因有共同的血清学和遗传学特征,丝状支原体丝状亚种 SC 型和丝状支原体丝状亚种 LC 型、丝状支原体山羊亚种、羊支原体山羊亚种、山羊支原体肺炎亚种、牛支原体血清学 7 群亚种等被划归丝状支原体簇。

二、形态学特征和培养特性

(一)形态与染色特点

支原体无细胞壁,细胞柔软,形态多样,常呈球形、丝状、螺旋状或颗粒状。支原体直径 125~250 μm,丝状体大小不等,为(0.3~0.4)μm×(2~150)μm。可通过细菌滤器,无鞭毛,革兰氏染色阴性,用吉姆萨染色和瑞氏染色呈淡紫色。

(二)培养特性

支原体为兼性厌氧微生物,最适生长温度 37℃,最适 pH 7.6~7.8。支原体生物合成能力弱,营养要求较高,除基础营养外,还需要牛心浸膏、酵母膏、葡萄糖、10%~20%马血清,为抑制杂菌生长,常加入醋酸铊等药物。使用固体培养基培养时,琼脂浓度 1%~1.5%为宜。适当的通气培养可以促进其生长。丝状支原体丝状亚种 SC 型生长缓慢,在琼脂培养基上需要 2~6 d 才能长出必须用低倍显微镜才能观察到的微小菌落,菌落呈煎荷包蛋状。在液体培养基中浑浊轻微,需要加入酚红等 pH 指示剂判断支原体的生长情况。支原体可在鸡胚卵黄囊或绒毛尿囊膜上生长。

第二节　流行状况

一、起源

牛传染性胸膜肺炎在我国流行历史长、分布广。1919 年,我国有对该病的记载。

二、我国的分布与流行

20 世纪 50 年代,该病在我国内蒙古、辽宁、吉林等 12 个省、自治区的 377 个县广泛流行。1952 年,我国开始大面积接种哈尔滨兽医研究所研制的

"牛肺疫兔化藏羊化弱毒菌种",并结合严格的综合防治措施。80年代初,我国停止使用疫苗。1996年,我国宣布在全国范围内消灭了牛传染性胸膜肺炎。2011年5月24日,世界动物卫生组织第79届会议通过决议,认可我国为无牛传染性胸膜肺炎国家。

第三节　临床症状和病理变化

一、临床症状

牛传染性胸膜肺炎在病程上可分为4种渐进性过程:最急性、急性、亚急性、慢性。最急性期在临床上发病快,病牛出现呼吸症状后,一周后急性死亡。特征性病变为渗出性心包炎及胸膜粘连。急性期主要表现为患牛精神沉郁、厌食,体温升高至40~42℃,呈稽留热。干咳,呼吸加快,有呻吟声,有浆液性或脓性鼻液流出,呼吸极度困难,由于胸部疼痛不愿行动或下卧,呈腹式呼吸,胸部叩诊呈浊音或水平浊音,听诊肺泡音弱或消失,出现啰音。反刍减缓或消失,可视黏膜发绀。咳嗽频繁,常带有疼痛的短咳,咳声弱而无力,臀部或肩胛部肌肉震颤。发病犊牛可看到典型的呼吸道症状和关节炎症状,还可导致心肌炎和心内膜炎等并发症。亚急性期和慢性期多由急性转来,也有开始即为慢性经过者。临床上只有明显的咳嗽,部分牛体况消瘦。老疫区常见牛使役能力下降,消化机能紊乱。此种患牛在良好护理及妥善治疗下可以逐渐恢复,但常为带菌者。若病牛体内病变区域广泛,则患牛预后不良。

二、病理变化

主要的特征性病变在呼吸系统,尤其是肺脏和胸腔。肺的损害常限于一侧,初期以小叶性肺炎为特征。中期为该病典型病变,表现为浆液性纤维素性胸膜肺炎,病肺呈紫红、红、灰红、黄色等。不同时期的肝变硬,切面呈大理石状外观,间质增宽。病肺与胸膜粘连,胸膜显著增厚并有纤维素附着。胸腔有淡黄色并夹杂纤维素的渗出物。支气管淋巴结和纵隔淋巴结肿大、出血。心包液混浊且增多。末期肺部病灶坏死并有结缔组织包囊包裹,严重者结缔组织增生使整个坏死灶瘢痕化。

第四节　实验室诊断

样品采集,从病畜活体采集的样品有鼻拭子或鼻分泌物、支气管肺泡灌洗液或气管冲洗液,胸腔渗出液可在第七肋和第八肋之间下半部无菌穿刺采集。可采集抗凝血和全血,抗凝血可用于病原分离鉴定。尸体剖检采集的样品有肺部病变组织、胸腔渗出液、肺部支气管淋巴结以及关节滑液。每个组织单独放在一个容器内,主要采集正常组织和发病组织交界部位的样品。

一、病原学诊断

(一)病原分离鉴定

从感染动物分离丝状支原体丝状亚种 SC 型是牛传染性胸膜肺炎诊断最重要的方法。由于许多因素可影响支原体的生长及检出率,如样品中病原体含量极少、某些新分离株在体外培养不适宜、抗生素大量使用致使病原体减少等。

选取正常组织和发病组织的交界部位作为接种部位,将适宜病料接种于 10%马丁肉汤和琼脂培养基中。丝状支原体丝状亚种 SC 型通常在密封的液体肉汤培养基中生长最好。液体培养基需 3~5 d 培养可出现均匀混浊,常有易碎的细丝状物。在琼脂平板上,可见直径 1 mm、中心致密的煎蛋状典型菌落。此方法耗时长,通常 37℃条件下培养 2~7 d。

(二)分子诊断技术

在丝状支原体丝状亚种 SC 型分子诊断技术中,PCR 等方法因具有良好的敏感性和特异性而被广泛应用。

分子诊断技术主要针对丝状支原体丝状亚种 SC 型的 16S rRNA 基因、16-23S rRNA 基因进行引物设计,用于丝状支原体丝状亚种 SC 型和丝状支原体丝状亚种的早期感染诊断。PCR 可直接检测胸水提取物、肺渗出液、尿、血液、分离培养物中的病原体。组织样品需培养 24~48 h,然后再进行 PCR

检测。

二、血清学诊断

（一）补体结合试验（CFT）

本试验利用丝状支原体丝状亚种 SC 型悬液与相应的抗体结合后，其抗原抗体复合物可以结合补体加入致敏红细胞，即可根据是否出现溶血反应判断是否存在相应的抗原和抗体。补体结合试验主要检测的是 IgG。该试验特异性强，主要检测的是急性病变的患畜，对早期或慢性病例只能检出较小的部分。由于丝状支原体丝状亚种 SC 型与 M.Mycoides 群的其他成员易发生血清学交叉反应，导致补体结合试验容易出现假阳性。

（二）微量凝集试验（MAT）

丝状支原体丝状亚种 SC 型悬液与相应的 IgG 抗体结合，在电解质存在情况下，形成肉眼可见的颗粒状或絮状凝集。

（三）酶联免疫吸附试验

以菌体蛋白作为包被抗原，制备纯化的菌体蛋白，用菌体蛋白作为包被蛋白，用于检测丝状支原体丝状亚种 SC 型的抗体。

第四章　牛结节性皮肤病

牛结节性皮肤病（Lumpyskindisease，LSD）是由痘病毒科山羊痘病毒属牛结节性皮肤病病毒引起的牛全身性感染疫病，牛结节性皮肤病又被称为牛疙瘩皮肤病、牛结节性皮炎和牛结节疹。临床以皮肤出现结节为特征，该病不传染人，不是人、畜共患病。世界动物卫生组织（OIE）将其列为法定报告的动物疫病，农业农村部暂时将其作为二类动物疫病管理

第一节　病原

一、分类地位

按照 2009 年国际病毒分类委员会第九次报告，牛结节性皮肤病毒在分类上属痘病毒科、脊椎动物痘病毒亚科、山羊痘病毒属。该属成员除其外，还包括绵羊痘病毒、山羊痘病毒和鹿痘病毒。

二、分型

山羊痘病毒只有一个血清型。

三、基因组

牛结节性皮肤病病毒基因组为双链 DNA，大小约 150 kb，与绵羊痘、山羊痘病毒基因组结构非常相似，同源性较高，约有 96% 的核苷酸完全相同。和其他痘病毒一样，牛结节性皮肤病病毒基因组包括中间编码区和两端相同的反向末端重复序列。

四、蛋白质组

牛结节性皮肤病病毒基因组有 147 个开放阅读框（ORF）。基因组中间编码区（ORFs024-123）是与痘苗病毒所有保守基因同源的核心编码区域，其左侧和右侧的 10~27 kb 的序列中包含重要的编码基因。牛结节性皮肤病病毒基因组共编码 100 多种病毒蛋白，蛋白大小为 53~2 027 个氨基酸不等。基因组中间开放阅读框（ORFs024-123）较保守，编码的蛋白参与病毒复制、装配、释放等。P32 蛋白是囊膜蛋白，其跨膜的螺旋结构位于 C 端 287~307 位氨基酸处。该蛋白是牛结节性皮肤病病毒属特有蛋白，目前世界各地分离鉴定的所有痘病毒毒株都有该蛋白。P32 具有重要的免疫原性，诱导的抗体反应比其他结构蛋白快且强，可以用于血清学诊断技术，同时是病毒刺激机体产生中和抗体抵抗病毒侵染的重要靶蛋白。

五、生物学特性

牛结节性皮肤病病毒对热敏感，55℃条件下 2 h 或 65℃条件下 30 min 便可灭活。耐冻融，在-90℃条件下可保存 10 年，在受感染的组织液 4℃条件下可保存 6 个月。病毒粒子对酸或碱敏感，可在 pH 6.6~8.6 的环境中长期存活。对 20%乙醚、氯仿、1%福尔马林敏感，对次氯酸钠（2%~3%）、苯酚（2%）、碘化合物（1:33 稀释液）和季铵化合物（0.5%）等也敏感。此外，病毒粒子对阳光也敏感，在黑暗条件下可保持活力长达数月。

第二节　流行状况

一、起源

2019 年 8 月 10 日，经中国动物卫生与流行病学中心国家外来动物疫病研究室确诊，我国首次在新疆伊犁哈萨克自治州发生牛结节性皮肤病。调查发现，病畜分布于察布查尔县、伊宁市和霍城县等 3 个地区的 17 个乡镇，不同场点发现病牛 218 头，死亡 1 头，统计发病比例为 17.0%~36.2%，病死比例为 0.8%。

该病于 1926 年在津巴布韦被首次确诊。2015 年,希腊、俄罗斯、哈萨克斯坦相继报告发生该病。目前广泛分布于非洲、中东、中亚、东欧等地区。该病不是人、畜共患病,不感染人,只感染牛。

二、我国的分布与流行

2020 年以来,全国共有福建长汀、江西赣州、广东潮州、安徽黄山、浙江金华等地确诊发生牛结节性皮肤病疫情。2020 年 6 月 5 日,福建省龙岩市长汀县濯田镇南安村 3 户养殖户饲养的牛只确诊患上牛结节性皮肤病, 发病牛共 25 头;2020 年 6 月 15 日,江西省赣州市瑞金市九堡镇松燕村养殖户饲养的 24 头牛发病 2 头;2020 年 6 月 22 日,江西省抚州市南丰县紫霄镇西坑村山下组养殖户饲养的 1 头牛确诊患上牛结节性皮肤病;2020 年 6 月 25 日, 广东省潮州市饶平县饶洋镇三乐屋村养殖户饲养的牛只确诊患上牛结节性皮肤病,发病牛共计 11 头,病死 4 头;2020 年 6 月 30 日,安徽省黄山市休宁县东临溪镇芳口村养殖户饲养的牛只确诊患上牛结节性皮肤病, 发病牛共计 13 头,病死 1 头;2020 年 7 月 12 日,浙江省金华市婺城区发生一起牛结节性皮肤病疫情,该批牛共 26 头,发病 3 头,死亡 1 头。

第三节 临床症状和病理变化

一、临床症状

本病的病畜临床表现差异很大, 跟动物的健康状况和感染的病毒量有关。易感动物体温升高到 41℃, 持续 1~2 周, 鼻炎、结膜炎和唾液过度分泌,厌食,精神委顿,不愿行走,奶牛产奶量显著减少。易感动物全身皮肤、黏膜出现结节,以头、颈、乳房、腿、背、胸、阴囊、外阴、会阴、眼睑、耳梢、口鼻黏膜及尾部尤为突出,结节大小不等,可聚成不规则的肿块,可波及全身皮肤、皮下组织、肌肉组织。易感动物口腔和消化道黏膜表面形成丘疹,全身体表淋巴结肿大, 眼、鼻、口、直肠、乳房和生殖器黏膜表面形成结节,并迅速溃烂。母牛流产与暂时性不孕,公牛罹患睾丸炎和附睾炎,暂时性或终生不育。

牛结节性皮肤病与牛疱疹病毒病、伪牛痘、疥螨病等临床症状相似，需开展实验室检测进行鉴别和诊断。

二、病理变化

消化道和呼吸道内表面有结节病变。淋巴结肿大，出血。心脏肿大，心肌外表充血、出血，呈现斑块状淤血。肺脏肿大，有少量出血点。肾脏表面有出血点。气管黏膜充血，气管内有大量黏液。肝脏肿大，边缘钝圆。胆囊肿大，为正常的 2~3 倍，外壁有出血斑。脾脏肿大，质地变硬，有出血。胃黏膜出血。小肠弥漫性出血。

第四节　实验室诊断

一、样品采集

（一）皮肤结节

用 0.1 mol/L PBS（pH 7.4）清洗皮肤结节表面，然后用灭菌手术剪刀剪取结节，2~5 g 为宜。采集到的皮肤结节装入样品保存管，加 10%甘油 PBS 保存液，使保存液液面没过样品，加盖封口，冷冻保存。

（二）组织样品采集

除皮肤结节外，在活体检查或死后剖检时，可采集淋巴结、肺部、脾脏等的病变结节及病灶周围组织 2~5 g，装入样品保存管，加 10%甘油-PBS 保存液，使保存液液面没过样品，加盖封口，冷冻保存。

（三）假定健康动物样品采集

临床表现健康但需要做牛结节性皮肤病病原学监测的动物，可在屠宰时采集 EDTA 抗凝全血、淋巴结等。对肉品进行牛结节性皮肤病病原检测时，可采集不少于 2 g 肌肉组织样品，装入样品保存管中，密封、冷冻保存。

（四）其他类型样品采集

活体检查，可采集疑似病牛的皮肤结节或结痂周围组织病料、唾液、口腔/鼻腔拭子、乳汁、精液、抗凝血（含 EDTA 或肝素）等。采集动物血液，每头应不少于 2 mL，用于血清分离的血液样品每头应不少于 5 mL，采集的唾液、口腔/鼻腔拭子应立即装入样品保存管，加入 0.5 mL 的 10%甘油 PBS 保存液，加盖封口，冷冻保存。

二、病原学诊断

（一）病毒分离鉴定

可采用细胞培养分离病毒、动物回归试验等方法。病毒分离鉴定工作应在中国动物卫生与流行病学中心（国家外来动物疫病研究中心）或农业农村部指定的实验室进行。

（二）病毒核酸检测

可采用荧光聚合酶链式反应、聚合酶链式反应等方法。普通 PCR 方法广泛用于检测羊痘病毒（CaPV）DNA 的存在，世界动物卫生组织推荐的方法不能区分 LSDV、SPPV（绵羊痘病毒）和 GTPV（山羊痘病毒）。荧光 PCR 方法可区分 LSDV、SPPV 和 GTPV。目前均有商品化试剂盒用于临床诊断与检测。

三、抗体检测

在出现临床症状后约 1 周时间，中和抗体水平开始上升，2~3 周后感染动物的抗体水平达到最高，然后抗体水平开始下降，最终降至可检测量以下。在持续暴发期间，大多数感染动物血清转化和血清样本可以使用病毒中和试验、免疫过氧化物酶单层测定（IPMA）或间接荧光抗体测试（IFAT）方法进行检测。

第五章 牛流行热

牛流行热(Bovine epizootic fever, BEF)又称为牛暂时热、三日热、僵硬病、牛登革热等,是由牛流行热病毒(Bovine ephemeral fever virus, BEFV)引起的主要感染牛和水牛的一种急性、热性传染病。临床以突然高热、流泪、泡沫样流涎、鼻漏、呼吸促迫、四肢关节僵硬为特征。本病传播迅速、发病率高、死亡率低,可导致患病奶牛的产奶量大幅下降,病牛常因瘫痪而被淘汰,给养牛业造成巨大损失。我国将牛流行热列为三类动物疫病。

第一节 病原

一、分类地位

按照 2009 年国际病毒分类委员会第九次报告,牛流行热病毒在分类上属弹状病毒科、暂时热病毒属成员。该属除牛流行热病毒外,还包括贝尔玛病毒、阿德莱德河病毒。

二、分型

牛流行热只有一个血清型,但不同地区病毒的抗原性存在差异。

三、基因组

该病毒基因组是单股负链 RNA,全长约 14.8 kb,包括 11 个编码基因。

四、蛋白质组

牛流行热病毒的结构蛋白包括 RNA 聚合酶蛋白 L、糖蛋白 G、核蛋白 N、基质蛋白 M1、基质蛋白 M2 及磷酸蛋白等。其中 G 蛋白属于 I 类转膜糖蛋白,包括型特异性中和抗原位点,是牛流行热病毒的主要免疫原性蛋白。

五、生物学特性

该病原对外界的抵抗力不强,对脂溶剂、紫外线以及酸碱敏感,一般常用的消毒药物均可杀灭该病毒。

第二节　流行状况

一、起源

1938 年,我国江苏、浙江等地首次发生牛流行热疫情。

二、我国的分布与流行

1949—1991 年,在我国 20 多个省份已有多次全国性大流行,主要见于南方省份的黄牛、水牛和奶牛。1976 年,在北京暴发牛流行热地区采集了病牛高热期的抗凝血或脱纤血,通过乳鼠和 BHK-21 细胞,成功分离出我国第一株牛流行热病毒。目前,我国 20 多个省份都有该病发生流行的报道,在同一地区的流行周期通常是 3~5 年,有的南部沿海地区的流行周期仅为 2 年。本病在我国南方地区较为严重,并呈现由南向北流行的趋势,流行季节常在夏末秋初。南方省份一般发生较早,常在 6 月份,而邻近各省的流行时间常晚 1 个月,中原几个省的大流行多发生在 7 月中下旬,1~3 个月流行结束。

第三节　临床症状和病理变化

一、临床症状

病牛体温突然升高达 40~42℃,持续 2~3 d 后降至正常。在体温升高的同时,病牛流泪、流涎、鼻漏,眼睑和眼结膜充血、浮肿,呼吸促迫,患牛发出哼哼声,颈伸直,张口吐舌,舌暗紫色,反应迟钝,食欲废绝,喜卧,肌肉震颤,严重者关节肿大、僵硬、跛行甚至瘫痪。发病期尿量少,呈暗褐色浑浊尿。妊娠母牛可发生流产、死胎。奶牛泌乳量下降或停止。多数病例为良性经过,病程 3~4 d,后逐渐恢复健康。若治疗不及时,则可引发肺炎而死亡。

二、病理变化

病变主要见于肺脏,呈间质性肺气肿或水肿。肺间质胶冻样浸润,切面流出大量紫色的液体,气管内积聚大量泡沫样液体,还可见咽、喉头、气管等上呼吸道黏膜充血、出血。严重的病例出现浆液性纤维素性滑膜炎、关节炎、腱鞘炎、蜂窝织炎和骨骼肌斑点状坏死,尤其是跛肢的关节囊和肌肉病变较严重。淋巴结水肿、出血。真胃、小肠和盲肠呈卡他性炎症和渗出性出血。有的出现肾灶状坏死或贫血性梗死。病理组织学变化主要是全身性小动脉管损伤,特别是内膜细胞肿胀、增生、脱落,甚至闭塞管腔。肺泡膈灶状增宽、充血、水肿,成纤维细胞和网状细胞增生。支气管管腔内有大量黏液、纤维素和脱落坏死的上皮细胞。黏膜下有大量淋巴细胞浸润。肾脏所有动脉壁均增厚,小动脉肌层纤维素样变。皮质部肾实质有大小不等的凝固性坏死灶,边界清楚,呈典型的贫血性梗死变化。肝细胞、心肌纤维出现颗粒变性,有少量淋巴细胞浸润。

第四节　实验室诊断

一、病原学诊断

(一)病毒分离鉴定

采集病牛的血液,加肝素或柠檬酸钠等抗凝剂,分离白细胞和血小板,将其制成悬液。将白细胞液接种乳仓鼠肾细胞、乳仓鼠肺细胞、绿猴肾细胞传代,37℃条件下培养,隔 4~5 d 盲传,如此传代直至出现典型、规律的细胞病变,收获的全细胞培养物用于其他试验。同时也可将接种后表现异常的乳鼠的脑组织悬液接种上述细胞进行培养,4~5 d 后细胞呈现单个、散在、圆缩、脱落等细胞病变。亦可将分离的白细胞液采用悬滴复染法染色,通过电镜观察弹状病毒的结构。也可将观察到的细胞病变的细胞培养物收集起来,应用间接荧光抗体试验(IFA)、免疫组化、原位杂交或 RT-PCR 等方法进行鉴定。

（二）检测抗原

通过特异的牛流行热病毒抗血清或单克隆抗体，对牛流行热病毒进行间接荧光抗体试验、免疫组化检测。最常用的是 RT-PCR，多选择 G 蛋白基因作为检测靶标。利用分子生物学诊断方法，可从牛高热期血液中扩增到牛流行热病毒 G 蛋白特异的核酸片段。

二、血清学诊断

（一）病毒中和试验

将乳鼠脑组织或细胞培养物制成 PBS 悬液作为病毒抗原，其含毒量为 200 个/mL LD_{50}。待检血清在 56℃条件下 30 min 灭活后，从 1:5 起进行 2 倍递进稀释。每一种稀释度吸取 1 mL 在试管内，另取一支试管加入 1:5 稀释的正常血清（60℃条件下 30 min 灭活）作为对照。然后各试管中加入等量的上述病毒悬浮液，充分混匀后置于 37℃温箱内中和 1 h。每一种稀释度脑内接种 3~5 只乳鼠。根据乳鼠的死亡和存活数，计算出被检血清的 50%中和效价。也可采用"双份血清"进行中和试验，如果血清抗体效价增加 4 倍或 4 倍以上，即可作出诊断。

（二）补体结合试验

将样品接种于 BHK-21 细胞单层，置于 37℃条件下培养 48~72 h，待细胞病变达 90%以上，收毒。细胞毒液经反复冻融 3 次，加入 2%灭活豚鼠血清，再冻融 5 次，以 2 000 r/min 离心 10 min，取其上清液测定效价合格，即制成细胞毒冻融抗原（V 抗原）。对人工感染牛康复期血清阳性检出率较高，并且具有较高的特异性。

第六章　牛病毒性腹泻/黏膜病

牛病毒性腹泻/黏膜病(Bovine viral diarrhea disease,BVD)是由牛病毒性腹泻病毒(BVDV)引起的主要感染牛的一种接触性传染病。发病牛以发热,消化道黏膜糜烂、溃疡和坏死,胃肠炎和腹泻为主要特征。牛病毒性腹泻病毒是牛源生物制品(血清、冻精、冷冻胚胎及疫苗等)的常在污染病原,给畜牧业生产和相关商业领域造成巨大经济损失。世界动物卫生组织将其列为法定报告的动物疫病,我国将其列为三类动物疫病。

第一节　病原

一、分类地位

按照 2005 年国际病毒委员会第八次报告，该病毒在分类上属黄病毒科、瘟病毒属成员,为瘟病毒属的代表病毒,与猪瘟病毒和羊边界病毒同属并密切相关。

二、分型

根据病毒能否使细胞产生病变将 BVDV 分为非致细胞病变型和致细胞病变型两个生物型。病毒生物型的划分与急性、先天性和慢性感染等临床症候群有关。根据病毒基因组 5'非编码区(5'UTR)的序列将 BVDV 分为两个基因型， 即 BVDV1 和 BVDV2。BVDV1 可分为 11 个不同的基因亚型 BVDV1a-k，主要流行亚型是 1a 和 1b，代表株分别是 NADL 和 Osloss 株；BVDV2 的代表株是 890 株。BVDV1 普遍用于疫苗生产、诊断和研究。

三、基因组

该病毒基因组为单股正链 RNA，长 12.3~12.5 kb，包括 5'UTR、编码区和 3'UTR，编码 4 种结构蛋白 p14、gp48、gp25、gp53 和 8 种非结构蛋白 p20、p7、p125、p10、p30、p58、p75。5'UTR 长 380~385 bp，在各牛病毒性腹泻病毒株间有高度保守性，可作为病毒检测和分型的靶基因。BVDV1 和 BVDV2 的 5'UTR 差异率在 10%左右。

四、蛋白质组

该病毒编码的前体蛋白 PrgP140 经蛋白水解酶的切割和糖基化酶的修饰，被加工成成熟的病毒结构蛋白 C、E^{rns}、E1 和 E2，其中 E^{rns}、E1 和 E2 是糖基化蛋白。Er ns 和 E2 可诱导机体产生保护性免疫反应。其中 E2 蛋白免疫原性最强，含有病毒主要的抗原决定簇，参与病毒的囊膜结构，是决定牛病毒性腹泻抗原反应性的主要部位，也是与牛病毒性腹泻病毒抗体结合、介导免疫中和反应与宿主识别、吸附的主要部位。

五、生物学特性

病毒对乙醚、氯仿和胰酶等敏感。对外界环境因素抵抗力不强，pH3.0 以下或 56℃条件下很快被灭活，对一般消毒药敏感，但血液和组织中的病毒在低温状态下稳定，在冻干状态可存活多年。

第二节　流行状况

一、起源

1984 年，我国首次从国外引进牛的流产胎儿脾脏中分离并鉴定出一株牛病毒性腹泻病毒，即 CC-184 株。1985 年，从四川红原地区牦牛腹泻病料中检出牛病毒性腹泻病毒，首次证明该病在牦牛中的存在。

二、我国的流行状况

1995 年，从疑似猪瘟的猪体内分离出另外一株 BVDV，即 ZM-95 株。CC-184 株和 ZM-95 株都属于 BVDV1 型。2000 年，对安徽、江苏、广西部分地区水牛进行血清学检测，结果表明安徽省水牛血清阳性率平均为7%。2008年，国内研究单位第一次从牛体内分离出BVDV2，证实BVDV2在我国的存在。随着养牛业的迅速发展，该病在我国西北、西南、华北、东北地区均有发生、流行，且呈上升趋势。

第三节　临床症状和病理变化

一、临床症状

患病动物和带毒动物是该病的主要传染源，感染牛的分泌物和排泄物，包括鼻汁、唾液、精液、粪尿、泪液及乳汁中均可分离出病毒。病牛急性发热期，血液中含有大量病毒，一般可保持21 d，随着中和抗体的出现，血液中的病毒逐渐消失，脾、骨髓、肠系膜淋巴结和直肠组织含毒量高。绵羊多为隐性感染。本病的主要传播途径是消化道和呼吸道，也可通过胎盘垂直传播，垂直传播在流行病学和致病机理中起重要作用。根据疾病严重程度和病程长短，在临床上分为慢性型（黏膜病）和急性型（病毒性腹泻病）。黏膜病呈间歇腹泻，口鼻黏膜表面糜烂，舌面上皮坏死，流涎增多，呼气恶臭。趾间皮肤溃疡、糜烂，导致跛行。慢性病牛多无明显发热症状。急性病例多见于犊牛，表现为高热，持续2~3 d，有的呈双相热型；腹泻呈水样，粪带恶臭，含有黏液或血液；大量流涎、流泪，口腔黏膜和鼻黏膜糜烂或溃疡。母牛在妊娠期感染后常发生流产，或产下先天缺陷的犊牛，如眼瞎、小脑发育不全，患犊表现为轻度共济失调或不能站立。

二、病理变化

牛病毒性腹泻黏膜病主要病变在消化道，软腭、舌、食管、胃及肠黏膜充血、出血、糜烂、坏死。腹股沟淋巴结、肠系膜淋巴结水肿、发紫，切面呈红色。肝脏、胆囊肿大。肾包膜易剥离，皮质有出血点。肺充血、肿大。全身淋巴结肿大。严重病例在咽喉部黏膜有溃疡及弥散性坏死，最具特征的病变是食管黏膜糜烂。

第四节 实验室诊断

一、病毒分离鉴定

病毒分离为国际贸易指定的检测手段,是诊断该病的基本方法之一。对胎牛肾细胞、犊牛肾细胞、犊牛睾丸细胞、牛鼻甲骨和胎牛肺等原代细胞或继代细胞进行病毒分离。国内许多学者用不同的牛细胞,从奶牛、牦牛、绵羊、山羊、猪等动物中分离出病毒并进行鉴定。犊牛睾丸细胞对牛病毒性腹泻病毒/黏膜病病毒最敏感,易出现病变。不同毒株所产生的细胞病变各不相同,典型的细胞病变可见细胞变圆,细胞间距增大,胞质内出现大小不等、边缘整齐的空泡,细胞逐渐脱落,并出现细长或网状的胞质性突起物,核变致密,核位置靠边,最后细胞完全脱离瓶壁,出现空斑。在分离不产生细胞病变的毒株时,可用新城疫病毒激发,使之在细胞培养中产生细胞病变,即所谓的 END 强化试验。也可取病料悬浮液分别接种于 9~11 日龄鸡胚绒毛尿囊膜和 7~9 日龄鸡胚卵黄囊内,每胚接种 0.1~0.2 mL,接种后置 37℃条件下培养 3~5 d 观察结果。有些毒株可在鸡胚绒毛尿囊膜上生长,并在尿囊膜上形成痘斑;有些毒株可在鸡胚卵黄囊中生长繁殖。病毒分离是检测牛病毒性腹泻/黏膜病最经典的方法,但是此方法比较耗时。

二、病毒抗原检测

根据夹心 ELISA 原理,用一个捕获抗体结合到固相上和一个检测抗体结合到信号系统上,用于检测持续感染牛和外周血液白细胞产物中的牛病毒性腹泻/黏膜病病毒抗原。目前,国内建立了从感染畜粪便中检测牛病毒性腹泻/黏膜病病毒抗原的双抗体夹心 ELISA 方法。

三、分子诊断技术

目前,牛病毒性腹泻/黏膜病分子诊断技术最常用的是 RT-PCR。根据该病毒 5'UTR 基因组序列合成一对或数对特异性引物,用 RT-PCR 方法可进行病毒核酸检测。此方法特异性强、敏感性高。

第七章　牛传染性鼻气管炎

牛传染性鼻气管炎(Infectious bovine rhinotracheitis,IBR)又称为牛传染性脓疱性外阴-阴道炎、坏死性鼻炎、红鼻病等,是由牛疱疹病毒Ⅰ型(Bovine herpes VirusI,BoHV-1)引起的主要感染牛和野生牛的一种急性、热性、高度传染性疾病。临床以发热、咳嗽、流鼻液和呼吸困难为特征,有时发生流产。感染本病后育肥牛群增重减缓,奶牛产奶量减少甚至停乳,给养牛业造成严重经济损失。世界动物卫生组织将该病列为法定必须报告的动物疫病,我国将其列为二类动物疫病。

第一节　病原

一、分类地位

根据 2009 年国际病毒分类委员会的第十次报告,牛疱疹病毒Ⅰ型在分类上属疱疹病毒科、α-疱疹病毒亚科、水痘病毒属。与其同属的还有另外16种疱疹病毒,包括牛疱疹病毒 5 型以及马、犬、羊、猴、非洲羚羊、人疱疹病毒等。

二、分型

各地不同的分离株均属于同一个血清型。

三、基因组结构

BoHV-1 具有疱疹病毒科成员所共有的形态特征,是球形双股 DNA 病毒。其基因组分子约为 138 kb,G+C 含量为 72%。

四、生物学特性

该病毒是疱疹病毒科成员中抵抗力较强的一种。在 pH 6~9 的细胞培养液中病毒较稳定，在 pH 4.5~5 环境下不稳定。温度对该病毒有很大影响，56℃条件下 21 min 可被灭活。在寒冷季节，当相对湿度超过 90%时病毒能存活 30 d。在温暖的环境中，如在牛舍中，有存活 5 d 和 13 d 的记录；在适宜条件下，如在饲料中，病毒可存活 30 d 以上。

第二节　流行状况

一、起源

1980 年，我国首次分离出该病毒，之后牛传染性鼻炎的流行一直呈上升趋势。

二、我国的流行状况

国内部分省区的血清学普查结果表明，广东、广西、河南、河北、新疆、山东、四川等地的黑白花奶牛、本地黄牛和水牛中均有 BoHV-1 感染。此外从牦牛体内也分离出本病毒。对吉林、辽宁、内蒙古、山西和北京等地部分牛场进行牛传染性鼻气管炎血清抗体检测，发现其阳性率分别为 35.33%、39.25%、67.0%、35.0% 和 10.0%，进一步证明该病在我国已广泛存在。

第三节　临床症状和病理变化

一、临床症状

牛是 BoHV-1 自然感染的主要宿主，各年龄和品种的牛均可感染，多见于育肥牛和奶牛，但肉用牛群的发病率有时高达 75%，其中以 20~60 日龄的犊牛最为易感，病死率也较高，主要因为此时牛体内的母源抗体降低，增加了病牛感染的机会。牛群发病率为 10%~90%，死亡率 1%~5%。自然感染的病牛潜伏期一般为 3~6 d，有时可达 20 d 以上。病牛的临床表现多种多样，除呼吸道型外,还有生殖道型、脑膜脑炎型、眼结膜炎型和流产型。

（一）呼吸道型

在临床上最为常见,多发生于冬季。病毒首先侵害上呼吸道引起急性卡他性炎症,病变局限于口、鼻腔、咽、喉、气管。轻症病例黏膜充血、肿胀,并有卡他性渗出物。重症病例可见黏膜下组织发炎,并有出血点和坏死灶。病牛体温升高,精神极度沉郁,拒食。鼻黏膜高度充血,呈火红色,故被称为红鼻病。鼻腔黏膜有浅表溃疡,鼻孔流出多量分泌物,初为浆液性,最后则带有脓汁和血液。鼻窦及鼻镜内组织高度发炎而呈红色。因鼻黏膜坏死,病牛呼气常带有臭味。随着病情的发展,病牛出现不同程度的呼吸困难症状。患病乳牛初期产乳量减少,后期完全停止,5~7 d可恢复。有时可见病牛拉稀,粪便中含有血液。此外该型病例还常伴发有结膜炎,可见眼睑浮肿、结膜充血及流泪。结膜上有黄色针尖大小的颗粒。无继发感染时病程1周左右,随后逐渐好转。继发感染的重症病例可能死亡,妊娠中后期的母牛流产,犊牛则出现脑膜炎的变化。流行严重的牛群发病率可达75%以上,但死亡率通常在10%以下。

（二）生殖道型

又称为传染性脓疱性外阴阴道炎。潜伏期短,为1~3 d。一般经配种传染,母牛和公牛均可感染发病。病牛初期精神沉郁,发热呈波浪热型,可持续数天。外阴部轻度肿胀,并有少量黏稠的分泌物附着在局部皮毛上,病牛时常举尾,排尿时有痛感。病情缓和者,外阴黏膜上出现白色小脓疱,阴道黏膜轻度充血,阴道壁上附着淡黄色渗出物。重症病例的阴门发炎、充血,阴道底面上有黏稠无臭的黏液性分泌物, 大量小脓疱使阴户前庭及阴道壁形成广泛的灰色坏死膜,擦掉或脱落后遗留发红的擦破表皮,阴门流出黏液线条,污染附近皮肤被毛。急性期消退时开始愈合,经10~14 d痊愈,但阴道内渗出物可持续排出数周。

（三）脑膜脑炎型

主要发生于犊牛,表现为脑炎的症状,体温升高,共济失调,精神沉郁,随后兴奋、惊厥、口吐白沫,最终倒地,角弓反张,磨牙,四肢滑动。病程短促,发病率高,死亡率达 50% 以上。

(四)眼结膜炎型

多数病牛缺乏明显的全身性反应,主要表现为结膜充血、水肿,表面形成灰色的颗粒状坏死膜。角膜轻度混浊,眼和鼻流浆液性或脓性分泌物。该型有时与呼吸道型同时出现,很少引起死亡。

(五)流产型

可在怀孕的任何时候发生,多发生于妊娠 5~8 个月。流产前常无前驱症状,也无胎衣滞留现象。主要表现为突然发病、厌食、体温升高、结膜发炎、流鼻液,有的大量流涎、咳嗽、呼吸困难,病程约为 5 d。

二、病理变化

特征性病变见于呼吸道感染的严重病牛,呼吸道黏膜高度发炎,有浅溃疡,内脏器官可见化脓性肺炎,脾脓肿,肝表面和肾包膜下具有灰白色或灰黄色的坏死灶,第四胃黏膜发炎、溃疡,大小肠出现卡他性肠炎。生殖道感染型则可见局部黏膜表面形成小的脓疱。流产的胎儿肝、脾有局部坏死,有时皮肤水肿。组织学检查可在呼吸道上皮细胞中见有核内包涵体。脑膜脑炎型病例可见淋巴细胞性脑膜炎和以单核细胞为主的血管套。肺、肾、肝、脾、胸腺、淋巴结等出现弥漫性坏死灶。

第四节　实验室诊断

一、病原学诊断

(一)BoHV-1 分离鉴定

多种细胞,包括原代或次代牛肾、肺或睾丸细胞,可用于本病毒的分离鉴定。由牛胎儿的肺、鼻甲或气管等组织制备的细胞株及已建立的传代细胞系,如牛肾传代细胞和牛气管细胞都可用于病毒分离。病毒接种细胞后,逐日观察细胞病变。一般接种 3 d 后出现细胞病变。若 7 d 还不出现细胞病变,需再盲传一次,仍无细胞病变则判定为阴性。出现细胞病变后采用中和试验鉴定病毒，也可利用标记的特异性抗血清或单克隆抗体通过免疫荧光或免疫过氧化物酶试验鉴定。

（二）BoHV-1抗原检测

鼻、眼或生殖道拭子可直接涂抹盖玻片，或离心后将细胞点在盖玻片上，进行直接或间接荧光抗体试验、免疫组织化学试验鉴定病毒。取临床上有发热、流涎和严重流鼻液的病牛，多取几头病牛样品，将制作的抹片风干并在24 h内用丙酮固定进行检测。

（三）包涵体检查

BoHV-1可在牛胚肾、睾丸、肺和皮肤的培养细胞中生长，并形成核内包涵体，故可用感染的单层细胞涂片，用Lendrum染色法染色，镜检细胞核内包涵体。细胞核染成蓝色，包涵体染成红色，胶原为黄色。也可采集病牛病变部的上皮组织（上呼吸道、眼结膜、角膜等组织）制成切片后染色，镜检。

（四）分子诊断技术

常用的PCR扩增靶标基因有TK、gB、gC、gD等，这些基因相对保守。采用该技术可在1~2 d得出结果，可以检出感染早期感觉神经节中的病毒，主要用于检测人工感染或自然感染精液样品中的DNA。

二、血清学诊断

（一）病毒中和试验

该方法是世界动物卫生组织指定的国际贸易试验方法之一，用于检测血清是否具有中和病毒的能力，是IBRV抗体检测最经典、最标准的方法。由于BoHV-1只有一个血清型，通过标准免疫血清可实现所有BoHV-1的检测。

（二）酶联免疫吸附试验

该方法是世界动物卫生组织指定的国际贸易试验方法之一，逐渐取代病毒中和试验成为抗体检测的标准方法，其中间接ELISA应用最为广泛，且适用于牛奶中的抗体。此方法以适合细胞系培养病毒，经超速离心纯化病毒，再经超声破碎处理后作为诊断抗原，或应用大肠杆菌表达的BoHV-1gD蛋白、gE蛋白纯化后作为包被抗原，建立ELISA。

第八章　牛恶性卡他热

牛恶性卡他热(Malignant catarrhal fever)又名恶性头卡他或坏疽性鼻卡他,是由恶性卡他热病毒(Malignant catarrhal fever virus,MCFV)引起的主要感染牛的一种急性、热性、非接触性传染病。以高热及呼吸道、消化道黏膜的黏脓性、坏死性炎症为特征,并经常伴有角膜混浊和神经症状。本病多为散发,以冬春季发生较多。发病率低,但病死率可高达60%~90%。我国将牛恶性卡他热病列为二类动物疫病。

第一节　病原

一、分类地位

按照2005年国际病毒分类委员会第八次报告,恶性卡他热病毒在分类上属疱疹病毒科、疱疹病毒丙亚科、猴病毒属。该病病原有2种:一种是狷羚属疱疹病毒Ⅰ型,其自然宿主为狷羚;另一种是作为亚临床感染在绵羊中流行的绵羊疱疹病毒2型。猴病毒属除这2个成员外,还包括人疱疹病毒8型等。

二、分型

该病毒可分为2个型,即非洲型(狷羚相关型)和北美型(绵羊相关型)。非洲型主要传染源是狷羚,北美型主要传染源是绵羊。牛恶性卡他热不会通过直接接触在易感牛群中传播,主要通过狷羚或绵羊传播于牛。

三、基因组和蛋白质组

该病毒有2种病原,即狷羚属疱疹病毒Ⅰ型和绵羊疱疹病毒2型,基因组为双股线状 DNA 分子。目前已成功获取狷羚属疱疹病毒 I 型的 WC11 分离株以及强毒 C500 株基因序列。WC11 分离株为基因组部分序列，强毒 C500 则是完整基因组，约 130 608 bp，预测有多个蛋白编码区，占基因组的 60% 以上。绵羊疱疹病毒 2 型基因组约 130 930 bp，含有 73 个开放阅读框架，G+C 含量平均为 52%。基因组两端重复序列长达 4 205 bp，在这一区域，G+C 含量平均为 72%。目前建立的 PCR 方法多数针对病毒保守的 TK、gB、gC、gD 和 gE 等基因。

第二节　流行状况

一、狷羚属疱疹病毒 I 型的起源、分布及流行形势

非洲是狷羚属疱疹病毒 I 型恶性卡他热病毒的起源地，并且该型主要集中于非洲。1959 年以来，在我国华东各地不断有该病的散发流行，1974 年在新疆、2010 年在青海门源先后发现该病。狷羚属疱疹病毒 I 型引起的牛恶性卡他热病毒在我国只零星散发。

二、绵羊疱疹病毒 2 型的起源、分布及流行形势

美洲是绵羊疱疹病毒 2 型恶性卡他热病毒的起源地。欧洲、非洲、亚洲和大洋洲等许多国家和地区都有本病发生，尤其是在世界各地的养牛地区都有散发，常见于牛和绵羊混饲的地区。1959 年以来，在我国华东各地不断有该病散发流行的报道，但流行范围较小。

第三节　临床症状和病理变化

一、临床症状

（一）狷羚属疱疹病毒 I 型的临床症状

狷羚是狷羚属疱疹病毒 I 型引起牛恶性卡他热的主要传染源，其感染呈隐性经过。该病主要通过呼吸道传染，黄牛、水牛和奶牛易感，多发生于 2~5

岁的牛,老龄牛和 1 岁以下的牛发病少。病牛不会通过接触传染给健康牛,主要通过狷羚和吸血昆虫传播。

(二)绵羊疱疹病毒 2 型的临床症状

隐性感染的绵羊和山羊是绵羊疱疹病毒 2 型引起牛恶性卡他热的主要传染源。病牛与健康牛之间不会通过接触而传染,主要通过绵羊经呼吸道传播。最急性型病初病牛体温升高,稽留不退,肌肉震颤、寒战,精神萎靡,被毛松乱,眼结膜潮红,病程短至 1~3 d。鼻腔干热,食欲和反刍减少,饮欲增加,泌乳停止,呼吸、心跳加快,严重病牛可导致死亡。头眼型主要表现为眼结膜发炎,畏光流泪,后角膜混浊,眼球萎缩、溃疡及失明。鼻腔、喉头、气管、支气管及颌窦卡他性及伪膜性炎症,呼吸困难,炎症可蔓延到鼻窦、颌窦、角窦,角根发热,严重者两角脱落。鼻镜及鼻黏膜先充血,后坏死、糜烂、结痂。口腔黏膜潮红、肿胀,出现灰白色丘疹或糜烂,病死率高。消化道型除与头眼型相似外,有明显的腹泻、恶臭味。皮肤型在颈、肩胛、背、乳房、阴囊等处皮肤出现丘疹、水疱,结痂后脱落,有时形成脓肿。温和型表现为暂时发热,口鼻黏膜轻微损害,通常能恢复。

二、病理变化

(一)大体解剖病变

恶性卡他热发病牛大体剖检可见鼻窦、喉、气管及支气管黏膜充血、肿胀,有伪膜及溃疡。口、咽、食管糜烂、溃疡。第四胃充血、水肿、斑状出血及溃疡。整个小肠充血、出血。肝、肾和心肌严重变性。头颈部淋巴结充血、水肿。脑、肺充血、水肿,脑膜充血、水肿,呈非化脓性脑炎变化,头部各窦呈急性卡他性炎症,有黄白色黏液脓性渗出物。肾皮质有白色病灶是本病特征性病变。

(二)病理组织学病变

发现在脑、肝、肾、心、肾上腺和小血管周围有淋巴细胞浸润。身体各部的血管有坏死性血管炎变化,黏膜上皮细胞变性、坏死,淋巴细胞浸润,非化脓性脑炎,病灶部的神经细胞有核内包涵体。非淋巴器官间质广泛分布淋巴细胞是其特征性病变。

第四节 实验室诊断

一、狷羚属疱疹病毒 I 型牛恶性卡他热诊断

（一）病原学诊断

1. 病毒分离鉴定

由于来源于狷羚的毒株初代即容易在健康犊牛的甲状腺细胞培养物内增殖，将获取的样品接种于牛甲状腺原代细胞进行病毒分离。病毒接种细胞后通常 3~10 d 可见细胞病变（主要表现为多核巨噬细胞出现），之后采用免疫荧光试验进行鉴定。

2. 抗原检测

选用恶性卡他热病毒抗原制备特异性高亲和力的多克隆抗体或单克隆抗体，将荧光素标记在相应的抗体上，直接与相应抗原反应，建立直接免疫荧光试验。该方法可在脑、脾等剖检病变明显的组织样品中检出恶性卡他热病毒抗原。

3. 分子诊断技术

针对狷羚属疱疹病毒 I 型基因组的保守区域设计引物，可建立多种分子检测技术，如针对编码转录激活蛋白的 ORF50 建立的 PCR 和巢式 PCR；针对编码囊膜蛋白的 ORF3 建立的实时荧光 PCR 等。这些技术可用于狷羚属疱疹病毒 I 型的流行病学调查和临床感染诊断。

（二）血清学诊断

1. 免疫过氧化物酶试验（IPMA）

本试验利用恶性卡他热病毒敏感细胞系增殖病毒制备抗原，进而检测待检血清中的狷羚属疱疹病毒 I 型抗体。本方法的缺点是需肉眼判定，主观性强，且细胞批次间差异大，不适合大规模抗体水平的检测。

2. 酶联免疫吸附试验

以全病毒基因作为包被抗原，从甲状腺原代细胞的病毒培养物中纯化制备包被抗原，用于检测狷羚属疱疹病毒I型恶性卡他热病毒抗体。临床上，此方法适合感染动物和自然宿主的检测。获得的抗原针对所有狷羚属疱疹病毒I型保守表位的单抗15A。

二、绵羊疱疹病毒2型牛恶性卡他热诊断

对于绵羊疱疹病毒2型牛恶性卡他热，目前尚无有效的病毒分离培养方法，主要采用PCR方法鉴定病毒。

(一)病原学诊断

分子生物学诊断通常选用绵羊疱疹病毒2型恶性卡他热病毒基因组中比较保守的序列作为检测靶标，如TK、gB、gC、gD是常用的靶基因，可用于感染的早期诊断。该技术既可检测病牛血液或组织中的病毒DNA，又可检测细胞培养物中的病毒DNA。

(二)血清学诊断

在绵羊疱疹病毒2型恶性卡他热病毒血清学诊断中，可采用间接荧光抗体试验、免疫过氧化物酶试验、免疫印迹法及ELISA进行检测。其中免疫过氧化物酶试验和间接荧光抗体试验目前只能用狷羚属疱疹病毒I型作为抗原。免疫印迹法是将绵羊疱疹病毒2型结构蛋白转移到膜上，然后利用抗体绵羊血清进行检测。

第九章 牛白血病

牛白血病(Bovine leukosis,BL)又称地方流行性牛白血病、牛淋巴瘤病、牛恶性肿瘤病、牛淋巴肉瘤,是由牛白血病病毒(Bovine leukosis Virus,BLV)引起的主要感染牛、绵羊等动物的一种慢性肿瘤性疾病,以淋巴样细胞恶性增生、进行性恶病质和高病死率为主要特征。该病几乎遍及世界所有养牛国家,造成严重的危害。世界动物卫生组织将其列为法定报告的动物疫病,我国将牛白血病列为二类动物疫病。

第一节 病原

一、分类地位

按照 2005 年国际病毒分类委员会第八次报告,牛白血病病毒在分类上属逆转录病毒科、正逆转录病毒亚科、δ 逆转录病毒属。该属除牛白血病病毒外,还包括人嗜 T 细胞病毒 I 型、人嗜 T 细胞病毒 II 型和猴嗜 T 细胞病毒。

二、分型

牛白血病病毒目前只有一个血清型。

三、基因组

该病病毒基因组为单股正链 RNA,由两个完全相同的单体组成二聚体,在 5'端由氢键倒置连接起来。基因组除含有群特异性抗原基因(gag)、聚合酶基因(pol)、囊膜基因(env)外,还含有 tax 和 rex 2 个辅助基因。其基因组顺序为 5'-LTR-gag-pol-env-pXBL-LTR-3',LTR 为长末端重复序列。牛白血病病毒没有肉瘤基因(src)和肿瘤基因(onc)。

四、蛋白质组

包括基质蛋白（MA,15kD）、核衣壳蛋白（CA,24kD）、核蛋白（NC, 12kD）、反转录酶(RT,70kD)、穿膜蛋白(TM,30kD)、囊膜糖蛋白(SU,51kD)、两个调节蛋白 Tax(38kD)和 Rex(18kD),另有一种 10 kD 的蛋白质也来自 gag 的蛋白前体。囊膜上的糖基化蛋白主要有 gp35、gp45、gp51、gp55、gp60、gp69,芯髓内的非糖基化蛋白主要有 P10、P12、P15、P19、P24、P80。在这些蛋白中,以 gp51 和 P24 的抗原活性最高。用这两种蛋白作为抗原进行血清学试验可以检出特异性抗体。其中 gp51 抗体不但具有沉淀、补体结合反应等抗体活性,而且还有中和病毒感染性的能力,抗体在动物机体产生早、滴度高;而 P24 抗体虽然也有沉淀抗体的活性,但不能中和病毒,抗体产生晚、滴度低。

第二节　流行状况

一、起源及在我国的分布

此病于 1974 年首次在上海被发现,继而在安徽、江苏、陕西、新疆、北京、黑龙江、辽宁、云南、湖南和江西等地发生。在某些地区的牛群中,血清阳性率达 30%~50%,成为牛的重要传染病之一,严重威胁我国养牛业的发展。

二、流行病学

（一）易感动物

自然感染仅发生于牛、绵羊,人工接种牛、绵羊和山羊均能感染。本病主要发生于成年牛,尤以 4~8 岁的牛常见。病牛或隐性感染的牛是本病的传染源,病毒长期存在于牛体内,在外周血淋巴细胞和肿瘤细胞中以前病毒的方式整合在细胞 DNA 中,病毒存在于各种体液(鼻液、气管液、唾液和乳汁)的细胞碎片中。健康牛群发病往往是由于引进了感染的病牛,但一般要经过数年(平均 4 年)才出现肿瘤病例。

（二）传播方式

本病可水平传播，也可垂直传播，或经初乳传给新生犊牛。吸血昆虫是传播本病的重要媒介，病毒存在于 B 淋巴细胞内，吸血昆虫吸吮带毒牛血液后再去蜇刺健康牛引起传播。被污染的医疗器械（如注射器、针头）可以机械传播本病。

第三节　临床症状和病理变化

一、临床症状

病牛主要表现为生长缓慢、体重减轻、消瘦、贫血。体温一般正常，体表淋巴结一侧或对称性增大。腮淋巴结、股前淋巴结显著增大。

二、病理变化

腮淋巴结、肩前淋巴结、乳房上淋巴结和腰下淋巴结常肿大，被膜紧张，呈均匀灰色，切面突出。心脏、皱胃、脊髓常发生浸润。脊髓被膜外壳里的肿瘤结节使脊髓受压变形和萎缩。皱胃壁由于肿瘤浸润而增厚。肾、肝、肌肉、神经干和其他器官也会受损，但脑的病变较少见。病理组织学病变可见肿瘤含有致密的基质和两种细胞，即淋巴细胞与成淋巴细胞。淋巴细胞具有一个中心核和簇集的染色质。成淋巴细胞核中至少有一个明显的核仁。在各病变器官里均有肿瘤细胞浸润，破坏并代替许多正常细胞，并常见到核分裂现象。

第四节　实验室诊断

一、病原学诊断

（一）病毒的分离培养

牛白血病病毒是一种外源性反转录病毒，在结构和功能上与人 T 淋巴细胞白血病病毒有亲缘关系。感染病样在体外与淋巴细胞及一种指示细胞系共同培养时,经促细胞分裂素刺激,会产生感染性病毒。病毒分离鉴定是诊断牛白血病最基础的方法,但牛白血病病毒分离鉴定费时费力,一般需 3~4 d。

(二)电子显微镜检测

将牛白血病病毒感染牛的淋巴细胞在 37℃条件下培养 48~72 h,制作超薄的切片标本,在电镜下观察,可见在细胞质的空泡内和细胞膜上有游离的及正在出芽病毒的颗粒。

(三)动物试验

通过接种易感动物来判定是否感染牛白血病。一般将病牛的血液或经处理的病料腹腔注射绵羊,可在 2~3 周出现血清阳转,在 6 周后检测特异性抗体作感染判断。接毒绵羊不出现持久性淋巴细胞增多症,但肿瘤发生率较高且出现较早。

(四)抗原检测

牛白血病病毒的细胞培养物可通过 ELISA、琼脂免疫扩散试验等方法检测 P24 抗原和 gp51 抗原以检测牛白血病病毒。

(五)分子诊断技术

目前,牛白血病病毒的分子诊断技术常用的有 PCR、套式 PCR 和荧光定量 PCR 方法。通常针对病毒基因组 gag、pol 和 env 区设计引物。世界动物卫生组织推荐的套式 PCR 方法是以 env 基因、编码 gp51 的区域设计的引物为基础,这个基因高度保守,而且基因和抗原通常存在于所有感染动物并贯穿整个感染过程,很多 PCR 方法的建立都是针对该段基因。

二、血清学诊断

牛感染 BLV 后可终生带毒,产生持续性抗体反应,通常感染后 3~16 周可检测到抗体,犊牛在吸食母乳后获得被动抗体会干扰对感染抗体的检测,母源抗体在 6~7 个月后消失。目前,应用最多的血清学检测技术是琼脂免疫扩散试验和 ELISA 试验,这也是国际贸易中指定的检测方法。

（一）琼脂免疫扩散试验

本试验是牛白血病病毒感染诊断中运用最多的血清学方法之一，也是国际贸易中指定的检测方法。检测主要针对牛白血病病毒结构蛋白（gp51、gp60、P24 等）的抗体，特异性强但敏感性低。母牛临产前抗体被转移到初乳中，此时用本试验可能检测不到血清抗体，母牛在临产前 2~6 周和产后 1~2 周的血清用本试验检测抗体呈阴性时，不可作结论。

（二）酶联免疫吸附试验

是国际贸易中指定的检测方法，在自然感染的动物体内，只能检测到 4 种牛白血病病毒抗体（gp51、gp30、P24 和 p51 抗体），但以 gp51 和 P24 抗体为主，目前建立的 ELISA 检测方法都是针对这两种抗体。

第十章　牛出血性败血症

牛出血性败血症(Bovine hemorrhagic septicemia)又称为牛巴氏杆菌病，简称为牛出败，是由多杀性巴氏杆菌(Pasteurrella multocida)引起的主要感染牛(黄牛、水牛和牦牛)的急性、高度致死性、败血性传染病。按临床表现的不同，可分为败血型、浮肿型和肺炎型，以高热、肺炎或急性胃肠炎及内脏的广泛出血为主要特征。该病多呈散发或地方性流行，对养牛业危害严重。世界动物卫生组织将该病列为必须报告的动物疫病，我国将其列为二类动物疫病。

第一节　病原

一、分类地位

按照《伯吉氏系统细菌学手册》第二版第二册(2005 年)，多杀性巴氏杆菌在分类上属巴氏杆菌目、巴氏杆菌科、巴氏杆菌属。巴氏杆菌科包括 6 个属，依次为巴氏杆菌属、放线杆菌属、嗜血杆菌属、曼氏杆菌属、隆派恩杆菌属、海豚杆菌属。

二、形态特点及培养特性

(一)形态特点

多杀性巴氏杆菌是一种两端钝圆、中央微突的短杆菌或球杆菌，长 0.6~2.5 μm，宽 0.25~0.6 μm，常单个存在，较少成对或呈短链，革兰氏染色阴性，不形成芽孢，无鞭毛，不运动，有荚膜。病料组织或体液制成的涂片用瑞氏染色、吉姆萨染色或美蓝染色后镜检,可见两极深染的短杆菌,但陈旧或多次继代的培养物两极染色不明显。

（二）培养特性

本菌为需氧或兼性厌氧菌,生长最适温度为37℃,pH 7.2~7.4。在普通培养基中加蛋白胨、酪蛋白水解物、血液、血清或微量血红蛋白可促进其生长。在血清琼脂上生成淡灰白色、露珠状小菌落,边缘整齐,表面光滑。血液琼脂平板上可生长成湿润的水滴样小菌落,周围不溶血。本菌在琼脂上生长的菌落可分为黏液型（M型）、光滑型（S型）、粗糙型（R型）3类,其中R型菌落的菌株无荚膜,而S、M型菌落有荚膜。

（三）生化特性

本菌可分解葡萄糖、蔗糖、果糖、甘露糖和半乳糖,产酸不产气。多数菌株可发酵甘露醇,不发酵乳糖、鼠李糖、水杨苷、肌醇、菊糖。

三、分型

本菌按菌间抗原成分的差异可分为若干血清型。用荚膜（K）抗原吸附于红细胞上做被动血凝试验,可将本菌分为A、B、D、E、F 5个荚膜血清型。用菌体（O）抗原做凝集反应,可将本菌分为12个菌体血清型。利用热浸出菌体抗原做琼脂扩散试验,可将本菌分为16个菌体血清型。一般将K抗原用英文大写字母表示,将O抗原和耐热抗原用阿拉伯数字表示。

引起牛出血性败血症的病原主要是B、E型多杀性巴氏杆菌。B型菌株通常引起亚洲牛和水牛的出血性败血症。E型菌株只能在非洲患出血性败血症的牛身上分离到。我国的牛出血性败血症的病原有A、B、D 3个荚膜血清型,没有E型。若与O抗原鉴定结果互相配合,牛、羊以6:B最多;若如用耐热抗原做琼脂扩散试验,感染牛、羊的主要为2、5型。

四、基因组

该细菌基因组16S rRNA在细菌的进化过程中高度保守,被称为细菌的"分子化石"。但16S rRNA的保守性又具有相对性,在保守区之间存在9或10个变异区,不同细菌的科、属、种间都有不同程度的差异。故16S rRNA既可作为多杀性巴氏杆菌分类的标志，又可作为临床多杀性巴氏杆菌检测和鉴定的靶分子。

五、蛋白质组

多杀性巴氏杆菌的主要蛋白有外膜蛋白、脂多糖和荚膜。外膜蛋白主要有外膜蛋白 H、外膜蛋白 A、和铁调节蛋白等。脂多糖是革兰氏阴性菌细胞壁最外层的一层较厚的类脂多糖类物质，其结构的变化决定革兰氏阴性菌细胞壁表面抗原决定簇的多样性。脂多糖具有免疫原性，但较弱，所产生的免疫应答不足以中和毒性，常引起体液免疫。荚膜具有保护细菌的功能，可以抵抗动物吞噬细胞的吞噬和抗体的中和作用，是多杀性巴氏杆菌重要的毒力因子。

六、生物学特性

本菌的抵抗力不强，在直射阳光和干燥的情况下迅速死亡，60℃条件下10 min 可杀死，一般消毒药在几分钟或十几分钟内可杀死。3%石炭酸和0.1%升汞水在 1 min 内可杀菌，10%石灰乳及常用的甲醛溶液 3~4 min 内可使之死亡。在无菌蒸馏水和生理盐水中迅速死亡，但在尸体内可存活 1~3 个月，在厩肥中亦可存活 1 个月。

第二节　流行状况

本病在全国范围内的牛群均可发生，呈地方性流行，具体起源不明。牛出血性败血症在我国的流行主要以荚膜血清 B 型为主，有些地区也发现过荚膜血清 A 型。

第三节　临床症状和病理变化

一、临床症状

本病潜伏期为 2~5 d，临床上主要有败血型、浮肿型和肺炎型。

（一）败血型

多见于犊牛，表现为高热（4l~42℃），精神沉郁，脉搏加快，食欲减退或废绝，奶牛泌乳下降，反刍停止。结膜潮红，鼻镜干燥，腹痛下痢，粪初为粥状，后呈液状并混有黏液、黏膜片和血液，有恶臭，常于 12~24 h 死亡。

（二）浮肿型

多见于水牛与犊牛。除表现全身症状外，病牛头、颈、咽喉及胸前部的皮下结缔组织出现炎性水肿，手指按压初热、硬、痛，后变凉，疼痛也减轻，舌及周围组织高度肿胀，流涎，呼吸困难，眼红肿、流泪，黏膜发绀，常因窒息和下痢而死，病程多为 12~36 h。

（三）肺炎型

较为多见，主要症状为咳嗽，流泡沫样鼻液，后呈脓性鼻液。病牛表现为急性纤维素性胸膜炎，肺炎症状。后期有的发生腹泻，便中带血，有的尿血，数天至两周死亡，有的转为慢性型。

二、病理变化

（一）败血型

主要呈全身性急性败血症变化，内脏器官出血，在浆膜、黏膜以及肺、舌、皮下组织、肌肉出血。

（二）浮肿型

主要表现为咽喉部急性炎性水肿，病牛尸检可见咽喉部、下颌间、颈部与胸前皮下发生明显的凹陷性水肿，手按时出现明显压痕。有时舌体肿大并伸出口腔。切开水肿部会流出微混浊的淡黄色液体。上呼吸道黏膜呈急性卡他性炎，胃肠呈急性卡他性或出血性炎，颌下、咽背与纵隔淋巴结呈急性浆液出血性炎。

（三）肺炎型

牛出败主要表现为纤维素性肺炎和浆液纤维素性胸膜炎。肺组织颜色从暗红、炭红到灰白，切面呈大理石样病变。胸腔积聚大量有絮状纤维素的渗出液。此外，还常伴有纤维素性心包炎和腹膜炎。

第四节　实验室诊断

一、病原分离培养

可取病畜的组织,心血、肝、脾等组织器官及体液、分泌物及局部病灶的渗出液做涂片,用瑞氏染色或美蓝染色,镜检。本菌为两极着色有荚膜的球杆菌。分离培养一般是无菌取以上组织及分泌物等划线接种于鲜血琼脂平板上,37℃条件下培养24 h,见有光滑、灰色光泽的半透明菌落,直径约1 mm,在折光下检查时现蓝绿色或橘红色荧光,在麦康凯琼脂上不生长。根据牛多杀性巴氏杆菌的生化特性做进一步的鉴定,可将培养物接种到实验动物体内,常用的试验动物有小鼠和家兔。实验动物死亡后立即剖检,并取心血和实质脏器分离及涂片染色,镜检,见大量两极浓染的细菌即可确诊。

二、分子诊断技术

利用多杀性巴氏杆菌分离菌株的16S rRNA序列建立的PCR方法可以鉴定牛感染多杀性巴氏杆菌。这种检测方法可用于不同动物感染多杀性巴氏杆菌的鉴定。

第十一章　牛生殖器弯曲杆菌病

牛生殖器弯曲杆菌病（Bovine genital campylobacteriosis）又名弧菌病，是一种由胎儿弯曲杆菌（Campylobacter fetus）引起的，以牛不育、胚胎早死、流产为主要特征的传染病。该病是世界动物卫生组织规定必须报告的动物疫病，我国将其列为三类动物疫病。

第一节　病原

一、分类地位

按照《伯吉氏系统细菌学手册》第二版第二册（2005 年），胎儿弯曲杆菌在分类上属弯曲杆菌科、弯曲杆菌属成员。本属有胎儿弯曲杆菌、唾液弯曲杆菌和空肠弯曲杆菌、结肠弯曲杆菌、简明弯曲杆菌、粪弯曲杆菌等。其中胎儿弯曲杆菌现分为胎儿亚种和性病亚种。胎儿亚种可感染人、牛、羊，并引起牛、羊流产，而且可以从不同宿主的不同器官中分离出来。而性病亚种主要寄生在牛的生殖道，是引起牛生殖器弯曲杆菌病的主要病原。

二、形态学特征和培养特性

（一）形态与染色

胎儿弯曲杆菌革兰氏染色阴性，无芽孢和荚膜，一端或两端有鞭毛，能运动。在感染组织中呈弧形或 S 形，偶尔呈长螺旋状。幼龄培养物上菌体大小为（0.3~0.4）μm×（0.5~8）μm，老龄培养基上呈球形。

（二）培养特性

本菌微需氧,在厌氧环境下不生长,最适生长温度37℃。营养要求高,在普通培养基上不能生长,需要加血液或是血清才能生长。经2~5 d培养,在琼脂培养基上可见浅灰粉色、光滑、圆形、微隆起、有光泽、边缘整齐、直径1~3 mm的菌落。

（三）生化特性

本菌生化特性不活泼,不分解糖类,不液化明胶,不分解尿素,V–P和甲基红试验均为阴性,氧化酶为阳性。胎儿亚种磷酸酶阴性,有25%的菌株芳香基硫酸酯酶阳性,可还原亚硒酸盐。性病亚种不还原亚硒酸盐,磷酸酶和芳香基硫酸酯酶阴性,在含1%甘氨酸的培养中不生长。

三、分型

本菌经100℃ 2 h热处理后,胎儿弯曲杆菌脂多糖结构中含有A和B 2个不同的热稳定表面抗原,由此可将该菌属分为A和B 2个血清型。A血清型中包括胎儿和性病2个亚种,B血清型中只有胎儿亚种,而有些胎儿亚种的菌株则同时包含A、B 2个血清型。

四、基因组

胎儿弯曲杆菌性病亚种菌株基因组大小约1.8 Mb,有1 474个开放阅读框。胎儿弯曲杆菌性病亚种22个特异且毗连序列长约80 kb,位于其特定的毒力因子上,另外部分潜在毒力因子的基因序列也是鉴别胎儿弯曲杆菌性病亚种和胎儿亚种的靶序列。再有编码碳饥饿蛋白的基因和parA基因同簇体已作为分子诊断的靶基因加以应用。

五、蛋白质组

胎儿弯曲杆菌的野型菌株表面覆盖一层高分子的表面蛋白。这层蛋白分子量为97~149 ku,由Sap基因族编码,主要由Ⅳ型分泌系统分泌和运输。其中的SapA基因编码蛋白可用作胎儿弯曲杆菌抗体的制备和ELISA诊断方法的建立。

第二节 流行状况

2001 年 6 月黑龙江省牡丹江市某奶牛场怀孕母牛发生流产，通过对流产母牛子宫内容物和流产胎儿真胃内容物进行病原分离、鉴定，证明其致病菌为胎儿弯曲杆菌性病亚种，其他省份未见分离出该菌的报道。

第三节 临床症状和病理变化

一、临床症状

公牛一般没有明显的临床症状，精液也正常。母牛在感染后，病原菌一般在 10~14 d 侵入子宫和输卵管，并在其中繁殖，引起发炎。初期阴道呈卡他性炎，黏膜发红，黏液分泌增加，有时可持续 3~4 个月。此时母牛因为胚胎早期死亡并被吸收，或因早期流产而不育。多数牛发情周期不规则，至感染后 6 个月，可能再次受孕。有些感染母牛妊娠到 5~7 个月时，仍能引起胎儿死亡和流产，流产率 5%~10%。康复牛能获得免疫，对再感染有一定的抵抗力，即使与带菌公牛交配仍能受孕。

二、病理变化

病死母牛有子宫内膜炎、轻度子宫颈炎和输卵管炎。子宫潮红，流出黏液和脓性分泌物，并流入阴道。流产胎儿的肝脏有大量圆形坏死病灶。子宫内膜有轻微的颗粒增生，颗粒消散时，可见少数囊腺周围有轻度纤维素变性。轻度子宫内膜炎时，在基质内有浆细胞浸润及形成淋巴细胞灶。公牛在黏膜固有层可见弥漫性单核细胞浸润。

第四节　实验室诊断

一、病原学诊断

病原的分离鉴定是国际贸易中规定的检测方法，生化试验也是可以准确区分胎儿亚种和性病亚种的一种手段。另外近年来不断发展的分子方法也可用来检测胎儿弯曲杆菌，也适宜做不同亚种的鉴定。

（一）病原分离鉴定

将新鲜病料涂片，以革兰氏染色法镜检，若见呈逗号形、S形和螺旋形的彼此互相分离的弯曲杆状细菌，可做出初步诊断。典型的胎儿弯曲杆菌两端具有鞭毛，可以向两极运动，不过此种特性在多次传代培养中消失。也可将样品接种于培养基上，可用的培养基有基础培养基、脑-心-血琼脂培养基和选择培养基。接种后的培养基置 37℃ 条件下，$5\%O_2$、$10\%CO_2$ 和 $85\%N_2$ 混合气体环境内培养 5~7 d。胎儿弯曲杆菌生长缓慢，特别是样品中有杂菌污染时。培养 5 d 以后，菌落直径一般为 1~3 mm，通常呈粉红色、圆形、凸起、表面光滑、发亮、边缘规则。对照胎儿弯曲杆菌的生化特性特点，进一步进行鉴定。

（二）分子诊断技术

选用胎儿弯曲杆菌两个亚种兼备的编码碳饥饿蛋白的基因和性病亚种特有编码 parA 同簇体的基因作为靶基因，建立多重 PCR 和荧光 PCR，可对胎儿弯曲杆菌种的诊断和性病亚种的鉴别诊断。国内报道的是以自己设计的引物和荧光素标记的探针检测 SapA 基因建立的荧光 PCR。

胎儿弯曲杆菌的血清学诊断包括 ELISA、阴道黏液凝集试验，两种方法都可以用于监测牛群中胎儿弯曲杆菌的感染状态。

二、血清学诊断

（一）ELISA 试验

用于监测 IgA 的 ELISA 方法是世界动物卫生组织列出的唯一的血清学

诊断方法。胎儿弯曲杆菌性病亚种在血琼脂上培养后,用 PBS 离心洗涤进行纯化,以碳酸盐缓冲液悬浮,再包被聚苯乙烯微量滴定板,用于检测由性病亚种引起流产家畜阴道黏液中 IgA 抗体。这种抗体在阴道黏液中可持续存在数月之久,IgA ELISA 只适用于家畜群体中抗体水平的监测,并不适用于感染动物个体确诊,也不能用于不同亚种的鉴别。

(二)阴道黏液凝集试验

阴道黏液中抗体一般可持续存在 3~4 个月, 有些母牛阳性反应可持续数年,然而大约有 50% 的阳性母牛在 6 个月内转为阴性,通常在感染后 37~70 d 采取阴道黏液进行检测。阴道黏液稀释后,与胎儿弯曲杆菌性病亚种制备的抗原一并反应。一般认为黏液试验对诊断胎儿弯曲杆菌病是有价值的,但试验结果的解释必须结合畜群情况, 发病畜群中幸免感染的家畜和发情的感染家畜都会影响试验结果,所以本试验适用于畜群感染情况的普查,并不适用于感染动物的个体确诊。

第十二章　牛结核病

牛结核病（Bovine tuberculosis）主要是由牛型结核分枝杆菌（Mycobacterium bovis)引起的一种危害严重的人、畜共患的慢性传染病,以病牛贫血、消瘦、体虚乏力、精神萎靡不振和生产力下降等为特征,在牛的多种器官上形成结核结节和干酪样钙化病灶。按临床表现的不同,牛结核病有肺结核、淋巴结核、乳房结核、生殖器官结核、肠结核和脑膜结核 6 种类型。该病是世界动物卫生组织规定的必须上报的动物疫病, 在我国将其列为二类动物疫病。

第一节　病原

一、分类地位

按照《伯吉氏系统细菌学手册》第二版第五册,牛分枝杆菌在分类上属放线菌门、放线菌纲、放线菌亚纲（Actinobacteridae）、放线菌目、棒杆菌亚目、分枝杆菌科、分枝杆菌属。该属菌在自然界广泛分布,许多是人和多种动物的病原菌,主要包括 3 个型:牛型分枝杆菌（M.bovis）、结核分枝杆菌（人型,M.tuberculosis）、禽型分枝杆菌（M.avium）。对牛有致病性的主要是牛型分枝杆菌,人型和禽型分枝杆菌也可引起牛结核病。

二、形态学特征与培养特性

（一)形态与染色

牛分枝杆菌为较粗短、直或微弯曲的杆菌,单在、少数成丝,无芽孢,无鞭毛,无荚膜,大小为(0.3~0.6)μm×(1.0~4.0)μm。与一般革兰氏阳性菌不同,本菌细胞壁不仅有肽聚糖,而且有特殊的糖脂,含量超过菌体重量的10%,远远超过其他细菌类脂的含量。糖脂包括阿拉伯半乳糖复合物及分枝菌酸,由于糖脂的存在,致使革兰氏染色不易着色。齐尼(Ziehl-Neelsen)抗酸染色呈红色,因其具有抗酸染色特性,故又称为抗酸性分枝杆菌。

(二)培养特性

牛分枝杆菌对营养要求高,专性需氧。最适温度为37℃,低于30℃或高于42℃不生长,pH以6.4~7.0为宜。常用的培养基有罗杰二氏(Lowenstein-Jensen)固体培养基(内含蛋黄、甘油、马铃薯、无机盐和孔雀绿)、改良罗杰二氏培养基、丙酮酸培养基和小川培养基。孔雀绿可抑制杂菌生长,便于分离和长期培养。蛋黄含脂质生长因子能刺激生长。牛分枝杆菌细胞壁的脂质含量较高,影响营养物质的吸收,故生长缓慢,在固体培养基上2~4周才可见菌落生长。典型菌落为粗糙型,呈颗粒、结节或花菜状,乳白色或米黄色,不透明。在液体培养基中,由于细菌含脂质量多,具疏水性,并有需氧要求,易形成有皱褶的菌膜浮于液面。有毒力菌株在液体培养基中可呈索状生长,无毒菌株则无此现象。

(三)生化特性

牛分枝杆菌不发酵糖类,也不能合成烟酸和还原硝酸盐。牛分枝杆菌酶试验为阳性,热触酶试验为阴性。

三、分型

目前暂无关于牛结核分枝杆菌分型的研究资料。

四、变异性

该菌可发生形态、菌落、毒力、免疫原性和耐药性等变异。卡介苗(BCG)就是Calmette和Guerin 2人将牛结核分枝杆菌在含甘油、胆汁、马铃薯的培养基中,经13年230次传代而获得的减毒活疫苗株,现广泛用于结核病的预防接种。

牛分枝杆菌易发生耐药性。在固体培养基中常用的含一定浓度的异烟胼、链霉素、利福平能生长的牛分枝杆菌为耐药菌,耐药菌株毒力有所减弱。异烟胼可影响细胞壁中分枝菌酸的合成,诱导牛分枝杆菌成为 L 型,故目前治疗时多主张异烟胼和利福平或吡嗪酰胺联合用药,以降低耐药性的产生,增强疗效。但 L 型有恢复的特性,未经彻底治疗可导致复发。

五、基因组

牛结核分枝杆菌大不列颠强毒株 AF2122/97 是 1997 年从一头肺部和支气管纵隔淋巴结发生干酪样病变的病牛身上分离得到的。该基因组全长 4 345 492 bp,其中 G+C 含量为 65.63%,含有 3 952 个编码蛋白的基因,包括一个原噬菌体和 42 个 IS 序列。与结核分枝杆菌 H37Rv 株相比,核酸序列相似性超过 99.95%,仅有 0.05% 的基因差异。这种差异来源于基因组序列变异,是进化和适应环境的必然结果,而基因变异导致基因多态性,主要表现为单核苷酸多态性。单核苷酸多态性具有分布广泛、高密度、突变率低和相对稳定的特点,表现为共线性和不明显易位、重复或倒位。在牛分枝杆菌基因组中,有 11 处基因缺失,缺失基因大小范围为 1~12.7 kb,这可由其序列数据得到证实。牛分枝杆菌基因序列仅有一个基因组,它在现有的大多数结核分枝杆菌菌株中均不存在,因此缺失是形成牛分枝杆菌基因组的主要机制。

六、蛋白质组

牛分枝杆菌的蛋白质组成非常复杂,直接对其进行蛋白质组分析会丢掉很多信息,近年来对其亚细胞蛋白质组学的研究成为重点。它一方面可降低样品的复杂度,使分析简化;另一方面可以相对富集相应亚细胞结构的低丰度蛋白,而且可部分提示蛋白质的定位和功能信息。因牛分枝杆菌与结核分枝杆菌的核酸序列相似性超过 99.95%,目前对分枝杆菌属成员蛋白质组的研究只针对结核杆菌。

七、生物学特性

牛结核分枝杆菌细胞壁中含有脂质,故对乙醇敏感,在 70% 乙醇中 2 min 死亡。此外,脂质可防止菌体水分丢失,故对干燥的抵抗力特别强。粘附在尘埃上保持传染性 8~10 d,在干燥痰内可存活 6~8 个月。牛结核分枝杆菌对湿热敏感,在液体中加热至 62~63℃ 15 min 即被杀死。牛结核分枝杆菌对紫外线敏感,直接日光照射数小时可被杀死,可用此方法对结核患者衣服、用品等消毒。

牛结核分枝杆菌的抵抗力与环境中有机物的存在有密切关系,如痰液可增强结核分枝杆菌的抵抗力。因大多数消毒剂可使痰中的蛋白质凝固,包在细菌周围,使细菌不易被杀死。5%石炭酸在无痰时 30 min 可杀死结核分枝杆菌,有痰时需要 24 h。5%来苏儿无痰时 5 min 杀死结核分枝杆菌,有痰时需要 1~2 h。牛结核分枝杆菌对酸(3% HCl 或 $6\%H_2SO_4$) 或碱($4\%NaOH$)有抵抗力,15 min 不受影响,可在分离培养时用于处理有杂菌污染的标本和消化标本中的黏稠物质。结核分枝杆菌对 1:13 000 孔雀绿有抵抗力,加在培养基中可抑制杂菌生长。

第二节　流行状况

一、起源和流行范围

我国在 20 世纪 40 年代以后,由于从国外大量引进奶牛,致使很多结核病牛输入,使牛结核病的流行变得更加广泛。20 世纪 50 年代到 70 年代的 20 年间,我国牛结核病的发生一直呈缓慢上升态势。70 年代以后,随着奶牛业的发展及养殖规模的不断扩大,牛结核病的发生达到了我国的历史高峰。在个别地区,检出阳性感染率高达 67.4%。虽然 80 年代牛结核病的流行开始有所缓解,但感染率仍然很高。1985 年和 1987 年进行的 2 次全国奶牛抽样调查结果显示,牛结核病患病率分别为 5.83%与 5.43%。1979 年、1985 年和 1990 年 3 次全国结核病流行病学调查显示, 由牛分枝杆菌导致的牛结核病所占的比例分别为 3.8%、4.2%和 6.4%。此后虽未有全国性的调查统计数据见诸报道,然而地方性的疫情显示情况不容乐观。2001 年对 26 个省份的统计表明,个别省牛结核病阳性率高达 10.18%。2002 年对 16 个省的统计调查表明,家畜结核病阳性率超过 1%的省有 10 个,个别省份高达 7%。查阅相关文献资料,2010—2019 年,全国奶牛结核病整体流行率为 2.4%,规模化奶牛场流行率为 1.7%~3.7%。仅 2020 年 1 月至 2021 年 5 月,全国有 14 个省(区、市)均报告了牛结核病疫情,共报告发生疫情 79 起,发病 807 例,扑杀286 例,疫情分布地区主要以北方为主,其次是西部地区,疫情分布与养牛优势区分布一致。

二、影响

结核病给我国养牛业造成了严重的经济损失,对奶牛的危害尤其严重。患结核病的奶牛寿命缩短,产奶量下降,牛奶品质下降,母牛不孕。使役牛感染后逐渐消瘦,劳动能力减弱。牛结核病已成为影响我国奶牛和肉牛业健康发展的重要障碍,伴随着耐药结核菌株的产生及个体养牛户的增多,结核病的阳性检出率逐渐升高。在我国,牛结核病作为一个危害极大的细菌性传染病,再次引起人们的关注。

第三节 临床症状和病理变化

一、临床症状

潜伏期一般为 10~15 d,有时达数月以上。病程呈慢性经过,表现为进行性消瘦,咳嗽,呼吸困难,体温一般正常。病菌侵入机体后,因毒力、机体抵抗力和受害器官不同,症状亦不相同。对牛,本菌多侵害肺、乳房、肠和淋巴结等。

(一)肺结核

病牛呈进行性消瘦,病初有短促干咳,渐变为湿性咳嗽。听诊肺区有啰音,胸膜结核时可听到摩擦音,叩诊有实音区并有痛感。

(二)乳房结核

临床主要表现为乳量减少或停乳,乳汁稀薄,有时混有脓块。乳房淋巴结硬肿,但无热痛。

（三）淋巴结核

不是一个独立病型,各种结核病的附近淋巴结都可能发生病变。淋巴结肿大,无热痛,常见于下颌、咽颈及腹股沟等淋巴结。

（四）肠结核

多见于犊牛,以便秘与下痢交替出现或顽固性下痢为特征。

（五）脑膜结核

主要是中枢神经系统受侵害时,脑和脑膜等可发生粟粒状或干酪样结核,常引起神经症状,如癫痫样发作、运动障碍等。

二、病理变化

特征病变是在肺脏及其他被侵害的组织器官形成白色的结核结节,呈粟粒大至豌豆大,灰白色,半透明状,较坚硬,多为散在。在胸膜和腹膜的结节密集似珍珠,俗称"珍珠病"。病期较久的,结节中心发生干酪样坏死或钙化,或形成脓腔和空洞。病理组织学检查,在结节病灶内可见大量结核分枝杆菌。

第四节　实验室诊断

一、病原学诊断

（一）显微镜检查

采集病牛的病灶、痰、尿、粪便、乳及其他分泌物样品,做抹片或集菌处理后抹片,用姜-尼氏抗酸染色镜检,抗酸杆菌呈特征性红色,而其他细菌和细胞呈蓝色。其中痰涂片抗酸染色法快速、灵敏度低、特异性差,需要观察者有丰富的经验积累, 至少需要有每升大于 5×10^6 的细菌才能检测到阳性结果。

（二）牛结核分枝杆菌的培养

先将组织样品在研钵或匀浆器中匀浆, 后用酸或碱（常用 5%草酸或2%~4%氢氧化钠)去除污染。混合物在室温条件下作用 10 min,用无菌生理盐水反复离心洗涤沉淀2次后,沉淀物用于培养和显微镜检查。将采集的痰液、尿液、乳汁及其他分泌物等或组织病料处理沉淀物,接种于含鸡蛋2份罗杰二氏培养基、2份Petragnane培养基、2份Stonebrink氏培养基中培养,置于37℃条件下8~10周。培养基加塞密封或放入密封管中,以防干燥。培养期间定期观察其生长情况,牛结核杆菌一般在培养3~6周后出现菌落。挑取菌落制备涂片,用姜–尼氏抗酸染色法染色。在不加丙酮酸的罗氏培养基时生长良好,但加入甘油后生长不良。将牛分枝杆菌与引起结核病的其他成员区分开十分重要。根据其特征性菌落和形态可以做出初步诊断,确诊需做生化鉴定(烟肼和硝酸化)。分离菌的鉴定可通过测定其培养特性和生化特性进行,在丙酮酸盐罗氏固体培养上,牛分枝杆菌属光滑型菌落,呈灰白色。

(三)核酸检测方法

牛结核病PCR检测对本病的早期诊断具有独特的优势。目前检测牛分枝杆菌的引物已经在人医和兽医领域广泛应用,包括16S~23S rDNA的扩增序列,IS6110和IS1081的插入序列,以及编码特异性结核杆菌复合体蛋白的基因,如MPB64和38kD抗原。

(四)DNA分析技术

目前,国内外应用于结核分枝杆菌复合群的基因分型方法主要有2类:一类是以限制性片断长度多态性为基础的方法,是将整个基因组用限制性内切酶切片DNA片断,再用脉冲场凝胶电流将DNA片段分离开,电泳完毕用探针进行杂交,最后形成DNA指纹图谱。另一类是以基因组特定多态性区域序列进行PCR扩增为基础的方法。此方法操作简单迅速,不需要特殊仪器,且需菌量少,分辨率高,结果可以形成数字化,成为继限制性片断长度多态性方法之后更为广泛应用的分型方法。目前,国际上普遍上应用的方法是数目可变串联重复序列方法和间隔寡核苷酸定型Spoligotyping,它是基于识别H37Rv基因组的11个串联重复区而建立的方法。

二、免疫学诊断

牛结核病免疫学诊断的主要目的是监测牛群中牛结核病的感染状态,

其次是评估新引进牛的牛结核病感染状态,最后是预测牛群牛结核病的未来发展态势。目前,牛结核菌素纯化蛋白衍生物(PPD)皮内变态反应试验、γ-干扰素(IFN-γ)诊断法、ELISA 等是检测牛结核病的常用方法,另外免疫胶体金、琼脂扩散试验、淋巴细胞增生试验等也可用于牛结核病的检测,但应用较少。

（一）结核菌素试验

结核菌素试验是世界动物卫生组织唯一推荐,并被世界各国广泛使用的牛结核病诊断方法。英国和欧共体诸多国家就是采用该方法消灭或控制牛结核病的。澳大利亚、新西兰、加拿大和美国等国家均以比较变态反应作为牛结核活畜检疫的确认试验。该试验是测定牛结核病的标准方法,即皮内接种牛结核菌素纯化蛋白衍生物(PPD),并于 72~96 h 测量接种部位肿胀的程度。由于 PPD 皮肤试验个体差异较大,注射剂量和 PPD 批号对牛个体反应均有差异,呈现不同的皮肤反应,结果以皮肤厚度增加数为准,易造成人为误差。动物发生某些细菌或病毒感染,或使用某些药物治疗,均可能造成假阳性或假阴性结果。

（二）γ-干扰素诊断法(IFN-γ)

该法是 1990 年由 Wood 等建立的。此方法已在许多国家完成了田间试验,并在澳大利亚、爱尔兰和新西兰被批准为正式试验。IFN-γ 诊断法的原理是致敏的淋巴细胞在体外培养的条件下,接受特异性抗原（如 PPD、ESAT-6 等）刺激而活化,表达并分泌 IFN-γ,再以 ELISA 方法对培养上清液中的 IFN-γ 进行定量测定。此方法敏感性高,能鉴别出早期感染牛分枝杆菌的病牛,降低了传染的风险。该方法检测成本高,采血 8 h 内必须进行检测,对样品要求高。

第十三章　牛巴贝斯虫病

牛巴贝斯虫病(Bovine babesiosis)又称为牛焦虫病,是因巴贝斯属原虫寄生于牛红细胞的一类蜱传播性寄生虫病。由于病原体对血液中红细胞的破坏和其毒素对机体的刺激,使患畜产生高热、贫血、黄疸、血红蛋白尿等病症。我国将牛巴贝斯虫病列为二类动物疫病。

第一节　病原

一、分类地位

该虫体在分类上属原生动物亚界、顶复门、孢子虫纲、梨形虫亚纲、梨形虫目、巴贝斯科的巴贝斯属。

二、虫种与形态

寄生于牛的巴贝斯虫迄今得到确认的虫种主要有 9 种, 我国常见的有牛巴贝斯虫、双芽巴贝斯虫和卵型巴贝斯虫 3 种。

(一)牛双芽巴贝斯虫

大型虫体,虫体长度大于红细胞半径,呈环形、椭圆形、变形虫样和梨子形等。典型的形状是双梨籽形,尖端以锐角相连,每个虫体有一团染色质块,虫体多位于红细胞的中央,每个红细胞内的虫体数目为 1~2 个。红细胞染虫率为 2%~15%。虫体经吉姆萨染色,胞质呈淡蓝色,染色质呈紫红色。

(二)牛巴贝斯虫

小型虫体,虫体长度小于红细胞半径,双梨子形虫体以尖端连成钝角,位于红细胞边缘或偏中央。每个虫体内有一团染色质块。每个红细胞内有 1~3 个虫体。红细胞染虫率为 1%。

（三）卵形巴贝斯虫

大型虫体，虫体多为卵形，中央往往不着色，形成空泡。虫体多数位于红细胞中央。典型虫体为双梨籽形，较宽大，两尖端成锐角相连或不相连。

三、生活史

蜱为巴贝斯虫的终末宿主。当蜱食入带虫血，虫体进入蜱肠管内，此时的虫体呈 3 种形态：含空泡球形虫体、长形虫体、双核形虫体。虫体进入蜱体内后，在肠管可见雪茄形虫体，之后虫体进入肠上皮细胞中发育，形成不规则的纺锤形虫体，虫体迅速分裂，形成许多虫样体。上皮细胞破裂后，虫体进入肠管和淋巴结。当幼蜱孵出发育时，进入肠上皮细胞再进行复分裂，形成许多虫样体。

第二节　流行状况

一、牛双芽巴贝斯虫病

在我国流行广泛，危害较大，主要分布在热带、亚热带、温带与亚热带交界和温带灌木林草原地区，在南方各省份流行普遍。牛双芽巴贝斯虫的媒介蜱有 5 种牛蜱、3 种扇头蜱和 1 种血蜱。在我国，微小牛蜱是双芽巴贝斯虫的主要传播者。经卵传播的方式，由次代若虫和成虫阶段传播，幼虫无传播能力。2005 年冬，在四川省阿坝州红原县龙日、安曲等部分乡的牦牛中发生该病，4%~7% 的牦牛死亡，给当地畜牧业造成很大损失。

二、牛巴斯虫病

已在我国西藏、福建、贵州、安徽、湖北、湖南、陕西及河南等地发现，但分布没有双芽巴贝斯虫病广泛。牛巴斯虫病的传播媒介有硬蜱、扇头蜱、牛蜱等。在我国，现已证实微小牛蜱传播牛巴贝斯虫，经卵传播的方式，由次代幼虫传播，次代若虫和成虫阶段无传播能力。

三、牛卵形巴贝斯虫病

1986 年在河南卢氏县犊牛体内分离到一个大型的巴贝斯虫,经鉴定为卵形巴贝斯虫。1991—1993 年,牛卵形巴贝斯病在我国河南局部、甘肃陇南陇东、辽宁朝阳、新疆伊宁等地区局部流行。牛卵形巴贝斯虫的传播媒介为长角血蜱,经卵传播的方式,由次代幼虫、若虫和成虫传播,雄虫也可传播病原。

第三节 临床症状和病理变化

一、临床症状

初期病牛表现为精神沉郁,食欲减退或不食,体温升高到 40~42℃,呈稽留热,肩前淋巴结肿大,触诊有痛感,可视黏膜潮红,后转为苍白、黄染,排出带有黏液的黑褐色粪便,尿呈红黄色。病牛吃土、磨牙、卧地不起、消瘦,病程一般为 1~2 周。本病最典型的症状是由于红细胞被大量破坏而出现血红蛋白尿。尿的颜色由透明淡红色变为棕红色,严重的则为黑红色,血液稀薄。重症时如不及时治疗,可在 4~8 d 死亡。慢性病例体温波动于 40℃上下,持续数周,减食及渐进性消瘦和贫血。

二、病理变化

尸体消瘦,贫血。脾肿大,脾髓软化呈暗红色,白髓肿大呈颗粒状突出于切面。肝肿大呈黄褐色,切面呈豆蔻状花纹。胆囊扩张,充满浓稠胆汁。瘤胃浆膜有出血点,血液稀薄,全身性出血,皮下组织、肌间结缔组织和脂肪均呈黄色胶样水肿。各内脏器官被膜均黄染。肾肿大呈淡红黄色,有点状出血。膀胱膨大,积有红色尿液,黏膜有出血点。肺淤血、水肿。心肺柔软呈黄红色,心内膜有出血斑。

第四节　实验室诊断

一、病原学诊断

（一）涂片检查

包括涂片、染色、镜检 3 个步骤,染色主要是吉姆萨染色法。采外周血液（一般为耳静脉）制成薄血涂片,甲醇固定后染色镜检,检测红细胞内是否有特征性虫体。牛巴贝斯虫是一种小型虫体,红细胞中的滋养体或裂殖体呈梨形（单个或成双）、环形、椭圆形、圆形、杆状及不规则形状,成双虫体以其尖端相连成钝角,位于红细胞边缘或偏中央。每个虫体内含有一团或两团染色质,位于其一端或两端。双芽巴贝斯虫较大,红细胞中滋养体或裂殖体呈梨形、环形、椭圆形或杆状,其尖端相连成锐角。卵形巴贝斯虫是一种大型虫体,虫体长度大于红细胞半径,呈梨籽形、卵形、卵圆形等,虫体中央往往不着色,形成空泡。

（二）分子生物学诊断

用 PCR 扩增巴贝斯虫 DNA 技术是检测巴贝斯虫感染较为敏感的方法,尤其是当巴贝斯虫感染表现为亚临床或虫血症较低的时候。用 PCR 扩增巴贝斯虫 DNA 的 16S rRNA 基因,可以检测出虫血症 0.008 3% 的感染动物。根据吉氏巴贝斯虫核糖体小亚单位 RNA 序列设计出一对特异性引物 BG-1 和 BG-2,可从该虫 cDNA 文库中扩增出 481 bp 的特异片段。所用引物不与牛巴贝斯虫、卵形巴贝斯虫、环形泰勒虫发生任何扩增反应。

二、血清学诊断

有补体结合试验、间接血凝试验、间接免疫荧光抗体试验和酶联免疫吸附试验等,其中仅间接免疫荧光抗体试验和酶联免疫吸附试验可供常规使用,主要用于染虫率较低的带虫牛和疫区的流行病学调查。间接免疫荧光抗体试验是检测牛双芽巴贝斯虫和牛巴贝斯虫抗体广泛采用的方法,并被作为国际贸易指定的试验,但因血清学交叉反应而不能用于虫体鉴别。

第十四章　牛锥虫病

　　牛锥虫病（Trypanosomiasis）是由锥虫属的一种或数种锥虫，通过吸血昆虫机械传播并寄生于牛的造血器官、血浆及淋巴液中而引起的血液原虫病。本病的临床特征症状是进行性消瘦、贫血、黏膜出血、黄疸、高热、心脏机能衰退、伴发水肿和神经症状等。本病一般呈慢性感染，感染牛生存3~4年，部分呈带虫现象。世界动物卫生组织将该病列为必须报告的动物疫病。我国将牛锥虫病列为二类动物疫病。

第一节　病原

　　牛锥虫病是一种由多种病原引起的血液性寄生虫病。病原包括布氏锥虫、活泼锥虫、刚果锥虫、伊氏锥虫和牛泰勒氏锥虫等。前3种病原主要由采蝇传播，引起的疫病分别为那加那病、副那加那病、苏马病，统称为牛锥虫病，主要流行于非洲。伊氏锥虫引起的家畜伊氏锥虫病广泛流行于非洲、南美洲和亚洲众多国家。牛泰勒氏锥虫广泛分布于世界各地，主要寄生在家牛和野牛的血液中。

一、分类地位

　　牛锥虫在分类上属锥虫科、锥虫属，包括达顿亚属的活泼锥虫、小单胞亚属的刚果锥虫和猴锥虫，锥虫亚属的伊氏锥虫和布氏锥虫，其中布氏锥虫包括动物源性亚种及对人有致病性的罗得西亚亚种和冈比亚亚种3个亚种；包括猪锥虫、牛泰勒氏锥虫和枯氏锥虫。

二、病原种类及形态特征

伊氏锥虫为单细胞原虫,单一形态,细长,呈柳叶状,前端尖,后端钝,中央有一个较大的椭圆形核,后端有一个点状的动基体。动基体也叫运动核,由位于前方的生毛体和后方的副基体组成,鞭毛由生毛体长出。鞭毛与虫体之间有薄膜相连,虫体运动时鞭毛旋转,此膜也随之波动,故称为波动膜。一般以吉姆萨染色效果较好,核和动基体呈深红色,鞭毛呈红色,波动膜呈粉红色,原生质呈淡天蓝色。

三、生活史

伊氏锥虫寄生在动物的造血器官和血液(包括淋巴液)中以纵分裂的方式进行繁殖,虻、螫蝇及虱蝇是其主要传播者。伊氏锥虫在吸血昆虫体内不进行任何形态的改变和发育, 生存时间短暂, 在螫蝇体内的生存时间为22 h,3 h 内有感染力;在虻体内一般生存 33~44 h。本病的传染源是各种带虫动物,包括隐性感染和临床治愈的病畜。此外犬、猪、某些野兽及啮齿动物均可作为保虫宿主。

第二节　流行状况

一、传播媒介种类

伊氏锥虫已证实的传播媒介为虻属、麻蝇属、螫蝇属、角蝇属和血蝇属等,传播方式均为机械传播。其中虻属的土灰虻等是伊氏锥虫病的主要传播媒介,吸血蝇类中螫蝇属的各种螫蝇是该病的主要传播媒介。此外厩螫蝇、东方角蝇、库蠓和红色虻等媒介昆虫也可携带锥虫。

二、我国的分布与流行

在我国流行的主要是伊氏锥虫病。1885 年经东南亚传入,1946 年在河北发现了骆驼锥虫病。1949 年前本病广泛流行于我国南方各省份。伊氏锥虫病在北方各地发病以黄牛和骆驼为主,南方各地以水牛多发。1958 年泰勒氏锥虫病首次在北方的甘肃陇南地区被发现,1960 年在吉林省黄牛体内发现泰勒氏锥虫。截至 2003 年,共有甘肃、陕西、吉林和云南 4 个省的 25 个县区的牛体内发现带虫或发病。

第三节　临床症状和病理变化

一、临床症状

(一)牛伊氏锥虫病

分急性、亚急性、慢性和隐性感染 4 种类型。黄牛、水牛和奶牛多呈慢性病程,甚至不表现症状,只保持带虫状态,成为带虫宿主。黄牛和水牛也有急性发病的病例,但间歇热一般不定型,病畜经多次发热后逐渐消瘦,被毛焦黄,皮肤(特别是耳边)龟裂、出血,后期后肢乏力、卧地不起而死。

(二)勒氏锥虫病

特征表现为体表淋巴结肿胀,秃尾或尾巴坏死,干耳,膝关节肿胀以至糜烂等症状。病牛行走缓慢、强拘、虚行下地,呈试探步样。预后良好的病畜病变皮肤形成干痂;预后不良者皮肤坏死、龟裂、出血、结痂、脱落,并扩散到颜面、颈部、胸腹两侧。患牛四肢无力、喜卧不起,陷于恶病质状态。感染奶牛奶产量下降以及加剧奶牛白血病的发生,感染怀孕母牛可导致腹膜炎,并使血液中的嗜酸性粒细胞严重下降。

二、病理变化

皮下水肿和胶样浸润为本病的显著病理变化之一,多在胸前、腹下及四肢下部、生殖器官等处皮下水肿,并有黄色胶样浸润。淋巴结肿大,充血。断面呈髓样浸润,胸腔、腹腔内积有大量液体,各脏器浆膜面有小出血点。急性病例脾脏显著肿大,慢性病例脾脏变硬。肝切面呈淡红褐色或灰褐色肉豆蔻状,小叶明显。心肌变性,心室扩张。第三、第四胃黏膜有出血点或斑。直肠靠近肛门处常有条状出血。

第四节　实验室诊断

根据流行病学、临床症状和病理变化可做出初步诊断,确诊需进行实验室检查,包括寄生虫学诊断方法和分子生物学诊断方法。

一、寄生虫学诊断

包括全血压滴标本检查、血液涂片染色标本检查、血液厚滴标本染色检查、集虫法、动物接种、体外培养和微型阴离子交换离心技术 7 种。

(一)新鲜血片检查

在干净载玻片上滴一小滴鲜血,盖上盖玻片,使血液扩散成为细胞单层,用光学显微镜(100 倍)观察活动锥虫。在载玻片上滴血前加一滴生理盐水或 3%柠檬酸钠生理盐水,可防血液干涸。

(二)薄血膜染色检查

将一小滴鲜血滴在干净载玻片的一端,按常规方法推成薄血膜,迅速风干,用甲醇固定,干燥后加吉姆萨染色液染色 25 min,弃去染色液,用自来水冲洗后过蒸馏水,干燥后显微镜检查。

(三)毛细管集虫检查

用提前吸入 3%肝素的毛细管从牛耳或尾静脉吸取血液,封闭未沾血的另一端。以 3 000 g 离心 10 min,待红细胞全部沉积于毛细管下半部,于血浆与红细胞分界线下 1 mm 处将毛细管折断,将带有少量红细胞的血浆滴于载玻片上,使血液扩散成单层细胞。用 300~400 倍显微镜检查活锥虫,之后除去盖玻片,晾干,吉姆萨染色,用 800~1500 倍显微镜观察虫体。

(四)微型阴离子交换离心技术

取 200 μl 血液经表膜层过 DE52-纤维柱,用 PSG 洗脱,用巴斯德吸液管收集洗脱液,拉长巴斯德吸液管末端并封闭。将此管插入带有皮下注射针帽的 10 mL 离心管,在 4℃条件下 2 645 g 离心。拉长巴斯德吸液管末端在显微镜(100 倍)下检查,见虫体者为阳性。

（五）动物接种

采取待检动物血 0.25 mL，加入灭菌阿氏液 0.25 mL，经腹腔注射给小鼠，每周 3 次从尾部采血检查活锥虫。为提高锥虫在小鼠体内繁殖的敏感性，可用醋酸氢化可的松抑制小鼠的免疫力。这种方法被认为是迄今最可靠的检测方法之一。

（六）体外培养

用长爪沙土乳鼠和乳兔肾细胞、牛白细胞等敏感细胞作为滋养层，采用密闭培养的方法，对泰氏锥虫进行体外培养，连续培养 1 个多月，培养期间可收获虫体 6~8 次。

二、分子生物学诊断

在锥虫病的诊断上，分子生物学技术主要是在 DNA 4 种核苷酸序列的基础上建立起来的鉴定技术。首先发展起来的方法是 DNA 测序技术和 DNA 探针合成技术。1989 年，PCR 技术第一次用于锥虫病的诊断与鉴定。后来又出现了 DNA 探针与 PCR 联合技术。2003 年，以布氏锥虫鞭毛袋蛋白 A1 基因设计引物，用环介导等温扩增反应对伊氏锥虫进行诊断。

PCR 诊断寄生虫病的主要目的是鉴定寄生虫虫种，因此只要把锥虫基因组中那些高度重复的序列作为靶基因进行扩增即可。目前用于检测牛锥虫的 PCR 引物主要有以下 3 种：以核 DNA 小染色体上的卫星 DNA 作为种特异性引物建立的 PCR。卫星 DNA 是一种最受欢迎的靶基因，其敏感性非常高，能够检测非常少量的寄生虫 DNA。以动基体小环形 DNA 序列作为特异性引物建立的 PCR。动基体小环形 DNA 序列是检测伊氏锥虫和枯氏锥虫非常好的特异性引物的靶基因。以核糖体 DNA 内部转录间隔序列作为特异性引物建立的 PCR，核糖体 DNA 内部转录间隔序列是锥虫的 PCR 诊断适宜的序列。用核糖体 DNA 内部转录间隔序列生成的引物，可以使用简单 PCR 技术进行多虫种特异性诊断。

三、血清学诊断

用于牛锥虫病血清学诊断的方法主要有卡片凝集反应、乳胶凝集试验、间接凝集反应。

（一）卡片凝集反应

将福尔马林处理过的锥虫悬液用考巴斯亮蓝染色后涂于塑料卡片上，与待检血清混合，振动后出现肉眼可见的蓝色颗粒者为阳性。

（二）乳胶凝集试验

将可溶性锥虫抗原吸附到聚苯乙烯胶乳颗粒上，然后与待检血清或脑脊液作用，出现肉眼可见的凝集颗粒者为阳性。

（三）间接凝集反应

将可溶性锥虫抗原，致敏双醛化绵羊红细胞，然后与待检血清作用，出现肉眼可见的凝集现象者为阳性。

第十五章　毛滴虫病

毛滴虫病(Trichomonosis)是由胎儿三毛滴虫寄生于牛生殖道引起的寄生虫病。该病呈世界性分布,引起牛,尤其是奶牛生殖器官炎症、死胎、流产和不育,给畜牧业造成严重的经济损失。随着人工授精技术的广泛应用,该病的流行已大为减少。不过在肉牛群或人工授精技术尚未广泛应用的地方,其流行与危害仍十分严重。世界动物卫生组织将其列为 B 类动物疫病,在我国列为三类疫病。

第一节　病原

一、分类地位

毛滴虫在分类上属肉族鞭毛门、鞭毛虫亚门、动鞭毛虫纲、毛滴虫目、毛滴虫科的毛滴虫属、三毛滴虫属和五毛滴虫属。

二、病原及形态

胎儿三毛滴虫是一种有鞭毛、呈梨状的真核原生动物。具有 3 根前鞭毛、1 根后鞭毛和波动膜,体长 8~18 μm、宽 4~9 μm,呈活泼的蛇形运动。常见于公牛的阴茎包皮清洗液及感染母牛的生殖道清洗液,或子宫颈、阴道黏膜及流产的胎儿中。该病原体有 3 个血清型,分别是贝尔法斯特型、曼利型和布里斯班型,具有同等的致病力。

三、生活史

胎儿三毛滴虫寄生于母牛的阴道、子宫,公牛的包皮腔、阴茎黏膜、输精管,以及流产胎儿、羊水和胎膜中。在吉姆萨染色液标本中,虫体呈瓜子形、短的纺锤形、梨形、卵圆形、圆形等各种形状。虫体长 9~25 μm(平均 16 μm),宽 3~16 μm(平均 7 μm),细胞核近似圆形,位于虫体的前半部。一簇毛基体位于细胞核的前方。由毛基体伸出 4 根鞭毛,其 3 根在虫体前端,称为前鞭毛,另一根沿波动膜边缘向后延伸,称为后鞭毛。虫体中央有一条纵走的轴柱。原生质呈淡蓝色泡状结构,细胞核和毛基体呈红色,鞭毛呈暗紫色或黑色,轴柱的颜色比原生质浅。胎毛滴虫以纵分裂方式进行繁殖。本病主要通过交配传染,由于使用带虫精液或输精器械沾染虫体,在人工授精时也能引起传染。此外也可通过被病畜生殖器官分泌物污染的垫草、护理用具以及家蝇的搬运而散播。发生化脓性子宫内膜炎。成群不发情、不妊娠或妊娠后 1~3 个月早期流产为本病的特征。

第二节　流行状况

该病在我国时有发生,但关于此病的报道较少。哺乳动物毛滴虫病在我国的发病率不高,牛毛滴虫病主要导致牛不孕、早产和生殖系统炎症,危害严重。

第三节　临床症状和病理变化

一、临床症状

屡配不孕、发情周期不正常、胚胎早期死亡、流产是本病的主要症状。子宫黏液较为混浊或排出脓性分泌物,子宫积脓。怀孕母牛多在怀孕后 1~3 个月发生流产,胎儿死亡但不腐败,胎衣包裹完整。除此之外,无其他全身或局部症状。公牛常为带虫者,一般无明显的临床症状,但严重时公牛包皮有肿胀,流出脓性分泌物,阴茎黏膜上出现虫性结节,不愿交配。

二、病理变化

主要是生殖道的炎症反应。

第四节　实验室诊断

一、病原学诊断

（一）虫体显微镜检查

将采集的待检样品少量置于载玻片中,盖上盖玻片,在100倍显微镜下将视野放暗进行检查。或将待检样品少量滴于载玻片一端，推成均匀的薄膜，在室温条件下干燥后用甲醇固定。将固定的抹片浸入吉姆萨染色液中，染色1 h,取出水洗后镜检。

（二）分子生物学诊断

以分子基础的PCR技术已用于毛滴虫鉴定。随着培养液、子宫液和阴茎包皮垢中毛滴虫诊断方法的改进,DNA探针技术得到发展。此方法快速、简便、可靠,能检测出培养液中的单一虫体或包皮垢中的10个病原体。

二、血清学诊断

皮内毛滴虫素试验，在牛颈部皮肤皮内注射毛滴虫素0.1 mL,30~60 min测定反应。阳性反应为肉眼可见的浅斑和皮肤增厚大于2 mm。毛滴虫抗原是通过离心沉淀毛滴虫培养物,用生理盐水洗2次所获得的,离心后的虫体在去除碎片和颗粒前放在蒸馏水中1 h。上清液用三氯醋酸处理以沉淀抗原。沉淀干燥后以粉状贮存。从沉淀中提取毛滴虫素,用乙醇洗。用1 mL沉淀加25 mL磷酸氢钠(11.8 g/L)40℃水浴离心提取,用酸性磷酸盐液中和。最后加1:40 000浓度的硫柳汞。

第十六章　日本血吸虫病

日本血吸虫病（Schistosomiasis japonica）又名日本分体吸虫病，是由日本血吸虫寄生于人和牛、羊、猪、犬，以及啮齿类与一些野生哺乳动物的门静脉系统的小血管内，引起的一种危害严重的人、畜共患寄生虫病。本病流行于亚洲部分国家，在我国发生于淮河以南有钉螺生长的地区，即长江流域12个省、自治区和直辖市，属我国五大寄生虫病之一，世界卫生组织确定的六大热带病之一，仅次于疟疾。该病严重影响人的健康和畜牧业生产，是公共卫生和动物医学领域的重要研究对象。我国将本病列为二类动物疫病。

第一节　病原

一、分类地位

日本血吸虫病的病原在分类上属扁形动物门、吸虫纲、复殖目、分体科、分体属的日本分体吸虫，又称日本血吸虫。该属除日本分体吸虫外，还包括曼氏血吸虫、埃及血吸虫、间插血吸虫、湄公血吸虫和马来血吸虫。

二、病原形态

日本血吸虫成虫雌雄异体，虫体呈线状。雄虫短粗，呈乳白色，大小为（10~20）mm×（0.5~0.55）mm。前端有发达的口吸盘和腹吸盘。腹吸盘以下，虫体向两侧延展，并略向腹面卷曲，形成抱雌沟，故外观呈圆筒状。雌虫前细后粗，形似线虫，体长（15~26）mm×（0.1~0.3）mm。腹吸盘大于口吸盘。由于肠管充满消化或半消化的血液，故雌虫呈黑褐色，常居留于抱雌沟内，与雄虫合抱。雌虫发育成熟必须有雄虫的存在和合抱。促进雌虫生长发育的物质可能是来自雄虫的一种性信息素,通过合抱,从雄虫体壁传递给雌虫。另外雄虫和雌虫的营养性联系也是促使他们发育的主要因素之一。一般认为,单性雌虫不能发育至性成熟,而单性雄虫虽然能产生活动的精子可发育成熟,但所需时间较长,体形也较小。消化系统有口、食道、肠管。肠管在腹吸盘前背侧分为 2 支,向后延伸到虫体后端 1/3 处汇合成盲管。成虫摄食血液,肠管内充满被消化的血红蛋白,呈黑色。肠内容物可经口排到宿主的血液循环内。雄虫生殖系统由睾丸、储精囊、生殖孔组成。睾丸为椭圆形,一般为 7 个,呈单行排列,位于腹吸盘背侧,生殖孔开口于腹吸盘下方。雌虫生殖系统由卵巢、卵腺、卵模、梅氏腺、子宫等组成。卵巢位于虫体中部,长椭圆形。输卵管出自卵巢后端,绕过卵巢向前。虫体后端几乎被卵黄腺充满,卵黄管向前延长,与输卵管汇合成卵模,并被梅氏腺围绕。卵模与子宫相接,子宫开口于腹吸盘的下方,内含虫卵 50~300 个。虫卵呈椭圆形,淡黄色,大小为 $(70\sim100)\mu\text{m}\times(50\sim65)\mu\text{m}$,卵壳较薄,无盖,在其侧方有一个小刺,成熟虫卵的卵内含有毛蚴,构造清晰。

三、生活史

日本血吸虫的生活史比较复杂,包括在终宿主体内的有性世代和在中间宿主钉螺体内的无性世代的交替。生活史分成虫、虫卵、毛蚴、母胞蚴、子胞蚴、尾蚴、童虫 7 个阶段。日本血吸虫成虫寄生于人及多种哺乳动物的门脉-肠系膜静脉系统。雌虫产卵于静脉末梢内,虫卵主要分布于肝及结肠肠壁组织,虫卵发育成熟后,肠黏膜内含毛蚴虫卵脱落入肠腔,随粪便排出体外。含虫卵的粪便污染水体,在适宜条件下,卵内毛蚴孵出。毛蚴在水中遇到适宜的中间宿主钉螺,侵入螺体并逐渐发育,先形成袋形的母胞蚴,其体内的胚细胞可产生许多子胞蚴。子胞蚴逸出,进入钉螺肝内,其体内胚细胞陆续增殖,分批形成许多尾蚴。尾蚴成熟后离开钉螺,常常分布在水的表层,人或动物与含有尾蚴的水接触后,尾蚴经皮肤而感染。尾蚴侵入皮肤,脱去尾部,发育为童虫。童虫穿入小静脉或淋巴管,随血流或淋巴液到右心、肺,穿过肺泡小血管到左心并运送到全身。大部分童虫再进入小静脉,顺血流入肝内门脉系统分支,童虫在此暂时停留并继续发育。性器官初步分化时,遇到异性童虫即开始合抱,并移行到门脉–肠系膜静脉寄居,逐渐发育成熟,交配产卵。

成虫寄生于终宿主的门脉–肠系膜静脉系统,虫体可逆血流移行到肠黏膜下层的小静脉末梢,合抱的雌雄成虫在此处交配产卵,每条雌虫每日产卵300~3 000 个。日本血吸虫雌虫在排卵时呈阵发性成串排出,以致卵在宿主肝、肠组织血管内往往沉积成念珠状。雌虫产卵量因虫的品系(株)、实验动物宿主及虫体寄生时间长短不同而异。所产的虫卵大部分沉积于肠壁小血管中,少量随血流进入肝。约经 11 d,卵内的卵细胞发育为毛蚴,含毛蚴的成熟虫卵在组织中能存活 10 d。由于毛蚴分泌物能透过卵壳,破坏血管壁,并使周围组织发炎坏死。同时肠的蠕动、腹内压增加,致使坏死组织向肠腔溃破,虫卵便随溃破组织落入肠腔,随粪便排出体外。不能排出的虫卵沉积在局部组织中,逐渐死亡、钙化。含有虫卵的粪便污染水体,在适宜的条件下,卵内毛蚴孵出。毛蚴的孵出与温度、渗透压、光照等因素有关。温度在 5~35℃均能孵出,一般温度越高,孵化越快,毛蚴的寿命也越短,以 25~30℃最为适宜。低渗透压的水体、光线照射可以加速毛蚴的孵化。水的 pH 也很重要,毛蚴卵化的最适宜 pH 为 7.5~7.8。毛蚴孵出后,多分布在水体的表层,做直线运动,并且有向光性和向清性的特点。毛蚴在水中能存活 1~3 d,孵出后经过的时间越久,感染钉螺的能力越低。遇到中间宿主钉螺就主动侵入,在螺体内进行无性繁殖。钉螺是日本血吸虫唯一的中间宿主。毛蚴袭击和吸附螺软组织是由于前端钻器的吸附作用和一对侧腺分泌黏液作用的结果。与此同时,毛蚴顶腺细胞可分泌蛋白酶以降解含有糖蛋白成分的细胞外基质, 以利于其钻穿螺软组织。随后,毛蚴不断交替伸缩动作,从已被溶解和松软的组织中进入,毛蚴体表纤毛脱落,胚细胞分裂,2 d 后可在钉螺头足部及内脏等处发育为母胞蚴。在母胞蚴体内产生生殖细胞,每一个生殖细胞又繁殖成一个子胞蚴。子胞蚴具有运动性,破壁而出,移行到钉螺肝内寄生。子胞蚴细长,呈节段性,体内胚细胞分裂,逐渐发育为许多尾蚴。一个毛蚴钻入钉螺体内,经无性繁殖,产生数以千万计的尾蚴。尾蚴在钉螺体内分批成熟,陆续逸出。尾蚴形成的全部过程所需的时间与温度有关,至短为 44 d,最长是 159 d。发育成熟的尾蚴自螺体逸出并在水中活跃游动。影响尾蚴自钉螺逸出的因素很多,最主要的因素是水温,一般在 15~35℃范围内没有什么区别,最适宜温度为 20~25℃。光线对尾蚴逸出有良好的作用。水的 pH 在 6.6~7.8 范围内,对尾蚴逸出没有影响。尾蚴逸出后,主要分布在水面下,其寿命一般为 1~3 d。尾蚴的存活时间及其感染力随环境温度、水的性质、尾蚴逸出后时间的长短而异。当尾蚴遇到人或动物皮肤时,用吸盘吸附在皮肤上,依靠其体内腺细胞分泌物的酶促作用、头器伸缩的探查作用以及虫体全身肌肉运动的机械作用而协同完成钻穿宿主皮肤,在数分钟内即可侵入。尾蚴一旦侵入皮肤,便丢弃尾部。一般认为,后钻腺的糖蛋白分泌物遇水膨胀变成黏稠的胶状物,能粘着皮肤,以利于前钻腺分泌酶的导向和避免酶流失等作用。前钻腺分泌物中的蛋白酶在钙离子激活下,能使角蛋白软化,并降解皮肤的表皮细胞间质、基底膜和真皮的基质等,有利于尾蚴钻入皮肤。尾蚴脱去尾部,侵入宿主皮肤后,称为童虫。童虫在皮下组织停留短暂时间后,侵入小末梢血管或淋巴管内,随血流经右心到肺,再从左心入大循环,到达肠系膜上、下动脉,穿过毛细血管进入门静脉。待发育到一定程度,雌雄成虫合抱,再移行到肠系膜下静脉及痔上静脉寄居、交配、产卵。自尾蚴侵入宿主至成虫成熟并开始产卵,约需 24 d,产出的虫卵在组织内发育成熟需 11 d 左右。成虫在人体内存活时间因虫种而异,日本血吸成虫平均寿命约 4.5 年,最长可活 40 年之久。

四、主要基因与功能蛋白

日本血吸虫基因组为二倍体,由 8 对染色体组成,包括 7 对常染色体和 1 对性染色体。染色体核型组成为大型染色体 2 对、中型染色体 3 对、小型染色体 3 对。基因组由近 4 亿个碱基组成,含有 40.1%的重复序列。其单倍体基因组含有 270 Mb 碱基对,约为人基因组大小的 1/10,有 60%的高度或中度重复序列,30%的单拷贝序列。我国科学家在 2006 年首次宣布日本血吸虫基因组工作框架图序列数据,共计 300 多万条 DNA 序列。由于日本血吸虫属于真核生物,其基因组庞大,目前已研究识别编码基因 13 469 个,研究了几类相关基因,归类起来包括酶类基因、结构蛋白基因、信号传导和表达调控相关基因以及生理功能相关蛋白基因等。研究这些功能基因,有助于找到新的血吸虫疫苗候选分子和研究新药。与功能基因相对,目前研究的日本血吸虫蛋白主要分为酶性蛋白、肌相关蛋白、膜相关蛋白、钙相关蛋白、线粒体相关蛋白、性别相关蛋白、信号蛋白和卵相关蛋白。这些研究为研制开发疫苗、新型治疗药物和新诊断方法提供了途径。

第二节　流行状况

一、起源

1894 年,日本片山出现皮肤奇痒的疾病,当时称为片山病。1904 年,日本人 Katsurada 在 12 份粪便样品中找到 5 个类似埃及血吸虫卵的卵,后来又在猫的门静脉及其分支血管内找到了血吸虫成虫,命名为日本血吸虫。日本血吸虫分布于西太平洋地区的日本、中国、菲律宾和印度尼西亚。日本自 1976 年起再未发现感染性钉螺,1978 年起无新病例报告,成为全球第一个有效消灭血吸虫病的国家。日本血吸虫病在菲律宾主要流行于 24 个省,流行区分 10 个地区,主要为 Visayas 和 Mindanao 岛,家畜(黄牛、水牛、犬)和野鼠传染源占 1/4。1937 年,Lindu 在印度尼西亚发现首例病例,主要流行地区为 Napu 和 Lindu 湖流域,通过执行防治规划,流行率显著下降,到 1991 年已接近 1%。

二、我国的流行与分布

1905 年,Catto 在新加坡一例福建籍华侨尸体的肠系膜静脉内检获成虫。同年,美籍医生 Logan 在我国湖南常德一患病渔民的粪便中找到了虫卵,从而确定日本血吸虫在我国的存在。在中华人民共和国成立初期,血吸虫病分布于长江中下游及以南地区的 12 个省、自治区、直辖市。通过防治,已有广东、上海、福建、广西、浙江 5 地阻断了血吸虫病的传播。至 2009 年,全国454 个流行县、市、区中已有 265 个阻断了血吸虫病的传播,有 100 个控制了血吸虫病的传播,尚未控制血吸虫病流行的地区疫情也大大减轻。目前,我国流行区域只分布于长江流域。

第三节　临床症状和病理变化

一、临床症状

家畜感染血吸虫后,临床症状因品种、年龄和感染强度而异。一般来讲,黄牛、奶牛症状较水牛、马属动物、羊和猪明显,山羊较绵羊明显,犊牛较成年牛明显。

临床上有急性和慢性之分,以慢性为常见。急性型症状多见于 3 岁以下的犊牛。主要表现为体温升高达 41℃以上,消瘦,行动缓慢,呆立不动,被毛粗乱,拉稀,便血,有腥恶臭和里急后重现象,甚至发生脱肛。生长停滞,使役力下降,奶牛产奶量下降,母畜不孕或流产。少数重度感染的犊牛和羊表现为肛门括约肌松弛,直肠外翻,疼痛,步态摇摆,久卧不起,呼吸缓慢,严重贫血,最后衰竭而死。慢性型的病畜表现为消化不良、发育缓慢,往往成为侏儒牛。少量感染时,一般症状不明显,病程多取慢性经过,特别是成年水牛,虽诊断为阳性病牛,但无明显症状而成为带虫牛。

二、病理变化

剖检可见尸体消瘦,贫血,皮下脂肪萎缩,腹腔内有大量积液。主要病变是由于虫卵沉积于组织中而产生的虫卵结节。肝病变明显,表面或切面上有肉眼可见的粟粒大到高粱粒大的灰白色或灰黄色小点,即虫卵结节。感染初期,肝肿大,之后肝萎缩、硬化。严重感染时,肠道各段均可找到虫卵的沉积,尤以直肠部分的病变最为严重,常见有小溃疡、斑痕及肠黏膜肥厚。肠系膜淋巴结肿大,门静脉血管肥厚,其中及肠系膜静脉中可找到虫体。此外心、肾、胰、脾、胃等器官有时也可发现虫卵结节。

第四节 实验室诊断

一、病原学诊断

粪便内检查虫卵、孵化毛蚴,直肠黏膜活体组织检查虫卵,或动物体内发现日本血吸虫虫体,是诊断本病最为可靠的方法。

（一）虫体收集与观察

剖杀家畜后,快速剥皮,剖开胸腔和腹腔,去胸骨。分开左、右肺,结扎后腔静脉。找出胸主动脉,沿血管平行方向开口,从远心方向插入带橡皮管的玻璃接管,用棉线扎紧固定。橡皮管的另一端接自来水龙头,在肾脏后方紧贴脊柱处,将腹主动脉及后腔静脉同时结扎。分离出肝门静脉,向肝一端用棉线扎紧,离肝一端沿血管平行方向开口,插入带橡皮管的玻璃接管并固定。橡皮管的另一端接 40 目的铜筛。打开自来水并逐渐加大水压,当出水无色时,关闭龙头。检查铜筛,发现血吸虫虫体即可确诊。

（二）直接涂片法

重感染地区的家畜粪便、急性血吸虫家畜的黏液血便或病畜肝脏中常可检查到虫卵。肝脏虫卵压片检查时,取出肝脏,肉眼观察有无粟粒大小的白色结节。用眼科剪剪取结节,置载玻片上,每片可置 4~5 个结节。取另一载玻片置结节上压紧,用胶布或橡皮筋固定。低倍镜显微镜下检查,发现虫卵即为阳性。

（三）肝脏虫卵毛蚴孵化法

含毛蚴的虫卵在适宜条件下可在短时间内孵出,并在水中做迅速的直线运动。取肝脏 10~20 g,剪碎,用组织捣碎机 5 000~10 000 r/min 粉碎 1~2 min,加入 100 mL 水,用 40 目铜筛过滤,收集滤液,将滤液倒入 260 目尼龙筛兜,用水淘洗干净。将兜内肝组织进行毛蚴孵化。孵化器具、孵化条件及毛蚴判定参见粪便虫卵毛蚴孵化法。

（四）粪便虫卵毛蚴孵化法

采集粪便宜在春、秋两季进行，其次是夏季，不宜在冬季。采粪时最好在清晨从家畜直肠中采取或取新排出的粪便，采粪量为牛和马 200 g、猪 100 g、羊和犬 40 g。将每头家畜的粪便分为 3 份，每份粪量为牛和马 50 g、猪 20 g、羊和犬 10 g，之后根据实际情况选用下列其中一种方法进行下一步操作。首先是尼龙筛淘洗孵化法（25℃）后，放在铜筛中淘洗，弃去滤杯，滤液倒入尼龙筛兜中，用水淘洗干净，最后将洗粪渣倒入三角烧瓶或平底长颈烧瓶中，加满 25℃左右的清水。为便于观察毛蚴，在瓶颈下 1/2 处加一块 2~3 cm 厚的脱脂棉，再加满水。其次是塑料杯顶管孵化，置粪于铜筛滤杯中，在盛满水的特别塑料杯内充分淘洗后，弃去滤杯，沉淀 30 min，倒去 2/3，加 25℃水，盖上中间有孔的塑料杯盖，再加满水，将盛满水的试管口塞一块 2~3 cm 厚的脱脂棉，倒插入塑料杯的孔中。最后一种是直孵法，将粪置于量杯中，加少量水搅匀，再加满水，沉淀 30 min 左右，倒去 1/3~1/2。余下的粪水倒入平底长颈烧瓶中，加水至瓶颈下 1/3 处，加入 2~3 cm 脱脂棉球，再加满孵化用水。将通过以上操作方法获得的虫卵进行孵育，将装好的三角烧瓶（平底长颈烧瓶或塑料杯）放于 20~26℃箱（室）中，在有一定光线的条件下进行孵育。从孵育开始到 1 h、3 h、5 h 后各观察一次，每个样品每次观察应在 2 min 以上并进行判定，发现血吸虫毛蚴即判为阳性。血吸虫毛蚴眼观为针尖大小，灰白色，梭形，折光强。和水中其他小虫的不同之处是近水面做水平或斜向直线运动。当用肉眼观察难与水中的其他小虫相区别时，可用滴管将虫吸出置于显微镜下观察。显微镜下可见毛蚴前部宽，中间有个顶突，两侧对称，后渐窄，周身有纤毛。在一个样品中有 1~5 个毛蚴为+，6~10 个毛蚴为++，11~20 个毛蚴为+++，21 个毛蚴以上为++++。

（五）直肠黏膜活体组织检查

慢性及晚期家畜直肠黏膜内沉积的虫卵中有活卵、变性卵和死卵，刮取直肠黏膜溃疡部位，压片镜检虫卵。

（六）检测抗原

日本血吸虫抗原复杂，大致包括酶性蛋白、肌相关蛋白、钙相关蛋白、线粒体相关蛋白、性别相关蛋白、信号蛋白和卵相关蛋白等。目前主要针对血吸虫的循环抗原进行诊断研究。而循环抗原（CAg）是活虫排放至宿主体内的大分子微粒，主要是虫体排泄、分泌或表皮脱落物，具有抗原特性，可被血清免疫学试验检出。循环抗原的检测有其优越性，不仅能反映活动性感染，而且可评价疗效和估计虫荷。在感染血吸虫宿主体内的循环抗原种类繁多，目前可检出比较重要的 3 类游离循环抗原，即肠相关抗原（GAA）、膜相关抗原（MAA）和可溶性虫卵抗原（SEA）。利用单克隆抗体和多克隆抗体检测技术，制备出多克隆和单克隆抗体，用反向间接血凝试验检测感染动物的循环抗原，检测水平可达到纳克敏感度。

（七）分子生物学技术

目前，分子生物学技术中最常用的是基因重组技术、PCR 技术和新近发展的 LAMP 法，即环介导等温扩增法，为该病早期诊断及疗效评价提供了新方法。将血吸虫的 DNA 分离后，用酶切技术将 DNA 降解为片段，装入质粒等载体中，再转染，产生目标蛋白，最终表达大量的有诊断价值的分子抗原（重组抗原）。或直接检测出宿主样本中的血吸虫 DNA 片段，表明宿主体内有活的虫体存在，具有与病原检测同等的确诊价值。采用基因重组技术，表达日本血吸虫生活史各阶段的特异蛋白基因，纯化目的蛋白作为诊断抗原检测宿主体内的抗体，或采用 PCR 技术直接检测 DNA 片段。国际上研究较多的是曼氏血吸虫，我国学者主要研究的是日本血吸虫。该研究起步晚，主要针对中国大陆株进行研究。

二、血清学诊断

目前，间接红细胞凝集试验是检测日本血吸虫抗体的常用方法，可用于家畜血吸虫病的诊断和流行病学调查，同时还可用于血吸虫病基本消灭和消灭地区的监测。另外环卵沉淀试验、酶联免疫吸附试验、斑点酶联免疫吸附试验、乳胶凝集试验等也可用于抗体检测。

（一）间接红细胞凝集试验

将可溶性血吸虫虫卵抗原吸附于红细胞表面,使红细胞致敏。致敏红细胞表面吸附的抗原与待检血清中的特异性抗体结合,使红细胞被动凝集,肉眼可见,进行判定。

（二）环卵沉淀试验

成熟虫卵内毛蚴的分泌排泄物是良好的抗原性物质。抗原自卵内渗出与血吸虫感染家畜的血清作用时,在卵的周围形成特异性沉淀物,属于沉淀反应。

（三）酶联免疫吸附试验

斑点 ELISA(Dot-ELISA)是在常规 ELISA 方法的基础上发展起来的,以硝酸纤维膜(NC 膜)代替聚苯乙烯板,在膜上滴加抗原或抗体,封闭后按常规 ELISA 试验操作,最后用不溶性底物显色,一般是二氨基邻苯胺(DAB),其氧化产物为不溶的棕色产物,根据显色反应的有无或颜色深浅进行定性或半定量判断。中国农科院上海家畜寄生虫病研究所开发出日本血吸虫病单克隆抗体斑点酶联免疫吸附试验试剂盒。

（四）乳胶凝集试验

以聚苯乙烯胶乳颗粒为载体,将血吸虫抗原联结在胶乳颗粒上,试验时将一定量的联结有抗原的胶乳试剂加入待检血清中,若待检血清中有相应抗体,则抗原抗体结合,胶乳颗粒发生凝集。

第十七章　牛泰勒虫病

牛泰勒虫病(Theileriosis)是一种经硬蜱传播的对牛危害较大的寄生原虫病。病原寄生于宿主巨噬细胞、淋巴细胞和红细胞内,以高热稽留、贫血和体表淋巴结肿大为特征。为世界动物卫生组织报告疫病,我国将其列为二类动物疫病。

第一节　病原

一、分类地位

牛泰勒虫在分类上属原生动物亚界、顶复门、孢子虫纲、梨形虫亚纲、梨形虫目、泰勒科的泰勒属。

二、虫种与形态

世界各地报道的牛泰勒虫的种类较多,但目前为大多数学者公认的仅有5种:环形泰勒虫、突变泰勒虫、瑟氏泰勒虫、小泰勒虫和附膜泰勒虫。在我国已报道的牛泰勒虫仅有3种:环形泰勒虫、瑟氏泰勒虫和中华泰勒虫。中华泰勒虫为牛泰勒虫的一个新种,分离自我国甘肃中部地区自然感染带虫牛。

(一)环形泰勒虫

寄生于牛红细胞的血液型虫体(配子体)很小,形态多样,有圆环形、杆形、卵圆形、梨籽形、逗点形、圆点形、十字形、三叶形等。其中以圆环形、卵圆形为主,占70%~80%,染虫率达高峰时,比例最高。杆形的比例为1%~9%,

梨籽形的为 4%~21%,其他不超过 10%。寄生于巨噬细胞和淋巴细胞的裂殖体(石榴体、柯赫氏蓝体)呈圆形、椭圆形或肾形,是虫体在淋巴细胞、组织细胞中进行裂殖时形成的多核虫体(裂殖体)。吉姆萨染色虫体胞质呈淡蓝色,其中包含许多红紫色颗粒状的核。裂殖体有 2 种:大裂殖体(无性生殖体)产生大裂殖子,小裂殖体(有性生殖体)产生小裂殖子。

(二)瑟氏泰勒虫

寄生于红细胞内的虫体,除有特别长的杆状外,其他形态和大小与环形泰勒虫相似,区别是在各种形态中以杆形和梨籽形为主,占 67%~90%。随着病程的不同,2 种形态的虫体比例发生变化。上升期,杆形为 60%~70%,梨籽形为 15%~20%;高峰期,2 种均为 35%~45%;下降期和带虫期,杆形为 35%~45%,梨籽形为 25%~40%。

(三)中华泰勒虫

形态特异,具多形性,有梨籽形、圆环形、椭圆形、杆状、三叶形、边虫形、十字架形,还有许多难以形容的不规则形虫体。在同一红细胞内,不同数目的边虫样虫体可发育变大,生成的原生质延伸,而后互相连接或交融,重新构成各种不同形态的虫体。有些虫体具有出芽增殖的特性。以梨籽形和圆环形虫体为主,占总数的 51.5%。

三、生活史

感染蜱在牛体吸血时,子孢子随蜱的唾液进入牛体,首先在局部淋巴细胞和巨噬细胞内进行裂体增殖,形成大裂殖体。大裂殖体成熟破裂为许多大裂殖子,裂殖子释放后侵入其他淋巴细胞和巨噬细胞进行裂体增殖。同时部分大裂殖子可随淋巴和血液扩散至全身,侵袭脾、肝、肾等器官的淋巴细胞和巨噬细胞并进行裂体增殖。裂体增殖反复进行到一定时期,可形成小裂殖体。小裂殖体成熟破裂为许多小裂殖子,进入红细胞形成配子体(血液型虫体)。幼蜱或若蜱吸血时,把带有配子体的红细胞吸入胃内,配子体逸出成为大小配子,二者结合形成合子,进而发育为动合子。动合子穿入蜱的肠管和体腔等各处。蜱完成蜕化,动合子进入蜱的唾液腺腺泡细胞内变成合孢体,开始孢子生殖,产生许多子孢子。蜱吸血,子孢子接种到牛体内。

第二节　流行状况

一、牛环形泰勒虫病

一种季节性私服强的地方性流行病,主要流行于我国西北、华北、东北地区。本病多呈隐性经过,以高热稽留、贫血和体表淋巴结肿大为特征,发病率和死亡率较高,对养牛业危害极大。

二、牛瑟氏泰勒虫病

引起发病较少,症状和环形泰勒虫病相似,但较缓和,病程长,死亡率低。主要在放牧条件下发生,我国报道发现于贵州、吉林、辽宁、河北、河南、湖南、云南、陕西、甘肃和宁夏。在青海果洛藏族自治州牦牛中发现瑟氏泰勒虫。5月始发,10月终止,6—7月为发病高峰。

三、中华泰勒虫病

引起的牦牛泰勒虫病在我国的青海果洛藏族自治州、新疆和田地区和甘肃流行发生。

第三节　临床症状和病理变化

一、临床症状

本病多呈急性经过,潜伏期 14~20 d。初期病牛表现为高热稽留,体温升高到 40~42℃,精神沉郁。肩前和腹股沟淋巴结肿大,有痛感。淋巴结穿刺涂片镜检可发现裂殖体。病牛呼吸加快,咳嗽,脉搏弱而频。食欲减退或不食,可视黏膜、肛门周围、尾根、阴囊等皮肤出现出血点或溢血斑,可视黏膜轻微黄染。磨牙、流涎,排少量干黑的粪便,常有黏液和血丝。最后卧地不起,多在发病 1~2 周死亡。瑟氏泰勒虫病病程长,一般为 10 d 以上,个别可达数十天。

二、病理变化

剖检可见全身皮下、肌间、黏膜和浆膜有大量的出血点和出血斑。全身淋巴结肿大,切面多汁,有暗红色和灰白色大小不一的结节。第四胃黏膜肿胀,有许多针头至黄豆大的暗红色或黄白色结节。结节部上皮细胞坏死形成中央凹陷、边缘不整、稍隆起的溃疡病灶。黏膜脱落是该病的特征性病理变化,具有诊断意义。脾明显肿大,被膜上有出血点,脾髓软化呈黑色泥糊状。肾肿大,质软,有暗红色病灶,外膜易剥离。肝肿大,质脆,色泽灰红,被膜有多量出血点或出血斑,肝门淋巴结肿大。肺有水肿和气肿,被膜有多量出血点,肺门淋巴结肿大。

第四节　实验室诊断

一、病原学诊断

(一)病原直接检测

涂片检查法包括涂片、染色、镜检3个步骤。涂片包括血液涂片和淋巴结涂片。染色主要是吉姆萨染色法。镜检是在高倍显微镜下检查。血液涂片检查主要是采集外周血液制成薄的血涂片,甲醇固定后染色镜检,观察红细胞内是否有呈环形、卵圆形、杆形、梨籽形、椭圆形、三叶形、边虫形、十字架形等不规则虫体时可诊断为本病。环形泰勒虫裂殖体期和虫体期都可致病,但虫体期致病力弱。急性感染动物外周血液中很少有裂殖体,但从病牛的淋巴结穿刺涂片中很容易发现大裂殖体(石榴体)。瑟氏泰勒虫病牛的淋巴结穿刺涂片中较难发现石榴体。

(二)分子生物学诊断

PCR技术既可以检测带虫牛体内的泰勒虫,又可以检测泰勒虫传播媒介蜱的感染情况。用PCR可扩增环形泰勒虫小亚基核糖体RNA基因,用编码32kD的瑟氏泰勒虫红细胞内虫体表面蛋白基因做引物,在血样中PCR扩增瑟氏泰勒虫DNA检测牛感染状况。

二、血清学诊断

瑟氏泰勒虫全细胞用 SDS–PAGE 分析发现 10 条主带,印迹分析发现 7 条主带,用其中分子量 32kD 的蛋白质作为 ELISA 包被抗原。用环形泰勒虫裂殖体冻融抗原,建立相应的 ELISA 试验,可用于该病的诊断。

第十八章　牛皮蝇蛆病

牛皮蝇蛆病(Cattle hypodermosis)是由双翅目、皮蝇科、皮蝇属的皮蝇幼虫阶段寄生于牛体内而引起的，是对养牛业危害严重的人与动物共患的寄生虫病。感染牛的皮蝇主要有牛皮蝇、纹皮蝇和中华皮蝇。本病的主要特征是牛体消瘦、贫血、发育受阻、体重减轻、皮肤穿孔,感染强度高的可致牛死亡。人感染时,由于感染部位不同而表现出不同的症状。本病给畜牧业造成重大经济损失,并对人类健康具有潜在威胁。我国将牛皮蝇蛆病列为三类动物疫病。

第一节　病原

一、分类地位

牛皮蝇蛆病病原在分类上属节肢动物门、昆虫纲、双翅目、皮蝇科、皮蝇属。

二、虫种与形态

主要虫种包括牛皮蝇、纹皮蝇和中华皮蝇。

(一)牛皮蝇

成蝇体长约 15 mm,头部被有浅黄色绒毛;胸部前部和后部绒毛为淡黄色,中间部分为黑色;腹部绒毛前端为白色,中间为黑色,末端为橙黄色。卵的大小为 0.76 mm × 0.22 mm,长圆形,一端有柄,以柄附着于牛毛,每根毛只粘附一枚虫卵。第一期幼虫为淡黄色、半透明,大小为 0.5 mm × 0.2 mm,

体分 20 节,后端有 2 个黑色圆点状后气孔。第二期幼虫长 3~13 mm。第三期幼虫体粗壮,长达 28 mm,色泽随虫体成熟由淡黄色、黄褐色变为棕褐色,体分 11 节,无口前沟,体表有许多结节和小刺,最后 2 节腹面无刺,有 2 个后气孔,气门板为漏斗状。

(二)纹皮蝇

成蝇体长 13 mm,体表被毛稍短。胸部毛呈灰白色或淡黄色,具有 4 条黑色纵纹;腹部绒毛前端灰白色,中间黑色,末端橙黄色。卵与牛皮蝇相似,但一根牛毛可见一列虫卵。第三期幼虫长达 26 mm,最后一节腹面无刺。

三、生活史

皮蝇属于完全变态寄生虫。与纹皮绳的生活史基本相同,经卵、幼虫、蛹和蝇 4 个阶段。皮蝇在自然界生活的时间仅 5~6 日。雌雄皮蝇交配后,雄蝇死亡,雌蝇飞向牛体产卵,雌蝇产完卵后也死亡。卵经 4~7 日孵化出第一期幼虫。牛皮蝇的第一期幼虫钻入皮下移行,最后发育成第三期幼虫到达背部皮下。纹皮蝇的第一期幼虫钻入皮下移行,在感染后的 2 个半月可在咽喉和食道部发现第二期幼虫。第二期幼虫在食道壁停留 5 个月,最后也移行到牛背部皮下,发育成第三期幼虫。幼虫到达牛背部皮下时,在局部出现瘤状隆起,并出现绿豆大的小孔,幼虫以其气孔板朝向小孔。在牛背部皮下,第三期幼虫寄生 2~2.5 个月。幼虫颜色逐渐变成褐色,同时皮肤上小孔的口径也随之增大。成熟后的幼虫经皮孔逸出,落入土中和厩肥内变成蛹,再经 1~2 个月羽化为成蝇。幼虫在牛体内寄生 10~11 个月,整个发育过程大约一年。

第二节 流行状况

我国西北、西南、东北、华北、内蒙古等地普遍存在本病的流行。在青藏高原地区,皮蝇蛆病是长期制约牦牛饲养业的主要疫病之一。在未防治的牦牛群中,皮蝇幼虫的感染率在 50.4%~93.3%,平均感染率 64.78%,严重地区高达 100%。

第三节　临床症状和病理变化

一、临床症状

雌蝇飞翔产卵时,常引起牛只不安,影响采食,有些牛只奔逃时受外伤或流产。幼虫钻入牛皮肤时,引起牛瘙痒、不安和局部疼痛。幼虫在体内长时间移行,使组织受损伤。在咽喉、食道部移行时引起咽炎、食道壁炎症。幼虫分泌的毒素对牛有一定的毒害,常引起患牛消瘦、贫血、肌肉稀血症。肉的质量降低,产乳量下降。犊牛贫血和发育不良。幼虫寄生于牛背部皮下时,其寄生部位往往发生血肿和蜂窝组织炎。感染化脓时,常形成瘘管,经常流出脓液,直到幼虫逸出,瘘管才逐渐愈合,形成瘢痕。

二、病理变化

幼虫钻入牛皮肤,引起局部瘙痒,使牛精神不安。在体内移行时造成移行各处组织的损伤。第三期幼虫在皮下寄生时,引起局部结缔组织增生和发炎,当继发细菌感染时,可形成化脓性瘘管。幼虫落地后,瘘管愈合形成疤痕,影响皮革质量。幼虫分泌物的毒素对牛血液和血管有损害,可引起贫血。有时幼虫移行伤及大脑和延脑,可引起相应的神经组织损害。

第四节　实验室诊断

一、病原学诊断

(一)被毛上虫卵检测

夏、秋季节被毛上存在虫卵可以作为诊断的参考。牛皮蝇虫卵单独附着于被毛上,每根牛毛附着一个虫卵。纹皮蝇虫卵成排附着于被毛,每根牛毛附着一列虫卵。

(二)背部病变中第三期幼虫的检测

对第三期幼虫在牛背部所形成的瘤包进行触诊,观察第三期幼虫从感染的牛背部钻出的情况,通过计数虫孔或是钻出的第三期幼虫的数目来确定感染的情况。幼虫可在宿主背部停留 1~2 个月,需分几次触诊,而蹦出的过程可持续 3~4 个月之久。

（三）剖检检查

对病死畜进行剖检,重点检查食管黏膜、背部皮下、瘤胃浆膜、大网膜、食管浆膜等部位,发现第一期、第二期或第三期任一阶段幼虫便可确诊。

二、血清学诊断

ELISA 由于只需极少的抗原物质且又相当敏感,是牛皮蝇蛆病早期诊断的最适合的方法。取牛皮蝇第一期幼虫的可溶性抗原,在 pH 9.6 的条件下包被于固相载体的表面,与待检血清、酶标二抗和底物相互作用,通过酶标仪读取数据判定结果。2004 年, 殷宏等证实纹皮蝇抗原与牛常见的其他寄生虫,如肝片吸虫、伊氏锥虫、日本血吸虫、牛巴贝斯虫、环形泰勒虫和边缘边虫的阳性血清无交叉反应,证明本方法的特异性。

第四篇

羊病分述

第一章 痒病

羊痒病(Scrapie)又称为慢性传染性脑炎、驴跑病、瘙痒病、震颤病、摩擦病或摇摆病，是由异常朊蛋白侵害绵羊和山羊中枢神经系统引起的神经退行性疾病。以剧痒、共济失调、痉挛、麻痹为主要特征，是传染性海绵状脑病的一种。绵羊和山羊一旦感染，病死率达100%。该病广泛分布于欧洲、亚洲和美洲多数养羊业发达的国家。世界动物卫生组织将其列为法定报告的动物疫病，我国将痒病列为一类动物疫病。

第一节 病原

一、分类地位

按照2005年国际病毒分类委员会第八次报告，朊病毒在分类上属亚病毒传染因子朊毒目、哺乳动物朊毒科。由于对各种朊病毒缺乏足够的认知，代表种采用"因子"命名，如羊瘙痒因子和牛海绵状脑病因子等。羊痒病属于传染性海绵状脑病的一种，该类疾病还包括人的库鲁病、克-雅氏病、吉斯特曼综合征、致死性家族失眠症和变异克-雅氏病；动物除了羊痒病外，还有牛海绵状脑病、鹿慢性消耗性疾病、传染性水貂脑病和猫科动物海绵状脑病。

二、分型

对羊痒病尚未有具体分型，但羊痒病的易感性与绵羊PrP基因在136、154、171位点的氨基酸多态性相关。其中等位基因ARQ即PrP基因136、

154、171 位点分别为丙氨酸(A)、精氨酸(R)和谷氨酸(Q),被认为是野生型。朊蛋白等位基因的序列随着绵羊和山羊品种的不同而变化。在欧洲,ARQ 和 ARR 等位基因普遍流行,而一些品种的羊则表现出 VRQ、ARH 和 AHQ。

三、基因组

朊病毒蛋白本身并不含有核酸,它是由宿主染色体基因编码的。PrP 基因是 1 个单拷贝基因,具有 2 个外显子和 1 个很大的内含子。正常动物组织很容易检测到 PrP mRNA。而 PrPc 和 PrPsc 的基因或 mRNA 没有差异,因此 PrPc 和 PrPsc 都是由 1 个正常的内源性基因编码的。

四、蛋白质组

痒病的病原是一种无核酸的蛋白性侵染颗粒(简称朊毒体,曾称朊病毒,Prion Protein,PrP),是由宿主神经细胞表面一种正常糖蛋白(PrPc)翻译后构象发生某些改变而形成的异常蛋白(PrPsc)。二者在蛋白一级结构没有差异,但在二级结构上存在着从 α 螺旋到 β 折叠的转变。正常的朊蛋白以 α 螺旋为主要的高级结构,而异常的朊蛋白则以 β 折叠为主。PrPc 对蛋白酶 K (PK)敏感,而 PrPsc 能够部分抵抗,这一特征是朊毒体检测技术的基础。PrPsc 在脑内的沉积以及由此引起的神经细胞的空泡化是痒病的主要特征。

第二节　流行状况

我国至今尚未发现羊痒病,但其传入我国的危险依然存在。我国曾于 1983 年在从英国引进的绵羊中发现羊瘙痒病,因及时采取措施,消灭了该病,没有造成传播。

第三节　临床症状和病理变化

一、临床症状

羊痒病的临床症状是渐进性的,早期症状容易被忽视且无特异性。症状主要为瘙痒、意识失常,敏感性、运动和反射能力受到干扰。感染该病后不发热,不产生炎症,无特异性免疫应答反应。病羊出现以下全部或部分症状而又不能确定是其他病时,应怀疑痒病的可能。

(一)瘙痒

是最特殊的症状。瘙痒部位多在臀部、腹部、尾根部、头顶部和颈背侧,常常具两侧对称性,病羊在硬物上摩擦身体,啃咬或用后蹄挠痒。用蹄挠其背部,或伸颈摇头、摇尾、唇部颤动。由于不断摩擦、蹄挠,引起肋腹部及后躯发生脱毛、破损甚至撕脱,尤其是胸部和后肢的被毛广泛脱落。

(二)神经症状

最明显的神经症状是恐惧且具有攻击性,易受惊,精神异常,焦虑不安,有时会低头准备攻击。运动失调,主要表现为转弯僵硬,四肢伸展过度,后肢落地困难。之后震颤,易跌倒,麻痹,起立困难,步态摇摆或倒地不起。

二、病理变化

动物消瘦、掉毛、皮肤发生损伤,内脏无明显肉眼病变。典型病理组织学变化为神经中枢组织变性及空泡样变化,病羊脑干两侧灰质的神经细胞呈海绵样变性,脑干神经元最终产生空泡,形成海绵样病理变化。空泡样变的神经元呈双侧对称分布,构成神经纤维网的神经元突起内有许多小囊状空泡(脑海绵样变),神经元胞体膨胀,内有较大空泡,同时伴有脑神经元细胞数目减少及星形细胞增生。空泡样变主要分布于延髓、中脑部中央灰质区、丘脑、下丘脑侧脑室、间脑,小脑、海马区、大脑皮质、基核的空泡样变性比较轻微。

第四节　实验室诊断

一、病原鉴定

目前既没有可行的病原分离或检测试验,又缺少免疫学或核酸识别的方法,但可以依据组织病理学和免疫组化方法对该病进行诊断。

二、组织病理学检测

痒病的临床诊断可以在 2 种试验方法的支持下进行确诊：一种是用免疫学方法检测脑部或外周淋巴网状组织中痒病特征堆积的朊病毒；另一种是用组织病理方法诊断海绵状病变。脑部病理学特征是脑干灰质出现双侧对称的神经元空泡和海绵状变化。将采集的脑组织在 10 倍其体积的 10%福尔马林中固定至少 1 周时间，然后横向切出适用于组织学石蜡包埋的组织块。组织病理学检查发现可疑病羊的脑组织神经元出现数目减少且神经元出现空泡；脑干两侧灰质出现对称性海绵样病变和脑干神经元空泡化；脑组织中淀粉样核心周围有海绵样变性形成的"花瓣"，组成雏菊花样病理斑的特征性病变，即可诊断为本病。

三、抗原检测

用痒病相关纤维蛋白抗体或细胞膜糖蛋白(PrP)多克隆/单克隆抗体对患病动物脑组织切片进行免疫组织化学染色，可以检出 PrPsc。痒病相关纤维蛋白抗体能与正常的 PrP 反应结合，所以检测时需用蛋白酶把它清除掉。免疫组织化学法检查发现脑干组织病变最严重，PrPsc 含量也最高。

由于痒病病原是机体自身的蛋白成分，机体不产生任何特异性免疫反应，因而不能通过检测血清的方法进行诊断，目前也没有血清学诊断技术。

第二章 绵羊痘和山羊痘

绵羊痘和山羊痘（Sheep pox and goat pox）是由绵羊痘病毒（Sheeppox virus，SPPV）和山羊痘病毒（Goatpox virus，GTPV）引起绵羊和山羊的急性、热性、接触性传染病。该病的主要临床特征是体温升高、无毛或少毛部位皮肤黏膜发生丘疹和疱疹、内脏病变等。羊痘是所有动物痘病中最为严重的一种，因毒株毒力差异，易感羊群致死率可达 10%~100%，羔羊致死率高达100%，妊娠母羊极易流产，给各地养羊业造成巨大危害，严重阻碍国际贸易和养羊业的发展。世界动物卫生组织将其列为法定报告动物疫病，我国将其列为一类动物疫病。

第一节 病原

一、分类地位

按照 2009 年国际病毒分类委员会第九次报告，绵羊痘病毒和山羊痘病毒在分类上属痘病毒科、脊椎动物痘病毒亚科、山羊痘病毒属。该属成员除其外，还包括疙瘩皮肤病病毒和鹿痘病毒。

二、分型

绵羊痘病毒和山羊痘病毒都只有一个血清型。

三、基因组

绵羊痘病毒和山羊痘病毒基因组为双链 DNA，大小约 150 kb，二者基因组结构非常相似，同源性较高，约有 96%的核苷酸完全相同。和其他痘病毒一样,羊痘病毒基因组包括中间编码区和两端相同的的反向末端重复序列。

四、蛋白质组

绵羊痘病毒和山羊痘病毒基因组有 147 个开放阅读框(ORF)。基因组中间编码区(ORFs024-123)是与痘苗病毒所有保守基因同源的核心编码区域,其左侧和右侧的 10~27 kb 序列中包含有重要的编码基因。绵羊痘病毒和山羊痘病毒基因组共编码 100 多种病毒蛋白,蛋白大小为 53~2 027 个氨基酸不等。基因组中间开放阅读框(ORFs024-123)较保守,编码的蛋白参与病毒复制、装配、释放等。P32 蛋白是囊膜蛋白,其跨膜的螺旋结构位于 C 端 287~307 位氨基酸处。该蛋白是羊痘病毒属特有蛋白,目前世界各地分离鉴定的所有羊痘病毒毒株都有该蛋白。P32 具有重要的免疫原性,诱导的抗体反应比其他结构蛋白快且强,可以用于血清学诊断技术,同时是病毒刺激机体产生中和抗体抵抗病毒侵染的重要靶蛋白。

五、生物学特性

羊痘病毒对干燥具有较强的抵抗力。干燥痂皮内的病毒可以活存 3~6 个月。但对热的抵抗力较低,55℃条件下 30 min 可使其灭活。与许多其他痘病毒不同,羊痘病毒易被 20%的乙醚或氯仿灭活,对胰蛋白酶和去氧胆酸盐敏感。2%石炭酸和福尔马林均可使其灭活。

第二节　流行状况

一、起源

我国早在北魏时期就有绵羊痘的记载,一直到中华人民共和国成立均有羊痘流行。

二、我国的分布和流行

根据 1993 年农业部畜牧兽医司编撰的《中国动物疫病志》记载,中华人民共和国成立初期,山羊痘主要发生在内蒙古、甘肃、宁夏、新疆、西藏、浙江、河北等地,发病和死亡率分别为 90%和 76%。20 世纪 60 年代中期,全国各地贯彻执行以预防为主的综合防疫措施。1989年后,山羊痘在不少地区达到了控制、消灭与净化标准。根据我国农业部兽医公报显示,2000—2009年上半年,从地理分布看,中国的西北地区、华中地区、华南地区是羊痘疫情集中区。这一时期除北京、重庆、辽宁、山东、河南、西藏没有羊痘疫情报道外,国内其余地区都有羊痘疫情的报道。甘肃、宁夏、青海、云南、湖南、福建、内蒙古、山西、河北是报告疫情较多的省份。

第三节　临床症状和病理变化

一、临床症状

本病的潜伏期为21 d,典型病例的病羊体温升至40℃以上,2~5 d在皮肤上可见明显的局灶性充血斑点,随后在腹股沟、腋下和会阴等部位甚至全身,出现红斑、丘疹、结节、水泡,严重的可形成脓包。某些品种的山羊可见大面积出血性痘疹和大面积丘疹,可引起死亡。非典型病例一般为一过型羊痘,仅表现轻微症状,不出现或仅出现少量痘疹,呈良性经过。

二、病理变化

在病羊的咽喉、气管、肺、胃等部位有特征性痘疹,严重的可形成溃疡和出血性炎症。病理组织学变化可见真皮充血、浆液性水肿和细胞浸润。炎性细胞增多,主要是嗜中性白细胞和淋巴细胞。表皮的棘细胞肿大、变性、胞浆空泡化。

第四节　实验室诊断

一、病原学诊断

(一)绵羊痘病毒和山羊痘病毒分离鉴定

绵羊痘病毒和山羊痘病毒可以在绵羊、山羊源的组织培养细胞上生长,原代或次代羔羊睾丸细胞和羔羊肾细胞最为敏感。原代和次代的绵羊羔睾丸细胞感染绵羊痘病毒和山羊痘病毒能产生明显的细胞病变，其特征是细胞出现间隙，细胞变圆并聚集成簇，胞质内颗粒增多，显示出退行性变化，失去正常形态，最终呈网状并脱落。接种病毒后观察细胞病变，需通过电镜观察、免疫荧光技术、琼脂扩散试验等进行鉴定。没有发现细胞病变，盲传3代仍没有细胞病变，可以判定为阴性。

（二）检测抗原

羊痘病毒抗原结构复杂，中和试验、琼脂扩散试验、ELISA试验都可用于抗原的检测。细胞中和试验中要用羊睾丸原代细胞。这种细胞来源有限，一般接种于BHK细胞，接毒后4~6 d产生病变，耗时长。中和试验可测出病毒之间的微小抗原差异。ELISA试验是利用结构蛋白P32克隆后表达，制备多克隆抗体或单克隆抗体，建立特异性高的ELISA试验。

（三）分子诊断技术

目前，绵羊痘和山羊痘病毒分子诊断技术中最常用的是PCR、套式PCR等技术。P32基因是病毒特异且高度保守的基因，各种分子诊断方法多选择P32基因作为检测靶标，也有选择倒置末端重复序列、附着蛋白基因和融合蛋白基因等作为目标基因的。常规RT-PCR可以简单、快速、特异地从组织培养上清液、活组织样品中检测出绵羊痘病毒的DNA片段，还可以通过对PCR产物的酶切分析进行种的鉴定。

二、血清学诊断

绵羊痘和山羊痘病毒血清学诊断技术主要用于检测羊群中痘病毒的感染和评估疫苗免疫效果。

（一）ELISA试验

目前，国内外已建立了许多种检测痘病毒抗体的ELISA方法。用灭活的绵羊痘病毒、山羊痘病毒或原核表达系统表达的P32蛋白作为包被抗原，建立检查绵羊痘病毒和山羊痘病毒抗体的ELISA。

（二）病毒中和试验

绵羊痘病毒和山羊痘病毒感染动物后，能刺激机体产生针对绵羊痘病毒和山羊痘病毒的中和抗体。该抗体能在体外阻断绵羊痘病毒和山羊痘病毒感染羊羔睾丸细胞,因此可以建立绵羊痘病毒和山羊痘病毒的病毒中和试验,以检测样品中的中和抗体。缺点是绵羊痘病毒和山羊痘病毒感染后主要引起细胞免疫,仅产生低水平的中和抗体,从而降低了中和试验的敏感性。

第三章　小反刍兽疫

小反刍兽疫(Peste des petits ruminants,PPR)又名羊瘟,是由小反刍兽疫病毒(Peste des petits ruminants,PPRV)引起的主要感染小反刍动物的一种急性接触性传染病。临床上以发热、口炎、腹泻和肺炎为主要特征。病死率随病毒毒力及动物品种、营养状况不同而差异显著。山羊和绵羊是该病的自然宿主,山羊比绵羊更易感,临床症状更严重,感染率多在 20%~90%,严重暴发期可达 100%。世界动物卫生组织将其列为法定报告动物疫病,我国将其列为一类动物疫病。

第一节　病原

一、分类地位

按照 2005 年国际病毒分类委员会第八次报告,小反刍兽疫病毒在分类上属副粘病毒科、麻疹病毒属。该属除小反刍兽疫病毒外,同属的其他成员还有牛瘟病毒、犬瘟热病毒、海豹瘟病毒、麻疹病毒和鲸目麻疹病毒。

二、分型

目前该病仅发现一个血清型。根据小反刍兽疫 F 基因部分序列的遗传特性,该病毒可分为 4 个遗传支系。Ⅰ系分布在西非,但在亚洲也有发现;Ⅱ系在尼日利亚、喀麦隆等非洲北部;Ⅲ系主要分布在东非;Ⅳ系主要在中东和西亚流行。

三、基因组

小反刍兽疫病毒基因组为不分节段的单股负链 RNA，全长约 16 kb，从 3'端到 5'端依次是 N、P、M、F、H、L 6 个基因，分别编码 6 种结构蛋白，依次是核衣壳蛋白、磷蛋白、膜蛋白、融合蛋白、血凝素蛋白和大蛋白。该病毒 L 和 M 基因高度保守，非编码区变异较高，如 F 与 M 基因之间富含 GC 的区域。

四、生物学特性

小反刍兽疫病毒是有囊膜的病毒，自然环境下抵抗力较低，50℃条件下 60 min 即可灭活，在 pH<4.0 和 pH>11.0 的条件下失活，在冷藏和冷冻组织中能存活较长时间，醇、醚和一般消毒药均可杀灭病毒，苯酚和 2%NaOH 都是有效的消毒剂。

第二节　流行状况

一、起源

我国于 2007 年 7 月在西藏自治区日土县发生小反刍兽疫疫情，国家外来动物疫病诊断中心采用 RT-PCR 鉴定并进行病毒分离、基因测序、遗传发生分析，该病原属于小反刍病毒Ⅳ系。

二、我国的分布和流行

2013 年 11 月 30 日，新疆伊犁哈萨克自治州霍城县三宫乡一村发生 PPR 疫情，发病羊 1 236 只，死亡 203 只，病死率为 16.42%。2013 年 12 月 20 日，新疆阿克苏地区库车县哈尼喀塔木乡托依堡村发生 PPR 疫情，病羊死亡 26 只。12 月 22 日，阿克苏地区柯坪县玉尔其乡玉拉拉村和上库木力村发生 PPR 疫情，死亡 44 只。2013 年 12 月 21 日，新疆哈密地区哈密市五堡镇发生 PPR 疫情，发病羊 176 只，死亡 34 只，病死率为 19.32%。2013 年 12 月 29 日，新疆巴音郭楞蒙古自治州轮台县策达雅乡萨依巴格村发生 PPR 疫情，发病羊 160 只，死亡 38 只，病死率为 23.75%。2014 年 1 月 22 日，甘肃省武威市古浪县发生 PPR 疫情，发病羊 951 只，死亡 111 只，病死率为 11.67%。

2014 年 2 月 10 日,内蒙古自治区巴彦淖尔市乌拉特后旗乌盖苏木和丰村以及相邻的杭锦后旗团结镇建设村发生 PPR 疫情,发病羊 1 063 只,死亡 431 只,病死率为 40.55%。2014 年 2 月 13 日,宁夏吴忠市盐池县花马池镇深井村发生 PPR 疫情,发病羊 116 只,死亡 32 只,病死率为 27.59%。2014 年 3 月 11 日,湖南邵阳市洞口县又兰镇金竹村发生 PPR 疫情,发病羊 360 只,死亡 234 只,病死率为 65%。2014 年 3 月 17 日,辽宁省锦州市北镇市大市镇边家村、黑山县白厂门镇董屯村发生 PPR 疫情,发病羊 24 只,死亡 11 只,病死率为 45.83%。3 月 29 日,安徽省宿州市泗县和萧县、马鞍山市和县、淮北市相山区和烈山区部分养殖户从外地调入的羊只发生小反刍兽疫,3 月 30 日,重庆市云阳县、巴南区部分养殖户从外地调入的羊只发生小反刍兽疫,7 个县区累计发病羊 747 只,死亡 378 只,病死率为 50.6%。目前,我国西藏、新疆、甘肃、内蒙古、宁夏、湖南、辽宁、安徽和重庆均有发生小反刍兽疫疫情的报道,且西藏和新疆均已至少暴发 5 起,时间顺序为西藏最早出现,新疆均发生在 2013 年年底,2014 年短短 2 个多月,甘肃、内蒙古、宁夏、湖南、辽宁、安徽和重庆 7 省份发生 PPR 疫情,总体走向为由西至东。我国早期发生小反刍兽疫疫情的地区均位于中国边境地区,可能与周边国家发生该疫情有关,周边国家疫情对我国畜牧业发展有很大影响。

第三节 临床症状和病理变化

一、临床症状

小反刍兽疫潜伏期为 4~5 d,最长 21 d。自然发病仅见于山羊和绵羊。山羊发病严重,绵羊也偶有严重病例发生。根据临床表现,可将小反刍兽疫分为 3 个型:最急性型、急性型和温和型。

(一)最急性型

多见于幼龄羊,潜伏期仅为 2 d,表现为急剧体温升高,精神沉郁,被毛逆立,食欲减退或废绝,口腔和眼睛流出黏液性分泌物。发病第一天可见便秘,之后很快出现腹泻。整个病程自体温升高到死亡不超过 6 d。最急性型没有明显的临床症状,死亡率达 100%。

（二）急性型

主要表现为流黏液脓性鼻漏,呼出恶臭气体。在发热的前 4 d,口腔黏膜充血,颊黏膜进行性广泛性损害,导致多涎,随后出现坏死性病灶,口腔黏膜出现小的粗糙的红色浅表坏死病灶,之后变成粉红色,感染部位包括下唇、下齿龈等处。严重病例可见坏死病灶,波及齿垫、腭、颊部及乳头、舌头等处。后期出现带血水样腹泻,严重脱水,消瘦,随之体温下降,出现咳嗽、呼吸异常。死亡率 40%~60%。

（三）温和型

不表现明显的临床症状,仅有轻微的短暂发热,有时可见眼睛和鼻腔流出大量的分泌物,并在鼻孔周围结痂。

二、病理变化

（一）病理解剖病变

病变与牛瘟病牛相似。病变从口腔直到瘤-网胃口。患畜可见结膜炎、坏死性口炎等肉眼病变,严重病例可蔓延到硬腭及咽喉部。皱胃常出现病变,而瘤胃、网胃、瓣胃很少出现病变,病变部常出现有规则、有轮廓的糜烂,创面红色、出血。肠可见糜烂或出血,特征性出血或斑马条纹常见于大肠,特别在结肠、直肠结合处。淋巴结肿大,脾有坏死性病变。在鼻甲、喉、气管等处有出血斑。还可见支气管肺炎的典型病变。本病毒对胃肠道淋巴细胞及上皮细胞具有特殊的亲和力,故能引起特征性病变。

（二）病理组织学病变

一般在感染细胞中出现嗜酸性胞浆包涵体及多核巨细胞。在淋巴组织中,小反刍兽疫病毒可引起淋巴细胞坏死。脾脏、扁桃体、淋巴结细胞被破坏。含嗜酸性胞浆包涵体的多核巨细胞出现,极少有核内包涵体。在消化系统,病毒引起马尔基氏层深部的上皮细胞发生坏死,感染细胞产生核固缩和核破裂,在表皮生发层形成含有嗜酸性胞浆包涵体的多核巨细胞。

第四节　实验室诊断

一、病原学诊断

（一）病毒分离培养

小反刍兽疫病毒可用羔羊原代肾细胞或 Vero 细胞培养分离。将采集的可疑病料（棉拭子提取液、抗凝血离心后的白细胞层、10%的组织悬液）接种于单层细胞培养物，逐日观察细胞病变，接种 5~7 d 感染细胞圆化、聚集，最终形成合胞体。在 Vero 细胞，有时很难见到合胞体，或合胞体极小。若对感染的 Vero 细胞染色，可见小的合胞体。若第一代培养物没有出现细胞病变，可盲传 3 代，若有病毒存在，盲传后可出现细胞病变。分离的病毒可用免疫捕获 ELISA、病毒中和试验或 RT-PCR 进行鉴定。

（二）病毒抗原检测

选用小反刍兽疫病毒全病毒抗原或重组 N、H 蛋白制备特异性高亲和力的多克隆抗体或单克隆抗体，建立琼脂凝胶免疫扩散试验、免疫捕获 ELISA、对流免疫电泳、免疫荧光试验和免疫化学试验等方法检测小反刍兽疫病毒抗原。

（三）分子生物学检测

目前，小反刍兽疫病毒分子诊断技术中最常用的是 RT-PCR、荧光 PCR 等。小反刍兽疫病毒的 N 基因和 F 基因是基因组中比较保守的序列，各种分子诊断方法多选择这 2 个基因片段用于分子诊断的靶标，也有选择 H 和 M 基因用于病毒鉴别诊断的。

二、血清学诊断

小反刍兽疫病毒血清学诊断主要用于监测易感羊群和新引进易感羊群中小反刍兽疫病毒的感染状态。目前最常用的有病毒中和试验和 ELISA 方法更常用。

（一）病毒中和试验

在原代羔羊肾细胞或非洲绿猴肾细胞中进行转管培养，小反刍兽疫病毒抗体和牛瘟病毒抗体会产生交叉反应，可与牛瘟病毒进行交叉中和试验，当小反刍兽疫中和滴度高于牛瘟时，则判为小反刍兽疫阳性。但是中和试验需要10~12 d才能得出结果，需要组织培养、消毒样品，工作量大，耗时费力，不适合大规模的临床样品检测，但此方法灵敏、特异，是国际贸易指定的小反刍兽疫血清学诊断方法。

（二）酶联免疫吸附试验

间接 ELISA 以重组小反刍兽疫病毒 N 蛋白为检测抗原的间接 ELISA 试验与竞争 ELISA 之间有良好的符合率，但不能区分牛瘟病毒和小反刍兽疫病毒产生的抗体。

第四章　山羊关节炎-脑炎

山羊关节炎-脑炎（Caprine arthritis，CAE）是由山羊关节炎脑炎病毒（Caprine arthritis-encephalitis virus，CAEV）致病山羊的一种慢性进行性传染病。该病以山羊羔脑脊髓炎和成年山羊多发性关节炎为主要临床特征，常伴发间质性乳腺炎和间质性肺炎。该病主要通过哺乳传染，也可经消化道和呼吸道传染。哺乳时通过初乳或常乳将病毒传播给羔羊，山羊羔发病率为20%，病死率高达100%。耐过感染后的山羊终身带毒并成为传染源。世界动物卫生组织将其列为法定报告动物疫病，我国将山羊关节炎脑炎列为二类动物疫病。

第一节　病原

一、分类地位

按照2005年国际病毒分类委员会第八次报告，山羊关节炎脑炎病毒在分类上属反转录病毒科、正逆转录病毒亚科、慢病毒属的成员。其他慢病毒成员还包括猫免疫缺陷病毒、猴免疫缺陷病毒、梅迪-维斯纳病毒、牛免疫缺陷病毒、马传染性贫血病毒及人免疫缺陷病毒1型与2型。除马传染性贫血发病趋向于周期性，其他慢病毒病均以发病缓慢、渐进性衰竭为特征。

二、基因组

山羊关节炎脑炎病毒基因组为单股RNA，病毒以前病毒的形式整合到宿主染色体DNA上，前病毒基因组全长9 189 bp。病毒基因组由5'长末端重复序列、结构蛋白编码区、具有多种酶活性的蛋白编码区、外膜蛋白、3 个辅助调控基因和 3'LTR 组成,含有 6 个开放性阅读框,基因编码区之间存在部分重叠。

三、蛋白质组

山羊关节炎脑炎病毒主要含有 4 种结构蛋白, 分别是核心蛋白 p28、p19、p16 及囊膜糖蛋白 gp135。gag 基因编码的前体蛋白 p55,经加工裂解后形成核心蛋白 p28、p19 和 p16。env 基因编码的 p90,经糖化后形成前体蛋白 gp150,修饰后成为囊膜糖蛋白 gp135,囊膜糖蛋白可以裂解生成 gp90(外膜蛋白)和 gp45(跨膜蛋白)。关节炎症状的出现及其严重性与直接针对山羊关节炎-脑炎病毒的 SU 和 TM 糖蛋白的体液免疫反应特异性相关。用 SU 蛋白接种会出现类似山羊关节炎-脑炎病毒自然感染的持续病症,或出现类似灭活苗接种后的持续、严重的关节炎症状。相反,长期感染的无症状山羊与有关节炎症状的羊相比,缺乏临床病症并且体内的抗山羊关节炎-脑炎病毒抗体滴度低。这都说明山羊关节炎-脑炎病毒外壳糖蛋白的抗原决定簇与导致炎症性疾病的免疫病理过程相关。

第二节　流行状况

一、起源

我国于 1981—1984 年先后从英国进口的萨能、吐根堡等奶山羊中检测到山羊关节炎-脑炎病毒抗体阳性。1987 年分离到该病毒。

二、我国流行状况

"七五"和"八五"期间,我国曾对山羊关节炎-脑炎病毒进行流行病学调查,其中甘肃、四川、云南、贵州、海南、陕西、新疆、黑龙江、辽宁、山东、河南 11 个省份发现有 CAE,阳性率为 4.8%(0.12%~30%),最低的为新疆 0.12%。同时分离和鉴定出 5 个不同的毒株,分别是甘肃、陕西、四川、贵州和山东株。我国山羊关节炎-脑炎广泛分布的原因主要是从进口山羊的地区向周边蔓延扩散的结果。由于气候和地理条件等原因,我国山羊的养殖都集中在北方和西部地区,这些地区经济比较落后,缺乏必要的检测手段,养羊户常存在侥幸心理,即便发现病羊也不采取扑杀措施,可能造成大规模流行。

第三节 临床症状和病理变化

一、临床症状

感染本病的羊只在良好的饲养管理条件下,常不表现临床症状或症状不明显,只有通过血清学检查才能发现。一旦改变饲养管理条件或有长途运输等应激因素的刺激,则会表现出临床症状。本病根据临床表现可分为4种类型。

(一)脑脊髓炎型

主要发生于2~6月龄山羊羔。病初,羊精神沉郁,跛行,随即四肢僵硬、共济失调,一肢或数肢麻痹,横卧不起,四肢划动。有些病羊眼球震颤,角弓反张,头颈歪斜或做圈行运动,有时面神经麻痹,吞咽困难或双目失明。病程半月至数年,最终死亡。

(二)关节炎型

多发生于1岁以上的成年山羊,多见腕关节或膝关节肿大、跛行。发炎关节周围软组织水肿,发热,疼痛敏感,活动不便,常见前肢跪地膝行。个别病羊肩前淋巴结肿大,发病羊多因长期卧地、衰竭或继发感染而死亡。病程较长,1~3年不等。

(三)肺炎型

在临床上较为少见。患羊进行性消瘦,衰弱,咳嗽,呼吸困难,肺部听诊有湿啰音。各种年龄的羊均可发生,病程3~6个月。

二、病理变化

主要病变见于中枢神经系统、四肢关节及肺脏,其次是乳腺。

（一）中枢神经

病变主要发生于小脑和脊髓的灰质，在前庭核部位将小脑与延脑横断，可见一侧脑白质有一个棕色区。镜检可见血管周围有淋巴样细胞、单核细胞和网状纤维增生，形成套管，套管周围有胶质细胞增生包围，神经纤维有不同程度的脱髓鞘变化。

（二）关节型

病变主要是关节周围软组织肿胀、波动、皮下浆液渗出。关节囊肥厚，滑膜常与关节软骨粘连。关节腔扩张，充满黄色或粉红色液体，其中悬浮有纤维蛋白条索或血淤块。滑膜表面光滑或有结节状增生物，透过滑膜可见组织中有钙化斑。镜检可见滑膜绒毛增生折叠，淋巴细胞、浆细胞及单核细胞灶状聚集，严重者发生纤维素性坏死。

（三）肺炎型

病变主要是肺脏轻度肿大，质地硬，呈灰色，表面散有灰白色小点，切面有大叶性或斑块状实变区。支气管淋巴结和纵隔淋巴结肿大，支气管空虚或充满浆液或黏液，镜检可见细支气管和血管周围淋巴细胞、单核细胞或巨噬细胞浸润，甚至形成淋巴小结。肺泡上皮增生，肺泡肥厚，小叶间结缔组织增生，邻近细胞萎缩或纤维化。

（四）乳腺

镜检可见血管、乳导管周围及腺叶间有大量淋巴细胞、单核细胞和巨细胞渗出，继而出现大量浆细胞，间质常发生灶状坏死。

第四节　实验室诊断

一、病原学诊断

（一）病毒分离鉴定

常规诊断不必采用病原分离鉴定，因感染动物终身带毒，可根据抗体检测确诊。但因感染动物血清阳转较慢，感染初期可能呈血清学阴性，需要通过病原分离鉴定加以诊断。山羊关节炎–脑炎病毒在原代或传代山羊滑膜细胞(传代次数少于 15 代)上增殖,经 15~20 h 即能检出病毒,96 h 达增殖高峰,7~10 d 出现细胞病变。细胞病变特征为高度空泡化,或出现巨大的合胞体,或出现树枝状、能折光的星状细胞。一旦出现细胞病变,进行飞片培养、固定,然后采用间接荧光抗体试验、间接免疫过氧化物酶试验等方法检测固定的病毒抗原。此外可离心收集感染的细胞单层,用透射电镜观察是否有慢病毒颗粒存在。

(二)分子诊断技术

目前,PCR 技术是应用最广泛的检测山羊关节炎–脑炎病毒的分子生物学技术,可以直接对来自于山羊的外周血单核细胞、乳汁细胞、滑膜液细胞中的山羊关节炎–脑炎病毒核酸进行检测,并可以检测血清抗体阴性动物的山羊关节炎–脑炎病毒感染情况。该病毒基因组中的 p25 基因及 pol 基因 3'末端遗传精确性最高,常被用作病毒核酸检测的目标基因。

二、血清学诊断

由于感染该病的山羊大多数情况下不表现临床症状,血清中抗体检测是鉴别带毒者的有效方法。血清学诊断最常用的方法是琼脂凝胶免疫扩散试验和酶联免疫吸附试验,这 2 种方法也是世界动物卫生组织推荐的方法。

(一)琼脂凝胶免疫扩散试验

该方法是检测血清中山羊关节炎–脑炎病毒抗体的最常用的一种方法。由于山羊关节炎–脑炎病毒与梅迪–维斯纳病毒有较近的亲缘关系,梅迪–维斯纳病毒的 p25、gp135 抗原与山羊关节炎–脑炎病毒的 p28、gp135 抗原之间有强烈的交叉反应,因此可用梅迪–维斯纳病毒制备的琼脂扩散抗原进行山羊关节炎–脑炎病毒的抗体检测。但用梅迪–维斯纳病毒制备抗原的琼脂凝胶免疫扩散试验敏感性较低,在山羊关节炎脑炎病毒的诊断和控制上有很大的局限性。常用的抗原有全病毒抗原、gp135 和 p28 抗原。由于山羊关节炎–脑炎病毒抗原与梅迪–维斯纳病毒抗原成分有较强的交叉抗原性,在琼脂凝胶免疫扩散试验检测中不能区分鉴别山羊关节炎–脑炎病毒和梅迪–维斯纳病毒。

(二)酶联免疫吸附试验

1. 以全病毒作为包被抗原

山羊关节炎–脑炎病毒的全病毒培养物中的上清液,经差速离心和表面活性剂处理后即可作为抗原使用。此法准确性高,但费时、成本高。

2. 以表达蛋白作为包被抗原

常以 gag 和 env 基因全部或部分节段进行表达构建,包括重组 p55、p28、p16 和 gp135 抗原。重组的 gag 和 env 基因产物与大肠杆菌的 GST 融合蛋白融合制备包被抗原,合成肽也常用作 ELISA 抗原。p28 最常用于 ELISA 检测,尽管血清中抗 p28 抗体水平要低于抗 gp135 的抗体水平,但 p28–ELISA 检测的灵敏性和准确性更好。

第五章　梅迪-维斯纳病

梅迪-维斯纳病(Maedi-Visna,MV)又称为绵羊进行性肺炎(OPP),是由梅迪-维斯纳病毒(Maedi-Visna,MVV)致病成年绵羊的一种慢性接触性传染病。临床特征为间质性肺炎或脑膜炎。病羊衰弱、呼吸困难、进行性消瘦。梅迪-维斯纳源于冰岛语,分别描述绵羊的呼吸困难和抽搐、消耗的临床症状。世界动物卫生组织将其列为法定报告的动物疫病,我国将梅迪-维斯纳病列为二类动物疫病。

第一节　病原

一、分类地位

按照 2005 年国际病毒分类委员会第八次报告, 梅迪-维斯纳病毒在分类上属反转录病毒科、正逆转录病毒亚科、慢病毒属成员。其他慢病毒的成员还包括猫免疫缺陷病毒、猴免疫缺陷病毒、梅迪-维斯纳病毒、牛免疫缺陷病毒、马传染性贫血病毒、人免疫缺陷病毒 1 型和 2 型。除马传染性贫血发病趋向于周期性,其他慢病毒病均以发病缓慢、渐进性衰竭为特征。

二、基因组

梅迪-维斯纳病毒基因组为单股 RNA,大小为 9 189~9 256 bp。病毒基因组由 5'末端重复序列、结构蛋白编码区、具有多种酶活性的蛋白编码区、外膜蛋白、3 个辅助调控基因和 3'末端重复序列组成, 含有 6 个开放阅读框,基因编码区之间存在部分重叠。

三、蛋白质组

梅迪-维斯纳病毒感染后首先合成调控蛋白,随着病毒的感染进程,转录由早期基因向晚期基因转换,合成结构蛋白。梅迪-维斯纳病毒粒子结构蛋白主要由结构蛋白编码区、具有多种酶活性、外膜蛋白 3 个基因编码组成。

第二节　流行状况

我国于 1985 年在绵羊中首次分离到梅迪-维斯纳病毒。在新疆、青海、宁夏、内蒙古、四川等地区均有不同程度的流行。

第三节　临床症状和病理变化

一、临床症状

可分为梅迪病(呼吸道型)和维斯纳病(神经型)2 型,其中梅迪病症状是梅迪-维斯纳病毒感染的主要表现。

(一)梅迪病(呼吸道型)

早期表现为体质减弱,运动时喘气,驱赶羊群时病羊落于群后。随着病情的进展,患畜休息时也表现出呼吸急促,病程后期则表现为呼吸困难。在某些病例中,可见由呼吸困难引起腹部两侧凹陷,张口呼吸,长时间卧地。病羊仍有食欲,但体重不断下降,表现为消瘦和衰弱。有些病畜仅表现消瘦,直至死亡前才出现明显的呼吸功能障碍。有不同程度的掉毛,如果没有继发细菌性肺炎,病羊无发热、咳嗽、流鼻涕等症状。妊娠母羊可能流产或产弱仔。母羊表现为产奶量下降、硬性乳房炎等,但因感染母羊常超过 4 岁,乳腺变硬,在临床上难以被发现。关节炎是梅迪病感染羊群的另一个临床特征。

(二)维斯纳病(神经型)

此类型的发生较梅迪病要少很多,在梅迪病发生几年后的羊群中,表现为维斯纳病症状的比例每年不到1%。在同一病畜上,梅迪病和维斯纳病可能同时出现或单独出现。维斯纳病也表现为体重减轻,依据损伤的部位不同,表现为脑干型和脊髓型。脑干型主要症状为口唇震颤,头部姿势异常,转圈,伸展过度,共济失调等。脊髓型症状表现为伸展不足,胯关节弯曲度减少,出现偏瘫或完全麻痹。2种型的维斯病通过数周发展,神经体征表现逐渐恶化,最后死亡。

二、病理变化

(一)梅迪病病变(呼吸道型)

主要为肺和肺淋巴结。剖检可见病肺体积膨大2~4倍,打开胸腔时肺不塌陷,肺重量增加,气管中无分泌物,病肺组织致密,质地如肌肉,膈叶的变化最大,心叶和尖叶次之。支气管淋巴结肿大,切面均质发白。各叶之间以及肺和胸壁粘连,胸腔积液,在胸膜下散见许多针尖大小、半透明、呈暗灰白色的小点,严重时突出于表面。有些病例的肺小叶间隔增宽,呈暗灰细网状花纹,在网眼中有针尖大小的暗灰色小点,肺切面干燥。病理组织学变化主要为慢性间质性肺炎,肺泡间隔增宽,淋巴样组织增生。

(二)维斯纳病(神经型)

剖检时看不到特异性变化,病程长的其后肢肌肉常萎缩。病理组织学变化主要局限于中枢神经系统,脑膜下出现浸润和网状内皮系统细胞增生。病重的羊脑、脑干、脑桥、延髓及脊髓的白质存在广泛病变,可见胶质细胞构成小浸润灶,也有融合成较大病灶的,有的则变为大片浸润区,具有坏死和形成空洞的趋势。

第四节　实验室诊断

一、病原学诊断

(一)病毒分离鉴定

外周血和新鲜乳汁经离心沉淀、洗涤,悬浮制备白细胞,肺、滑膜、乳房等尸检组织样品制备冲洗液材料。将制备的白细胞或冲洗液与指示细胞混合培养,常用的指示细胞有绵羊脉络丛细胞或巨噬细胞等。观察细胞病变,其特点是出现具有折光性树突状的星状细胞并伴有合胞体。培养物需培养数周,出现细胞病变时,做飞片培养、固定,用间接荧光抗体或间接过氧化物酶方法检测固定的病毒抗原。另外对任何可疑单层细胞可离心沉淀,用透射电镜检查病毒颗粒,细胞培养物上清液中若出现逆转录酶,说明有反转录病毒存在。肺冲洗液材料更容易进行巨噬细胞培养,1~2 周用血清学、电镜或反转录酶试验检查是否存在病毒。

（二）分子生物学诊断

用于梅迪-维斯纳病毒核酸检测的技术有各类 PCR。该病毒的 LTR 和 pol 是基因组中比较保守的序列,各种分子诊断方法多选择这 2 个基因片段作为检测靶标, 不同毒株间 LTR 和 pol 片段较 gag 更保守,env 基因变异性最高。目前,对 PCR 应用的争议是该方法具有高度敏感性,容易扩增出不相关的片段导致假阳性,因此应该对扩增产物进行杂交、限制性内切酶分析或者测序。对 PCR 产物进行测序是世界动物卫生组织推荐的方法。

二、血清学诊断

梅迪-维斯纳病为持续性感染,因此检测抗体是鉴定病毒携带者的有效方法。通过多克隆抗血清无法进行梅迪-维斯纳病毒抗原鉴别,同时由于梅迪-维斯纳病毒和山羊关节炎-脑炎病毒的抗原性密切相关, 难以鉴别 2 种抗体。目前检测梅迪-维斯纳病毒抗体的常用方法是琼脂凝胶免疫扩散试验和酶联免疫吸附试验,这 2 种方法均是国际贸易指定的试验方法。

（一）琼脂凝胶免疫扩散试验

梅迪-维斯纳病毒抗原主要有 2 种:一种是病毒囊膜糖蛋白 gp135;另一种是病毒衣壳蛋白 p25。这 2 种抗原都是从感染细胞培养物中提取制备的,常用的是 WLC-1 株。

（二）酶联免疫吸附试验

ELISA 包被抗原的制备包括以下 2 种情况:一种是以全病毒作为包被抗

原,用梅迪–维斯纳病毒培养物的上清液,经差速离心和表面活性剂处理后制成,提纯的全病毒抗原包括 gp135 和 p25;另一种是利用重组抗原和合成肽抗原,常以 gag 和 env 基因全部或部分节段进行表达构建,包括重组 p55、p25、p17、p14 和 p41 抗原,重组的 gag 和 env 基因产物与大肠杆菌的 GST 融合蛋白融合制备包被抗原。

第六章 传染性脓包

传染性脓包（Contagious ecthyma，CE）又称为羊传染性脓疮（Ecthyma contagiosum）、接触传染性脓包皮炎（Contagious pustular dermatitis，CPD）、羊口疮（Orf）等，是由羊口疮病毒（Orf virus，ORFV）致病绵羊和山羊的一种急性接触性嗜皮性传染病。主要危害羔羊，以 3~6 月龄的羔羊最易感，发病率30%~50%，羔羊死亡率20%。麝牛、鹿和人也可感染。本病特征是在口唇、眼和鼻孔周围，口腔黏膜和乳房等部位的皮肤上形成丘疹、水疱、脓包以及增生性桑葚状痂垢。我国将羊传染性脓包列为三类动物疫病。

第一节 病原

一、分类地位

按照 2009 年国际病毒分类委员会第九次报告，羊口疮病毒在分类上属痘病毒科、脊索动物痘病毒亚科、副痘病毒属。该属除羊口疮病毒外，还包括假牛痘病毒、牛脓包性口炎病毒和新西兰红鹿副痘病毒。

二、分型

由世界各地分离出的羊口疮病毒的抗原性不一致，它们基因组的限制性酶切图谱也存在差异。各株之间可产生交叉免疫保护。羊口疮病毒与假牛痘病毒、牛丘疹性口炎病毒等副痘病毒有明显的抗原交叉反应，与正痘病毒的交叉反应不明显。

三、基因组

羊口疮病毒为双股 DNA 病毒,病毒大小为 130~150 kb,基因组庞大,编码的蛋白质种类繁多,是动物病毒中体积最大、结构最复杂的病毒之一。

四、蛋白质组

羊传染性脓包病毒是动物病毒中体积最大、结构最复杂的病毒,其编码功能蛋白多达几十种,主要有 dUTPase、42kD 蛋白、DNA 聚合酶、RNA 螺旋酶、病毒粒子蛋白、RAP94、后期基因转录蛋白、拓扑异构酶、后期基因反式作用子、核心蛋白、RNA 聚合酶、10kD 蛋白、干扰素抗性基因、趋化因子结合蛋白、GM-CSF 抑制因子等。

第二节　流行状况

我国最早由廖延雄在 1955 年报道本病。1950 年以来,新疆、甘肃、青海、宁夏、四川、云南、内蒙古、黑龙江、吉林、西藏、陕西等省、自治区都有本病发生的报道。现在该病已在我国养羊业发达的各个地区广泛存在,并呈不断上升的趋势。

第三节　临床症状和病理变化

一、临床症状

本病的潜伏期一般为 2~3 d。其临床症状可分为 3 型,即唇型、蹄型、外阴型,偶有混合型。

（一）唇型

为最常见。病羊首先在口角、上唇或鼻镜上发生散在的小红斑点,继而发展成水痘或脓包。脓包破溃后,形成黄色或棕色的疣状硬痂。若为良性经过,痂垢逐渐扩大、加厚、干燥,1~2 周脱落而恢复正常。严重病例的患部继续发生丘疹、水泡、脓包、痂垢,并相互融合,波及整个唇部、面部、眼睑和耳郭,形成大面积龟裂和易出血的污秽痂垢。痂垢下往往伴有肉芽组织增生,使整个嘴唇肿大外翻呈桑葚状突起,严重影响采食,病羊逐渐衰弱死亡。病程长达2~3周。有的病例伴有化脓菌和坏死杆菌等继发感染,引起深部组织的化脓和坏死,使病情加重。口腔黏膜也常受害,在唇内面、齿龈、颊部、舌及软腭上形成脓包和溃烂,伴有恶臭味。少数病例可因继发性肺炎而死亡。通过病羔羊的传染,母羊奶头皮肤也可发生上述病变。继发性感染还可蔓延至喉肺以及第四胃。

（二）蹄型

多发生于绵羊,山羊极少见。多单独发生,偶有混合型。多见一肢患病,有时也有多肢甚至全部蹄端患病。常在蹄叉、蹄冠或系部皮肤上形成水泡或脓包,破裂后形成溃疡。若发生继发感染,则化脓坏死可波及皮基部和蹄骨。病羊跛行,长期卧地。间或在肺脏、肝脏和乳房中发生转移性病灶,严重者因衰弱或败血症而死亡。

（三）外阴型

此型少见。患羊阴道出现黏性或脓性分泌物,阴唇和附近的皮肤肿胀、疼痛,出现溃疡。乳房、乳头的皮肤发生脓包、烂斑和痂垢,还会发生乳房炎。公羊的阴茎鞘肿胀,阴茎鞘口和阴茎上发生小脓包和溃疡。单纯的外阴型很少死亡。

二、病理变化

（一）病理剖检变化

病死羊极度消瘦,在唇部皮肤、蹄叉、蹄冠或系部皮肤,以及阴部附近皮肤和黏膜上有丘疹、水疱、脓包、溃疡和结成疣状厚痂。舌根、喉头、咽等部位红肿,颌下淋巴结肿大。胃肠内容物很少,心、肝、脾、肺、肾等其他器官无明显病变。

（二）病理组织学变化

主要表现为患病皮肤的细胞肿胀,表皮增厚2~3倍,表皮细胞的细胞质膨胀和形成空泡变化。在形成脓包时,其细胞质内见有嗜伊红性包涵体。传染性脓包的镜下特征是棘细胞层外层的细胞肿胀和水疱变性、网状变性,明显的表皮细胞增生、表皮内小脓肿形成和鳞片痂集聚。

第四节　实验室诊断

一、病原学诊断

(一)羊口疮病毒分离鉴定

该病病毒能在胎羊皮肤细胞、羊和牛的睾丸细胞、胎羊和胎牛的肾细胞,以及人羊膜细胞、Hela细胞的培养物中生长繁殖,并产生细胞病变。采集水疱皮或脓包、痂垢等进行除菌处理后,接种于羔羊和犊牛的原代或次代睾丸单层细胞,培养并观察是否有特征性病变。一般在接种后 72~120 h,75%细胞出现圆缩、聚集、空洞等病变现象。

(二)分子诊断技术

羊口疮病毒分子诊断技术中最常用的是 PCR 技术。羊口疮病毒基因组中的 B2L 基因作为特有基因序列具有高度保守性,各种分子诊断技术多选择该片段作为检测靶标。也有的研究者以 VIR、gORF011 等保守基因序列作为目标基因。

二、血清学诊断

(一)血清微量中和试验

中和试验是以测定病毒的感染力为基础的,以比较病毒受免疫血清中和后的残存感染力为依据,判定免疫血清中和病毒的能力。羊传染性脓包只有一个血清型,只要有一个已知标准毒株的免疫血清,通过在敏感细胞培养后所进行的中和试验就可以做出鉴定。采取羊发病初期及恢复期血清进行中和试验,若恢复期抗体效价明显增高,可诊断为本病。该方法工作量大、时间长,试验样本易受细胞量的多少、细胞生长情况、病毒血清孵育时间等不确定因素影响。

(二)酶联免疫吸附试验

将羊口疮病毒反复回归兔体,制备高免血清,并提取血清 IgG,经 HRP 标记后进行 ELISA 试验。有国外学者用亚单位羊口疮病毒抗原进行间接 ELISA 试验,与完全抗原相比,具有经济、节省检测时间和灵敏性高的特点。只是 ELISA 方法有制备高免血清比较复杂、保存期较短的缺点。

第七章　羊肺腺瘤病

羊肺腺瘤病(Ovine pulmonary adenomatosis,OPA)又称为羊肺腺癌或南非羊肺炎,是由绵羊肺腺瘤病毒(Jaagsiekte sheep retrovirus,JSRV)致病绵羊的一种慢性、进行性、接触传染性的羊肺脏肿瘤性疾病。该病以患羊咳嗽、呼吸困难、消瘦、大量浆液性鼻漏、肺部肿瘤为主要特征。我国将羊肺腺瘤病列为三类动物疫病。

第一节　病原

一、分类地位

按照 2005 年国际病毒分类委员会第八次报告,绵羊肺腺瘤病毒在分类上属反转录病毒科、β-反转录病毒属。反转录病毒科分为 7 个属:α 反转录病毒属、β 反转录病毒属、γ 反转录病毒属、δ 反转录病毒属、ε 反转录病毒属、慢病毒属及泡沫病毒属。

二、基因组及编码蛋白

绵羊肺腺瘤病毒基因组为线性单股正链 RNA,全长 7 580~7 642 bp,其 RNA 编码区内有 4 个编码病毒结构蛋白的主要基因, 分别为相互重叠的 5'、gag、pro、pol、env、3'。gag 基因编码含 612 个氨基酸的多蛋白,该蛋白在病毒编码蛋白酶作用下裂解产生 3 种主要结构蛋白,分别为基质蛋白、衣壳蛋白和核衣壳蛋白。基质蛋白位于 gag 前体蛋白的 N 端,具有较高的亲脂性,有利于与细胞膜脂质结合, 在病毒的重装和释放过程中有利于病毒粒子插入细胞膜。衣壳蛋白是绵羊肺腺瘤病毒的主要核心蛋白,具有群抗原性,在感染晚期,对病毒的装配和出芽发挥重要功能。核衣壳蛋白通过 2 个保守的胱氨酸、一组氨酸序列与病毒基因组 RNA 紧密结合构成病毒的核心。

第二节　流行状况

我国于 1951 年首次发现羊肺腺瘤病例,之后在新疆、青海、内蒙古、西藏等地的绵羊群中也诊断出羊肺腺瘤病,1958 年公开报道了该病。

第三节　临床症状和病理变化

一、临床症状

病羊以进行性消瘦、衰弱和呼吸困难为主要症状。一般在肺肿瘤很小时并不表现出临床症状, 只有当肺肿瘤长大到严重影响肺的正常生理功能时才表现出临床症状。初期,病羊行动缓慢,在羊群中易掉队。听诊肺部,呼吸音粗粝,为湿啰音。发病后期,本病的一个特征就是所谓的"小推车试验",即由于呼吸道积聚大量浆液性液体,当迫使病羊低头或将其后躯抬高时,大量泡沫性稀薄液体从鼻孔流出。该症状具有一定的诊断意义。由于这些液体积聚于呼吸道,造成病羊痉挛性咳嗽,一般羊在发病 2~3 个月死亡,但如果继发其他细菌感染,则病程缩短为几周。

羊肺腺瘤病自然病例的潜伏期较长, 在非地方性流行区一般为 6~8 个月。羊肺腺瘤病的死亡率因感染时间的长短而不同,如在冰岛和肯尼亚,发生该病第一年死亡率达 30%~50%,而当该病变为地方性流行病时,死亡率降至 1%~5%。

二、病理变化

羊肺腺瘤病的主要病理变化集中在肺脏, 但有时支气管淋巴结和纵隔淋巴结也显示出特征性的病理变化。

(一)典型病例

主要表现为肺部实变,回缩不良,体积变大,重量增加,可为正常羊的 3 倍以上。肿瘤病灶多发生在一侧或双侧肺的尖叶、心叶和膈叶的下部,呈灰白色或浅褐色的小结节,外观钝圆,质地坚实,小结节可以发生融合,形成大小不一、形态不规则的大结节。在肿瘤病灶的周围是狭窄的肺气肿区,而且病灶发生慢性纤维化。切开肿瘤,切面不平整,并有大量液体从切面渗出,肺表面湿润,轻轻触压可从气道内流出清亮的泡沫性液体。随着病情的发展,肿瘤灶高度纤维化,病灶变为豚脂状白色,质地更加坚实。若有其他细菌混合感染,有时误以为是单纯的细菌性肺炎而忽略肿瘤病灶。在疾病早期,临床症状还未辨明之前,剖检在肺内见到孤立小结节是该病的唯一证据。纵隔淋巴结和支气管淋巴结偶见增生和肿大,偶尔在其表面可见小的转移病灶,但未见转移到远距离的器官。

(二)非典型病例

病变主要发生在肺膈叶,而且腺瘤灶始终呈结节状,并不融合,病灶呈纯白色,质地非常坚实,很像疤痕。病变部位与周围实质分界清楚,肺表面比较干燥。

第四节　实验室诊断

一、病原学诊断

绵羊肺腺瘤病毒还无法在体外培养传代,所以常规病毒分离鉴定方法在羊肺腺瘤病的诊断中无法应用,但利用 RT-PCR 技术,可以在肿瘤细胞和外周血中检测到病毒核酸;也可以对外源性绵羊肺腺瘤病毒特异的 TM 和 U3 区片段进行标记,作为核酸探针,对被检样品进行杂交或原位杂交反应;还可利用绵羊肺腺瘤病毒的 CA 蛋白(P26),与 MMTV 和 MPMV 的衣壳蛋白(P27)抗体有交叉反应,用抗 MMTV 或 MPMV 衣壳蛋白 P26 的抗体,通过免疫印迹试验或封闭 ELISA,从病羊的肺脏分泌物或肺组织匀浆中检出 CA

（P26）蛋白。

二、血清学诊断

目前,羊肺腺瘤病病例中还未检测到绵羊肺腺瘤病病毒抗体,因此血清学试验在检测本病时还未见使用。

第八章　羊肠毒血症

羊肠毒血症(Enterotoxaemia)又名软肾病、过食症、类快疫，是由梭菌属(Clostridium)中的 D 型产气荚膜梭菌(Clostridium Perfringens typeD)引起的羊的地方流行性传染病。临床以发病急、病程短、几乎看不到明显的临床症状即很快死亡为特征。发病羊主要表现为共济失调、肌肉痉挛、口控流涎、卧地、四肢划动、昏迷和虚脱，死后肾组织软化呈泥状。绵羊、山羊和牛均可感染，但以绵羊多发，发病死亡的多为 6 月龄至 2 岁膘情较好的羊只，本病多为散发。我国将羊肠毒血症列为三类动物疫病。

第一节　病原

一、分类地位

按照《伯吉氏系统细菌学手册》第二版第三册(2009 年)，D 型产气荚膜梭菌在分类上属厚壁菌门、梭菌纲、梭菌目、梭菌科、梭菌属。

二、形态学特征和培养特性

(一)形态与染色

本菌菌体两端钝圆，呈直杆状，常单个或成双排列，很少出现短链。革兰氏染色阳性。芽孢呈卵圆形位于菌体近端，因而菌体呈梭形，一般培养条件下很难形成芽孢。无鞭毛，不运动，在动物活体组织内或在含有血清的培养基内可形成荚膜。

(二)培养特性

本菌虽属厌氧性细菌，但对厌氧程度的要求并不高，对营养要求不苛刻，在普通培养基上能生长，若加葡萄糖、血液则生长更好。生长最适宜温度为45℃，在适宜条件下增代时间仅8 min。据此特性，可利用高温快速培养法，对本菌进行选择分离，即在45℃条件下，每培养3~4 h传代1次，即可较容易地获得纯培养。在含人血、兔血或绵羊血的琼脂平板上，可形成直径2~5 mm圆形、边缘整齐、灰色至灰黄色、表面光滑、半透明的菌落，菌落周围有双溶血环，内环是由θ毒素引起的完全溶血，外围是由α毒素引起的不完全溶血，溶血环似靶状。在卵黄琼脂平板上，因本菌产生卵磷脂酶，能分解卵黄中的卵磷脂，使菌落周围形成乳白色浑浊带，若在培养基中加入α毒素的抗血清，则不出现浑浊带。这一现象称为Nagler反应，为本菌的特点之一。在厌氧肉肝汤中培养5~6 h，即呈均匀混浊并产生大量气体。在深层葡萄糖琼脂中培养，大量产气，致使琼脂破碎。

(三)生化特性

本菌最为突出的生化特性是对牛乳培养基的"爆裂发酵"。接种培养8~10 h，发酵乳糖，凝固酪蛋白并大量产气，使凝块破裂成多孔海绵状，呈爆裂发酵现象。本菌能发酵葡萄糖、麦芽糖、乳糖和蔗糖，产酸、产气，可液化明胶，水解卵磷脂，不产生靛基质，能还原硝酸盐为亚硝酸盐。

三、分型

产气荚膜梭菌能产生多种外毒素，到目前为止，已发现的外毒素有12种(α、β、γ、δ、ε、η、θ、ι、κ、λ、μ和ν)，其中α、β、ε和ι是主要致死性毒素。根据主要致死性毒素与其抗毒素的中和试验，可将产气荚膜梭菌分为A、B、C、D、E 5个毒素型，其中D型产气荚膜梭菌分泌的毒素有2个，分别为α和ε，其某些菌株还可产生肠毒素。

四、基因组

α毒素基因位于染色体上，编码α毒素基因的开放阅读框为1 194 bp，编码398个氨基酸，分子量为45.473 kD。各型菌株的α毒素基因均位于染色体上同一位点。由于 α 毒素位于第一复制区，又含有许多看家基因，故是基因组中最保守、最重要的区域。ε 毒素 D 型菌的主要致病因子，其编码基因 etx 位于质粒上。

五、生物学特性

本菌在含糖的厌氧肉肝汤中，因产酸，几周内即可死亡。在无糖的厌氧肉肝汤中能生存几个月。芽孢在 90℃条件下 30 min 或 100℃条件下 5 min 死亡，而食物中毒型菌株的芽孢可耐煮沸 1~3 h。

第二节　流行状况

一、起源

我国对本病的记载最早可追溯到 1949 年以前，有当时新疆、甘肃、云南、内蒙古等地羊群发病死亡的记载。

二、我国的流行状况

从历年发病流行的状况来看，对各地的危害以内蒙古最为严重，其次是新疆和甘肃，其他省呈地方性散发。1964 年，湖北畜牧特产研究所首次从患红痢仔猪中分离出产气荚膜梭菌。据《2000—2010 年全国动物疫情报告统计年报》统计，我国 31 个省、自治区、直辖市均有羊肠毒血症疫情的报告，发病较多的省份主要是新疆、青海、陕西、甘肃、宁夏、西藏、四川、内蒙古、河北和山西等，主要呈零星散发。

第三节　临床症状和病理变化

一、临床症状

本病发病突然，病程短促，往往是清晨检查时膘情好的羊已死在圈中。有时可看到病羊精神沉郁，离群呆立，食欲减退或不食，反刍停止，呼吸急促，起卧频繁，走路不稳，痉挛倒地，磨牙流涎，头向后仰，四肢呈游泳样划动，最后昏迷死亡。有的病羊出现急剧下痢,粪便黄棕色或黑绿色,有恶臭,混有黏液和血液。成年绵羊病程稍长,有时兴奋,有时沉郁,1~3 d死亡。

二、病理变化

病羊死后腹部膨大, 口鼻常有带血的泡沫状液体或黄绿色胃内容物流出,肛门周围有稀便或黏液,胸腔、腹腔和心包积液,心肌松软。胃内充满食物和气体,胃黏膜脱落,有出血性炎症。整个肠道黏膜充血,特别是小肠充血,出血严重,黏膜脱落或有溃疡。肠系膜淋巴结肿胀、充血。胆囊肿大,胆汁充盈。肾肿大、充血。

第四节　实验室诊断

本病主要由肠内的 D 型产气荚膜梭菌迅速繁殖,产生大量毒素,经小肠吸收后引起肠毒血症。肠内容物(主要是回肠段)是必采的检验样品(由于 D 型产气荚膜梭菌产生的致死性肠毒素在家畜死亡后易被肠道酶降解, 因此要及早收集肠内容物检查,或者置于4℃冰箱保存或加入1%氯仿保存)。此外心血、肝、脾、淋巴结等组织病料也要一并采集,冷藏保存后带回实验室。若样品不能立即进行检验,在样品中加等量缓冲甘油–氯化钠溶液,将样品低温保存。

一、病原学诊断

对本病经典的检测方法是进行产气荚膜梭菌分离鉴定,再用小鼠毒素中和试验进行分离菌的定型。

(一)产气荚膜梭菌的分离鉴定

直接取肠内容物或刮取病变部肠黏膜涂片,革兰氏染色后镜检,如果见革兰氏阳性的粗大杆菌、单个或成双排列,可做出初步诊断。还可根据葡萄糖鲜血琼脂培养基的生长形态进行鉴别,在该培养基上,菌落呈灰色、圆形、边缘整齐、表面光滑、隆起,菌落周围有双层溶血环,菌落接触空气后变绿,是本菌的特征之一。还可将培养物接种到卵黄琼脂培养基中, 菌落多为圆形、微隆起、表面有皱褶。菌落周围有一个直径 10~14 mm 的乳白色混浊带。另外本菌在含铁牛乳培养基中能分解乳糖产酸，使酪蛋白凝固，同时产生大量气体，将凝固的酪蛋白冲成蜂窝状，并将液面上的凡士林层向上推挤，甚至冲开管口棉塞，气势凶猛，出现"汹涌发酵"。此发酵试验对于产气荚膜梭菌具有特征性鉴定意义。在羊致病性梭菌中，只有本菌无鞭毛、不运动，因此还可在硝酸盐培养基中进行动力学试验，仅沿着穿刺线生长。由于本菌能将硝酸盐还原成亚硝酸盐，滴加甲萘胺液和对氨基苯磺酸液后，15 min 内培养基变为橙色。

（二）小鼠毒素中和试验

包括毒素检查和毒素定型 2 个方面。取回肠内容物，视其浓度加适量生理盐水，离心后取上清液静脉注射小鼠，如小鼠出现昏迷或很快死亡，证明肠内容物含有毒素。另取部分样品，用 1% 胰蛋白酶处理（胰酶处理对 ε 毒素起激活作用，对 α 毒素起灭活作用），再接种小鼠，若有毒素存在，小鼠会在 12 h 内死亡。传统的毒素定型方法是用小鼠做血清中和试验，即按照常规法，先测得毒素的最小致死量，再与标准 B 型、C 型和 D 型产气荚膜梭菌抗毒素做毒素中和试验。小鼠毒素中和试验虽然经典，但由于操作烦琐，试验周期长，且常常受到实验动物来源和品质的影响而造成误判。近年来随着分子生物学技术的发展，已有新的诊断方法，如 PCR、核酸探针等技术，实现了对产气荚膜梭菌的特异、敏感和快速诊断。

（三）抗原检测

用 D 型产气荚膜梭菌的菌体抗原制备多肽，用胶体金标记多抗，制成标记探针，建立胶体金免疫层析检测方法。还可以根据细菌形成的毒素蛋白是细菌基因编码表达产物的基本原理，采用 SDS-PAGE 方法测定毒素蛋白的分子量，从而确定产气荚膜梭菌的毒素种类。制备或使用标准抗毒素、抗肠毒素包被反应板，建立直接 ELISA、Dot-ELISA、双抗体夹心 ELISA、捕获 ELISA 等检测 D 型产气荚膜梭菌相应的毒素和肠毒素。

（四）分子诊断技术

对产气荚膜梭菌的分子诊断技术多是针对该菌的 4 种主要毒素 α、β、ε、ι 的基因完成检测。通过对毒素基因的检测，实现产气荚膜梭菌的鉴定和分型同步完成。

二、血清学诊断

目前，我国各地普遍采用产气荚膜梭菌灭活疫苗或类毒素疫苗对羊只进行免疫，现有的血清学检测技术尚不能有效区分疫苗抗体和感染抗体，对 D 型产气荚膜梭菌的血清学诊断多用于检测动物血清中 D 型产气荚膜梭菌抗体和毒素抗体。

常用的方法是 ELISA 技术。根据菌体蛋白可以刺激机体产生相应抗体的原理，建立 D 型产气荚膜梭菌菌体蛋白为抗原，检测相应抗体的间接 ELISA 和 Dot-ELISA 方法。也可经纯化的 D 型产气荚膜梭菌毒素制备纤维素酯微孔滤膜或包被反应板，建立 Dot-ELISA 或 SPA-ELISA 检测毒素抗体。

第九章　传染性羊胸膜肺炎

传染性羊胸膜肺炎(Contagious caprine pleuropneumonia,CCPP)俗称烂肺病,是由多种支原体致病绵羊和山羊的一种高度接触性传染病。临床上以发热、咳嗽、肺部间质及间叶水肿、胸膜炎为主要特征。本病在非洲、南美洲、亚洲等多个地区广泛流行。我国多个省份也有报道,特别是饲养山羊的地区较为多见。本病的发病率高达 100%,死亡率在 60%~100%,是世界动物卫生组织规定必须报告的动物疫病。

第一节　病原

一、分类地位

按照《伯吉氏系统细菌学手册》第二版第三册(2009 年),支原体分类上属无壁细菌门、柔膜体纲、支原体科、支原体属。传染性羊胸膜肺炎的病原体包括绵羊支原体,代表株为 Y98,精氨酸支原体和丝状支原体簇中的 3 个成员;丝状支原体丝状亚种 LC 型,代表株 Y-Goat;丝状支原体山羊亚种,代表株 PG3;山羊支原体山羊肺炎亚种,代表株 F38。MmmlC 是 Mmc 的一个血清型,为同一个亚种。

二、形态学特征与培养特性

(一)形态与染色

该类支原体均为无细胞膜的细小、多形性微生物,平均大小为 300~500 nm,菌体界限膜由 3 层薄膜组成,胞质中充满颗粒状核糖体,丝状体细胞内也有多少不等的颗粒。革兰氏染色阴性,用吉姆萨、卡斯坦奈达或美蓝染色,着色较好。光镜下菌体呈球状、棒状、环状、梨状、纺锤状及灯泡状等多种形态,菌体大小差异较大。在有的菌膜上,可见 2~4 个或更多深染的"极点"。电镜下菌体多呈圆形、椭圆形或丝状,其形态种类远比光镜下所见的为少。

（二）培养特性

该类支原体在普通培养基上不生长,在有血清、葡萄糖、酵母液的培养基中生长良好,如接种 Thiaucourt 氏培养基和改良氏培养基。平板培养基最好放在含 5%二氧化碳的条件下培养。生长物呈水滴状、大小不等的圆形菌落,荷包蛋状,中间有"脐"。菌落中央呈浅的黄棕色,四周半透明,边缘光滑。在加有血清的马丁肉汤内生长良好,经此培养液传 3~4 代,再在培养基上划线,挑单菌落,可得到纯培养物。

（三）生化特性

该类支原体有液化凝固血清的能力,发酵葡萄糖,不水解精氨酸,不分解尿素,膜斑试验阳性,能还原美蓝,不吸附红细胞。

三、基因组

支原体是一类无细胞壁的双股 DNA 原核微生物, 其染色体大小为600~1 000 kb,其中支原体属的染色体最小,编码约 500 个基因。与革兰氏阳性菌相似,支原体染色体 DNA 中,A+T 含量很高,有的达 75%。我国分离的87001、87002、367、1653 四株传染性羊胸膜肺炎病原体, 在与丝状支原体簇6 个成员遗传衍化的关系比较中,更接近于 Mccp,归属于支原体属的山羊支原体山羊肺炎亚种。我国境内流行的山羊传染性胸膜肺炎病原为山羊支原体山羊肺炎亚种(Mccp)。

四、蛋白质组

支原体主要抗原物质存在于荚膜和细胞膜,荚膜中含有多种粘附蛋白和粘附相关蛋白等分子,细胞膜主要成分为膜蛋白与糖脂。膜蛋白是产生免疫反应的主要免疫原之一,蛋白成分复杂。糖脂为半抗原,与蛋白质结合后具有抗原性,是产生体液免疫的抗原物质,可产生生长抑制、代谢抑制和补体结合抗体。

五、生物学特性

支原体对理化因素的抵抗力不强，强毒组织液中加福尔马林 0.1%在室温条件下放置 3 d，加石炭酸 0.5%放置 2 d 或 56℃条件下 40 min，均能达到杀菌的目的。将肺组织保存于 50%甘油盐水中，在 16℃条件下放置 20 d，或在 2~5℃条件下放置 10 d，对山羊仍有致病力。在室温 40 d 或在普通冰箱中放置 120 d，则失去致病力。由于支原体是无细胞壁结构的微生物，对作用于细胞壁的抗菌药物青霉素和链霉素等不敏感，对红霉素高度敏感，四环素有较强的抑菌作用。病原菌在腐败材料中可维持生活力 3 d，在干粪中经强烈日光照射后仅维持活力 8 d。

第二节　流行状况

1935 年，我国内蒙古百灵庙地区曾流行与传染性羊胸膜肺炎相同症状的山羊烂肺病，此后宁夏、甘肃、西藏、四川、山东、浙江、辽宁、福建等省份开始流行该病。1949—1989 年，累计发病羊 89 万多只，死亡羊 32 万多只。近年，在湖南、河南、云南、江西、重庆、贵州、山东、黑龙江等地均有传染性胸膜肺炎流行的报道，并分离到多株病原，经各种方法鉴定确认为 Mccp。

第三节　临床症状和病理变化

一、临床症状

本病潜伏期 18~20 d，短者 3~5 d，长者可达 3~4 周或更长。根据病程，可分为最急性、急性和慢性 3 种类型。

（一）最急性型

病初体温增高，可达 41~42℃，病羊极度委顿，食欲废绝，呼吸急促而有痛苦的鸣叫。数小时后出现肺炎症状，呼吸困难，咳嗽，并流带血鼻液，12~

36 h渗出液充满病肺并进入胸腔,病羊卧地不起,四肢直伸,呼吸极度困难,每次呼吸则全身颤动。黏膜高度充血,发绀。目光呆滞,呻吟哀鸣,不久窒息而亡。病程一般不超过4~5 d。

（二）急性型

最常见,主要表现为体温升高,继之出现短而湿的咳嗽,伴有浆液性鼻漏。4~5 d咳嗽变干而痛苦,鼻液转为黏液–脓性并呈铁锈色,高热稽留不退,食欲锐减,呼吸困难,痛苦呻吟,眼睑肿胀,流泪,眼有黏脓性分泌物。口半张开,流泡沫状唾液。头颈伸直,腰背拱起,腹肋紧缩,最后病羊倒卧,极度衰弱委顿而亡。病程多为7~15 d,有的可达1个月。

（三）慢性型

多见于夏季。全身症状轻微,体温在40℃左右。病羊间有咳嗽和腹泻,身体衰弱,被毛粗乱无光。在此期间,若饲养管理不良,与急性病例接触或机体抵抗力降低,很容易复发或出现并发症而迅速死亡,病程长。

二、病理变化

多局限于胸腔、肺脏和支气管。肺脏发炎,有大小不同的肝变区。切开肝变区,常有红色液体流出。肺的病变常局限于一侧,若两肺均有病灶,则是由蔓延引起。一般一侧肺的病变较严重。急性病例呈纤维蛋白性肺炎,肝变区凸出于肺表面,切面平整,质地坚实,缺乏弹性,颜色由红色至灰色不等,呈大理石外观。小叶间结缔组织充满纤维蛋白渗出液,使肺小叶间组织变宽,小叶界限明显。胸膜发炎,常与肋膜和心包相粘连,胸腔内有大量黄色无臭的液体（500~2 000 mL）。

第四节　实验室诊断

一、病原学诊断

（一）病原分离鉴定

传染性羊胸膜肺炎病原的分离鉴定是检测该病最为可靠的检测试验。

传染性羊胸膜肺炎病原分离鉴定工作由于受支原体生长速度慢、培养困难等诸多因素限制,成功分离受到一定程度的影响。我国直到 2007 年才成功分离到一株 Mccp。山羊支原体肺炎亚种对营养要求严格,常用的培养基有山羊肉肝培养基、改良 Hayflick's 培养基、Thiaucourt 氏培养基、改良 Thiaucourt 氏培养基等。接种后放于 5%二氧化碳、37℃条件下培养。将渗出液、病变组织或胸水、培养物等制成抹片,经吉姆萨染色、镜检,若发现淡紫色、细小的短丝状,可进行初步诊断。进一步用培养物做生化试验,如葡萄糖分解、精氨酸水解、尿素分解、菌膜菌斑形成、氯化四唑还原、磷酸酶活性、血清消化试验及洋地皂苷敏感性试验等。我国标准为《丝状支原体山羊亚种检测方法》(NY/T1468-2007)。

(二)分子诊断技术

目前对传染性羊胸膜肺炎的诊断,除了一些常规鉴别方法外,分子生物学方法也得到了广泛应用,主要包括 CAP21 探针技术、PCR-REA 技术、序列缺失鉴别技术等。

1. PCR-REA 技术

16SrRNA 序列在丝状支原体簇中有 2 个阅读框架,被称为 rmA 和 rmB。多数支原体的这 2 个框架是相同的,但是在 Mccp 中存在一种多态性,使得 rmA 和 rmB 不同,这一差异被用来检测 Mccp。Mccp 标准株 F38 与 Mcc、Mmc、Mmmlc、MmmSC 之间存在 4 处共 5 个碱基的差异,其中位于该片段51 第 127 位的碱基,F38 的 rmB 是 T,而其他丝状支原体簇的 rmB 都为 C。Mccp rmB 的这一变异恰好使位于此处的 PstI 酶切位点失效。因此用 PstI 酶对 PCR 产物进行酶切,Mccp 的代表生物型 F38 株 3 个条带大小分别为548 bp、420 bp 和 128 bp。而 PG1 和 Y-goat 株则分别为 420 bp 和 128 bp 2个条带。

2. CAP21 探针技术

探针 CAP-21 中 5'端高变区大小约为 670 bp 的片段,位于丝状支原体簇的 RpsL 和 RDsG 基因之内。对该部分序列进行同源性分析比较,可与其他支原体进行区分。

二、血清学诊断

目前，传染性羊胸膜肺炎常用的血清学检测抗体的方法有间接血凝试验、直接补体结合试验、间接酶联免疫吸附试验。

（一）间接血凝试验

利用抗原致敏新鲜的、鞣化的或经戊二醛处理的红细胞检测血清中的抗体。Mmm1C 和 Mccp 致敏细胞与其他 3 种支原体抗血清有交叉反应；Mcc 和 Mccp 致敏红细胞只与 Mccp 抗血清有交叉反应。

（二）C-ELISA 试验

C-ELISA 用来检测动物血清中针对传染性羊胸膜肺炎的特异性抗体，用于群体感染之后的长期抗体检测。试验需要与山羊体内抗体竞争结合传染性羊胸膜肺炎抗原的单克隆抗体、待检血清的稀释倍数一致，可同时监测大量的血清。山羊感染传染性羊胸膜肺炎较长时间后，用 C-ELISA 监测抗体效价要比用补体结合试验更好，操作简单。缺点是 C-ELISA 在丝状支原体簇中存在严重的血清学交叉反应，仅通过此试验难以确诊。

第十章　干酪性淋巴结炎

　　绵羊和山羊干酪性淋巴结炎（Caseous lymphadenitis in sheep and goat，CLA）又称为绵羊和山羊伪结核病，是由伪结核棒状杆菌引起的一种人与动物共患的慢性传染病。通过皮肤破伤或是摄取污染的饲料，引起绵羊、山羊、骆驼、马、牛等多种动物发病，羊发病率常在 8%~80%。该病的发病特征是病羊皮下及淋巴结出现化脓性病变，呈脓性干酪性坏死；病羊消瘦，生产性能下降，患病孕羊产出死胎，严重者死亡。我国将该病列为三类动物疫病。

第一节　病原

一、分类地位

　　按照《伯吉氏系统细菌学手册》第二版第五册，伪结核棒状杆菌在分类上属棒状杆菌科、棒状杆菌属。该属目前共有 16 个正式菌种，与动物疫病有关的主要有 6 种：肾棒状杆菌、膀胱棒状杆菌、纤毛棒状杆菌、伪结核棒状杆菌、库氏棒状杆菌、牛棒状杆菌。

二、形态学特征与培养特性

（一）形态与染色

　　本菌为一种兼性细胞内感染的病原体，可表现出多种形态结构，如球形或丝状。该病原体无荚膜，无芽孢结构，无运动性，有菌毛。革兰氏染色阳性，抗酸染色阴性。用奈瑟染色或美蓝染色，多有异染颗粒，似短链球菌。

(二)培养特性

该菌为兼性厌氧菌,在 pH 7.0~7.2、37℃条件下生长最佳,在普通琼脂生长较缓慢,血琼脂平板上生长良好。固体培养时,最初稀疏生长于琼脂表面,之后形成一定结构的橙色菌落,菌落表面干燥、不透明,其中心有环纹。在牛、羊等动物血液培养基上能够产生 β 溶血。在液体培养基中生长可形成颗粒状沉淀,振荡时沉淀呈絮状漂浮,培养 72 h 后液面可长出片状菌膜。

三、基因组

伪结核棒状杆菌全基因组的分子量大小约为 2 335 kb,且 G+C 含量较高。各种基因的功能尚处于研究阶段。研究表明伪结核棒状杆菌的核酸与白喉杆菌的同源性最高,要注意二者之间的鉴别诊断。

四、蛋白质组

目前,对伪结核棒状杆菌的蛋白质组学并未完全研究透彻,其仅有的 19 个蛋白得到验证,并收录于数据库中。近几年,研究较多的几种蛋白中有作为毒力伴随因子的 2 种输出蛋白:一种是分泌型卵磷脂酶 D,另一种是假定的铁摄取基因家族。

第二节　流行状况

我国于1961 年首次发生该病。在流行病学调查中,对内蒙古东部地区屠宰场的 6 260 只羊进行检测,患病率为 32.8%。此外有资料表明我国陕西、甘肃、云南、新疆和广东等地一些羊群的患病率也在 30%以上,个别羊群高达 80%。本病的患病率随羊只年龄增大而升高,近年陕西、福建、上海等地报道该病对波尔山羊等一些新引进品种危害较为明显。

第三节　临床症状和病理变化

一、临床症状

伪结核棒状杆菌多侵害动物的局部淋巴结,形成脓肿,可分泌干酪样脓汁。母羊感染后,除了发生干酪样淋巴结外,还可发生流产。根据病变发生的部位,临床上可分为体表型、内脏型和混合型 3 种。体表型病变常局限于体表淋巴结,以颌下淋巴结最为常见,肩前或股前淋巴结次之,髂下等淋巴结较少见。淋巴结肿胀、破溃,脓汁呈乳白色或灰白色,浓稠如牙膏。若乳房受害,腹股沟浅淋巴结肿大,有时可有拳头大。乳房因局部肿胀,呈高低不平的结节状,乳汁性状异常,产乳量下降。内脏型即在内脏器官内形成化脓灶和干酪样病灶,单纯的内脏型在临床上较为少见。一般表现为混合型,即病羊兼有体表型和内脏型的症状。

二、病理变化

剖检病变,仅限于淋巴结,体表淋巴结和内脏淋巴结肿胀,内含干酪样坏死物。胸腔、肺部有脓肿,有时可见胸膜肺炎的病变。肠系膜淋巴结肿大、化脓。病灶由层次清晰的中央组织坏死区和呈纤维素性肉芽肿的包囊 2 部分组成,中央组织坏死区含有大量菌体和白细胞及其碎片。淋巴小结周围出血,皮质、髓质出血、水肿,淋巴小结生发中心细胞增大、疏松,处于活化状态。较严重的病例,肺、肝、肾等器官也有大小不一的干酪样坏死灶,尤其是肺组织中常见大小不等的灰色或灰绿色干酪样结节,肠黏膜有出血点、出血斑,严重者肠黏膜脱落。

第四节　实验室诊断

一、病原学诊断

（一）分离鉴定

将无菌采集的病料接种于鲜血琼脂平板培养基中，观察其生长表现，并进行鉴定，同时培养标准菌株进行对照观察。在血液琼脂平板上，37℃条件下24 h出现黄白色、不透明、凸起、表面无光泽的菌落，初分离时菌落周围有狭窄的β溶血环，菌落增大，常带黄色，有同心圈，干燥。普通肉汤中培养24 h，肉汤轻度混浊，无沉淀；培养48 h，肉汤混浊，有较稠沉淀，摇振时沉淀呈絮状升起；培养72 h，液面生长有片状菌膜。马丁培养基培养效果较好，液体培养多用马丁肉汤。在马丁肉汤37℃条件下培养24 h，底部有颗粒状沉淀，表面有薄的白色菌膜，培养时间稍长，则出现厚的菌膜。培养可疑菌落涂片用革兰氏液染色，镜检。若有革兰氏阳性、呈球形或细丝状、一端或两端膨大呈棒状的细菌，排列不规则，常呈丛状或栅栏状，则为可疑菌落。将可疑菌落接种于各种糖发酵培养基试管，若为葡萄糖、乳糖、麦芽糖、甘露醇，发酵产酸不产气；而淀粉、蕈糖不发酵。

（二）分子诊断技术

目前，在对羊干酪性淋巴结炎的分子诊断技术中最常用的是PCR和PCR荧光探针技术，能更快速、准确、灵敏地检测出病原。多重PCR技术可同时实现对多种病原的检测，有助于快速筛查。16SrRNA基因序列是伪结核棒状杆菌基因组中比较保守的序列，在PCR分子诊断中多选择这个基因序列中的保守区段作为检测靶标。此方法可以对羊伪结核棒状杆菌培养物、临床病料进行检测，同时还可用于口岸检疫中对该病的监测。与细菌分离及血清学技术相比，PCR技术可于感染后24 h检测到细菌，适用于感染的早期诊断。缺点是引物位点若发生变异可能导致漏检。

二、血清学诊断

干酪性淋巴结炎血清学诊断常用的方法包括 ELISA 和菌体凝集抑制试验。以伪结核棒状杆菌培养的滤液中外毒素作为包被抗原,利用间接 ELISA 技术能检测到外毒素抗原诱导机体产生的抗体。由于伪结核棒状杆菌自家凝集的特性,对伪结核棒状杆菌进行扩大培养,离心去掉上清液,用沉淀制备凝集抗原,检测机体产生的抗体,出现片状、块状凝集者为阴性反应,出现沙粒状凝集者为阳性反应。

第十一章　绵羊地方性流产

绵羊地方性流产(Enzootic abortion of ewes,EAE)又称为绵羊衣原体病(Ovine chlamydiosis),是由细胞内寄生的流产嗜性衣原体引起的,孕羊以发热、流产、产死胎和弱羔为特征的传染病。该病属人与动物共患病,也可以引起牛、马、猪繁殖障碍,并且对怀孕妇女也具有严重威胁。世界动物卫生组织将其列为必须报告的动物传染病,我国将其列为三类动物疫病。

第一节　病原

一、分类地位

按照《伯吉氏系统细菌学手册》第二版第四册,流产嗜性衣原体在分类上属衣原体科、嗜性衣原体属。该属除流产嗜性衣原体外,还有鹦鹉热嗜性衣原体、肺炎嗜性衣原体、反刍动物嗜性衣原体、猫嗜性衣原体和豚鼠嗜性衣原体。其中肺炎嗜性衣原体属于人源嗜性衣原体,其他5种均属于动物源嗜性衣原体。

二、形态学特征与培养特性

衣原体是一类严格在真核细胞内寄生,有独特发育周期,能通过细菌滤器的原核细胞型微生物。在宿主细胞内以二分裂方式生长繁殖,不同的发育阶段在形态、大小和染色性上有差异。当无代谢活性、能抵抗外界不良环境、具有浸染性的细胞外原体粘附到宿主细胞表面后,经吞饮作用进入细胞,此时宿主细胞的胞质膜围于原体外面形成空泡。原体逐渐增大,发育成有代谢活性的网状体,网状体在空泡内进行二分裂繁殖,直到整个空泡内充满许多中间体,中间体成熟后变小即成为子代网状体,从宿主细胞释出,再感染新的易感细胞。整个周期大约持续 72 h。包涵体是衣原体在宿主细胞的空泡内进行繁殖的过程中所形成的集团形态。

(一)形态与染色

流产嗜性衣原体的原体呈球状、椭圆形或梨形,直径 0.2~0.4 μm,吉姆萨染色呈紫色,马基维洛染色呈红色。网状体体形较大,直径 0.7~1.5 μm,呈圆形或椭圆形,吉姆萨和马基维洛染色均呈蓝色。成熟的包涵体经吉姆萨染色呈深紫色,革兰氏染色阴性。

(二)培养特性

流产嗜性衣原体在专性细胞内寄生,不能用人工培养基培养,可用 6~8 日龄鸡胚、8~10 日龄鸭胚卵黄囊、HeLa-299、BHK-21、BGM、McCoy 或 HL 等细胞培养。通过离心,加入二乙氨基乙基葡聚酸,或用 X 线照射细胞培养物,可使更多的病原体吸附到易感细胞表面。流产嗜性衣原体对许多抗生素、磺胺敏感,红霉素、强力霉素和四环素等有抑制其繁殖的作用。

三、基因组

流产嗜性衣原体基因组非常保守,核糖体和 ompA 序列几乎 100%保守,16S rRNA 基因序列的差异性小于 0.07%。主要分离株都是从绵羊、山羊、奶牛的流产病例中分离到的。典型分离株有 B577、EBA、Osp、S26/3、A22。流产嗜性衣原体(以 S26/3 为研究对象)基因组由 1 144 377 bp 环性染色体组成,其 G+C 含量为 39.87%。不同于该属其他成员,流产嗜性衣原体仅有一个拷贝的 23S、16S 和 5S rRNA。预测产生 961 个可以注解的基因编码区,具有88.2%的编码密度。

四、蛋白质组

随着多个种株衣原体基因组完整核苷酸序列测序的完成,人们对衣原体发育过程中生产合成的多种蛋白的认识也在不断深入。通过 1D 和 2D 电泳的方法,研究经人工方式感染的怀孕母羊和小羊的血清,发现流产嗜性衣原体的免疫相关蛋白主要有脂多糖、外膜主蛋白、多态性外膜蛋白和巨噬细胞感染增强因子样蛋白。

第二节　流行状况

一、起源

我国对绵羊地方性流产的研究最早始于 1978 年。兰州兽医研究所对青海、甘肃、内蒙古、西藏等地的羊流产病料进行了分离、鉴定及免疫学研究。随后在奶牛、猪等动物体内都发现了衣原体。衣原体病在家畜中的流行呈上升趋势。

二、我国的流行状况

羊衣原体病的流行主要分布在西北地区，各地报道的阳性率和流产率不等。1980—1989 年对新疆阿勒泰、阿克苏、巴州等 15 个地州市的多种动物进行血清学调查,发现绵羊阳性率为 6.24%,山羊为 6.75%,个别乡、场绵山羊衣原体阳性率达到 51%,流产率高达 80%。1990 年,对青海省海北州的几个县进行调查,发现羊群流产率为 5.75%~14%,相应的灭活疫苗免疫后收到较好的免疫效果。1991—1993 年,对云南省红河州 11 个县(市)的 409 群山羊进行血清学调查,发现所有被检乡镇和自然村羊群都有感染,平均感染率为 32.23%。同时发现阳性率的高低与流产的发生密切相关,凡是阳性检出率高的地区,羊群流产率也高。2003—2004 年,对河南省周口、商丘等地区 8 批临床健康山羊进行血清学调查,表明每批山羊血清中均检测到阳性,阳性率2.13%~6.19%,平均为 4.48%。2008—2009 年,对青海省海晏县进行过 2 次调查。在 2008 年的调查中,生产母羊衣原体阳性率为 5.49%,到 2009 年,阳性率上升到 10%,生产母羊的阳性率呈现上升趋势。

第三节　临床症状和病理变化

一、临床症状

主要表现为孕羊发热、流产、产死胎和弱胎。一般在妊娠的中后期,即产前 1 个月左右发生流产,怀孕 2 个月左右的流产者比较少。流产前无特征的先兆症状,只出现神态反常,并有腹痛表现,山羊有时鸣叫。流产后多数胎衣滞留,精神不振,阴道流出黏性分泌物,恶露不尽,病羊很快消瘦。若因胎衣不下继发细菌感染,可因子宫内膜炎而导致死亡。产下的弱羔,存活时间通常不会超过 48 h;排出的死胎,有时会包裹一层米黄色粘土样物质。羊群第一次暴发本病,初次流产率可达 20%~30%,流产过的母羊以后一般不再发生流产。在本病流行的羊群中,公羊表现为睾丸炎、附睾炎等,母羊表现为怀孕率下降。在母羊流产后期,有角膜炎及关节炎病例。

二、病理变化

感染母羊的主要病变是胎盘炎,胎盘母面绒毛小叶出现边缘充血、坏死,其周围出现颗粒性增厚、坏死。子叶的颜色呈暗红色、粉红色或土黄色。绒毛膜由于水肿而整个或部分增厚。组织学变化主要表现为灶性坏死、水肿、脉管炎及炎性细胞浸润,在组织切片中的胞质内可见流产嗜性衣原体。

流产胎儿的肝充血、肿胀,质地变脆,有的在其表面出现很多白色针尖大的病灶。皮肤、皮下、胸腺及淋巴结等处有点状出血、水肿,尤以脐部、背部和脑后最为明显。胸腔和腹腔聚积有血色渗出物。

第四节　实验室诊断

无菌采集病死羊的病变脏器、流产胎盘、胎儿等组织样品及排泄物、渗出液等液体样品,4℃条件下冷藏,用于实验室诊断。

一、病原学诊断

(一)病原分离鉴定

取流产母畜的绒毛膜绒毛或附近绒膜直接涂片,染色镜检。有多种染色方法可以选用,如改良马基维洛、吉姆萨、改良蒌-尼抗酸染色法等。阳性病例涂片后用一种方法染色时, 在高倍显微镜下可见在蓝色的细胞碎片背景中有大量红色或成团的小的球菌样原体。暗视野下,原体呈淡绿色。若没有流产胎盘等组织样品,可取流产后 24 h 内的母畜阴道拭子、或刚流产的胎儿、或死产羔羊的湿润体毛进行涂片镜检。由于流产嗜性衣原体具有人、畜共患性,实验人员进行鸡胚分离培养时须在相应安全等级的实验室完成,注意做好生物安全防护。接种鸡胚前先将样品用含有链霉素(200 μg/mL)的营养肉汤配制成 10%悬浮液, 取 0.2 mL 悬浮液接种于 6~8 日龄鸡胚卵黄囊,37℃条件下培养,鸡胚在感染 4~13 d 死亡。在死亡鸡胚已形成血管的卵黄膜涂片上可见大量的原体。

(二)分子生物学诊断技术

MOMP 基因是流产嗜性衣原体的种特异性抗原, 与同属的其他衣原体存在差异,在种属鉴定上具有应用价值。针对 MOMP 基因核苷酸序列设计的PCR 方法,灵敏度达到 0.1 pg。对流产嗜性衣原体(S26/3 菌株)进行研究,发现其独有一段呈螺旋状的重复序列,由螺旋酶基因编码,根据特异性的螺旋酶基因设计引物,建立 PCR 方法诊断绵羊地方性流产,具有快速、敏感、特异等特点。

二、血清学诊断

(一)间接血凝试验

使流产嗜性衣原体全菌株抗原吸附到经过特殊处理的红细胞表面,制成间接血凝试验抗原,当与特异性的抗体发生作用时,在适宜的电解质条件下,致敏红细胞会发生被动的特异性凝集反应,肉眼可见凝集现象。

(二)补体结合试验

在临床上可用于绵羊和山羊感染抗体的检测（常在流产或分娩后 3 个

月内），也可用于疫苗接种后免疫抗体的检测。补体结合抗原是流产嗜性衣原体菌株在鸡胚接种培养后，离心去除细胞碎片，经沸水浴 20 min 或是高压灭菌获得的。试验前需要经过滴定试验，确定补体和抗血清对不同批次抗原的最佳工作浓度。由于流产嗜性衣原体、反刍动物嗜性衣原体和一些革兰氏阴性菌具有共同的耐热性脂多糖，因此该试验不是完全特异性的，也不能区分免疫抗体和感染抗体。对低滴度补体结合的试验结果必须谨慎判读，尤其是对单个羊或没有流产史的羊群。

附　录

附录 1

中华人民共和国动物防疫法

（1997 年 7 月 3 日第八届全国人民代表大会常务委员会第二十六次会议通过　2007 年 8 月 30 日第十届全国人民代表大会常务委员会第二十九次会议第一次修订　根据 2013 年 6 月 29 日第十二届全国人民代表大会常务委员会第三次会议《关于修改〈中华人民共和国文物保护法〉等十二部法律的决定》第一次修正　根据 2015 年 4 月 24 日第十二届全国人民代表大会常务委员会第十四次会议《关于修改〈中华人民共和国电力法〉等六部法律的决定》第二次修正　2021 年 1 月 22 日第十三届全国人民代表大会常务委员会第二十五次会议第二次修订）

第一章　总则

第一条　为了加强对动物防疫活动的管理,预防、控制、净化、消灭动物疫病,促进养殖业发展,防控人畜共患传染病,保障公共卫生安全和人体健康,制定本法。

第二条　本法适用于在中华人民共和国领域内的动物防疫及其监督管理活动。进出境动物、动物产品的检疫,适用《中华人民共和国进出境动植物检疫法》。

第三条　本法所称动物,是指家畜家禽和人工饲养、捕获的其他动物。

本法所称动物产品,是指动物的肉、生皮、原毛、绒、脏器、脂、血液、精液、卵、胚胎、骨、蹄、头、角、筋以及可能传播动物疫病的奶、蛋等。

本法所称动物疫病,是指动物传染病,包括寄生虫病。

本法所称动物防疫,是指动物疫病的预防、控制、诊疗、净化、消灭和动物、动物产品的检疫,以及病死动物、病害动物产品的无害化处理。

第四条 根据动物疫病对养殖业生产和人体健康的危害程度,本法规定的动物疫病分为下列三类:

(一)一类疫病,是指口蹄疫、非洲猪瘟、高致病性禽流感等对人、动物构成特别严重危害,可能造成重大经济损失和社会影响,需要采取紧急、严厉的强制预防、控制等措施的;

(二)二类疫病,是指狂犬病、布鲁氏菌病、草鱼出血病等对人、动物构成严重危害,可能造成较大经济损失和社会影响,需要采取严格预防、控制等措施的;

(三)三类疫病,是指大肠杆菌病、禽结核病、鳖腮腺炎病等常见多发,对人、动物构成危害,可能造成一定程度的经济损失和社会影响,需要及时预防、控制的。

前款一、二、三类动物疫病具体病种名录由国务院农业农村主管部门制定并公布。国务院农业农村主管部门应当根据动物疫病发生、流行情况和危害程度,及时增加、减少或者调整一、二、三类动物疫病具体病种并予以公布。

人畜共患传染病名录由国务院农业农村主管部门会同国务院卫生健康、野生动物保护等主管部门制定并公布。

第五条 动物防疫实行预防为主,预防与控制、净化、消灭相结合的方针。

第六条 国家鼓励社会力量参与动物防疫工作。各级人民政府采取措施,支持单位和个人参与动物防疫的宣传教育、疫情报告、志愿服务和捐赠等活动。

第七条 从事动物饲养、屠宰、经营、隔离、运输以及动物产品生产、经营、加工、贮藏等活动的单位和个人,依照本法和国务院农业农村主管部门的规定,做好免疫、消毒、检测、隔离、净化、消灭、无害化处理等动物防疫工作,承担动物防疫相关责任。

第八条 县级以上人民政府对动物防疫工作实行统一领导，采取有效措施稳定基层机构队伍，加强动物防疫队伍建设，建立健全动物防疫体系，制定并组织实施动物疫病防治规划。

乡级人民政府、街道办事处组织群众做好本辖区的动物疫病预防与控制工作，村民委员会、居民委员会予以协助。

第九条 国务院农业农村主管部门主管全国的动物防疫工作。

县级以上地方人民政府农业农村主管部门主管本行政区域的动物防疫工作。

县级以上人民政府其他有关部门在各自职责范围内做好动物防疫工作。

军队动物卫生监督职能部门负责军队现役动物和饲养自用动物的防疫工作。

第十条 县级以上人民政府卫生健康主管部门和本级人民政府农业农村、野生动物保护等主管部门应当建立人畜共患传染病防治的协作机制。

国务院农业农村主管部门和海关总署等部门应当建立防止境外动物疫病输入的协作机制。

第十一条 县级以上地方人民政府的动物卫生监督机构依照本法规定，负责动物、动物产品的检疫工作。

第十二条 县级以上人民政府按照国务院的规定，根据统筹规划、合理布局、综合设置的原则建立动物疫病预防控制机构。

动物疫病预防控制机构承担动物疫病的监测、检测、诊断、流行病学调查、疫情报告以及其他预防、控制等技术工作；承担动物疫病净化、消灭的技术工作。

第十三条 国家鼓励和支持开展动物疫病的科学研究以及国际合作与交流，推广先进适用的科学研究成果，提高动物疫病防治的科学技术水平。

各级人民政府和有关部门、新闻媒体，应当加强对动物防疫法律法规和动物防疫知识的宣传。

第十四条 对在动物防疫工作、相关科学研究、动物疫情扑灭中做出贡献的单位和个人，各级人民政府和有关部门按照国家有关规定给予表彰、奖励。

有关单位应当依法为动物防疫人员缴纳工伤保险费。对因参与动物防疫工作致病、致残、死亡的人员，按照国家有关规定给予补助或者抚恤。

第二章　动物疫病的预防

第十五条　国家建立动物疫病风险评估制度。

国务院农业农村主管部门根据国内外动物疫情以及保护养殖业生产和人体健康的需要，及时会同国务院卫生健康等有关部门对动物疫病进行风险评估，并制定、公布动物疫病预防、控制、净化、消灭措施和技术规范。

省、自治区、直辖市人民政府农业农村主管部门会同本级人民政府卫生健康等有关部门开展本行政区域的动物疫病风险评估，并落实动物疫病预防、控制、净化、消灭措施。

第十六条　国家对严重危害养殖业生产和人体健康的动物疫病实施强制免疫。

国务院农业农村主管部门确定强制免疫的动物疫病病种和区域。

省、自治区、直辖市人民政府农业农村主管部门制定本行政区域的强制免疫计划；根据本行政区域动物疫病流行情况增加实施强制免疫的动物疫病病种和区域，报本级人民政府批准后执行，并报国务院农业农村主管部门备案。

第十七条　饲养动物的单位和个人应当履行动物疫病强制免疫义务，按照强制免疫计划和技术规范，对动物实施免疫接种，并按照国家有关规定建立免疫档案、加施畜禽标识，保证可追溯。

实施强制免疫接种的动物未达到免疫质量要求，实施补充免疫接种后仍不符合免疫质量要求的，有关单位和个人应当按照国家有关规定处理。

用于预防接种的疫苗应当符合国家质量标准。

第十八条 县级以上地方人民政府农业农村主管部门负责组织实施动物疫病强制免疫计划,并对饲养动物的单位和个人履行强制免疫义务的情况进行监督检查。

乡级人民政府、街道办事处组织本辖区饲养动物的单位和个人做好强制免疫,协助做好监督检查;村民委员会、居民委员会协助做好相关工作。

县级以上地方人民政府农业农村主管部门应当定期对本行政区域的强制免疫计划实施情况和效果进行评估,并向社会公布评估结果。

第十九条 国家实行动物疫病监测和疫情预警制度。

县级以上人民政府建立健全动物疫病监测网络,加强动物疫病监测。

国务院农业农村主管部门会同国务院有关部门制定国家动物疫病监测计划。省、自治区、直辖市人民政府农业农村主管部门根据国家动物疫病监测计划,制定本行政区域的动物疫病监测计划。

动物疫病预防控制机构按照国务院农业农村主管部门的规定和动物疫病监测计划,对动物疫病的发生、流行等情况进行监测;从事动物饲养、屠宰、经营、隔离、运输以及动物产品生产、经营、加工、贮藏、无害化处理等活动的单位和个人不得拒绝或者阻碍。

国务院农业农村主管部门和省、自治区、直辖市人民政府农业农村主管部门根据对动物疫病发生、流行趋势的预测,及时发出动物疫情预警。地方各级人民政府接到动物疫情预警后,应当及时采取预防、控制措施。

第二十条 陆路边境省、自治区人民政府根据动物疫病防控需要,合理设置动物疫病监测站点,健全监测工作机制,防范境外动物疫病传入。

科技、海关等部门按照本法和有关法律法规的规定做好动物疫病监测预警工作,并定期与农业农村主管部门互通情况,紧急情况及时通报。

县级以上人民政府应当完善野生动物疫源疫病监测体系和工作机制,根据需要合理布局监测站点;野生动物保护、农业农村主管部门按照职责分工做好野生动物疫源疫病监测等工作,并定期互通情况,紧急情况及时通报。

第二十一条 国家支持地方建立无规定动物疫病区,鼓励动物饲养场建设无规定动物疫病生物安全隔离区。对符合国务院农业农村主管部门规定标准的无规定动物疫病区和无规定动物疫病生物安全隔离区，国务院农业农村主管部门验收合格予以公布，并对其维持情况进行监督检查。

省、自治区、直辖市人民政府制定并组织实施本行政区域的无规定动物疫病区建设方案。国务院农业农村主管部门指导跨省、自治区、直辖市无规定动物疫病区建设。

国务院农业农村主管部门根据行政区划、养殖屠宰产业布局、风险评估情况等对动物疫病实施分区防控，可以采取禁止或者限制特定动物、动物产品跨区域调运等措施。

第二十二条 国务院农业农村主管部门制定并组织实施动物疫病净化、消灭规划。

县级以上地方人民政府根据动物疫病净化、消灭规划，制定并组织实施本行政区域的动物疫病净化、消灭计划。

动物疫病预防控制机构按照动物疫病净化、消灭规划、计划，开展动物疫病净化技术指导、培训，对动物疫病净化效果进行监测、评估。

国家推进动物疫病净化，鼓励和支持饲养动物的单位和个人开展动物疫病净化。饲养动物的单位和个人达到国务院农业农村主管部门规定的净化标准的，由省级以上人民政府农业农村主管部门予以公布。

第二十三条 种用、乳用动物应当符合国务院农业农村主管部门规定的健康标准。

饲养种用、乳用动物的单位和个人，应当按照国务院农业农村主管部门的要求，定期开展动物疫病检测；检测不合格的，应当按照国家有关规定处理。

第二十四条 动物饲养场和隔离场所、动物屠宰加工场所以及动物和动物产品无害化处理场所，应当符合下列动物防疫条件：

（一）场所的位置与居民生活区、生活饮用水水源地、学校、医院等公共场所的距离符合国务院农业农村主管部门的规定；

（二）生产经营区域封闭隔离，工程设计和有关流程符合动物防疫要求；

（三）有与其规模相适应的污水、污物处理设施,病死动物、病害动物产品无害化处理设施设备或者冷藏冷冻设施设备,以及清洗消毒设施设备;

（四）有与其规模相适应的执业兽医或者动物防疫技术人员;

（五）有完善的隔离消毒、购销台账、日常巡查等动物防疫制度;

(六)具备国务院农业农村主管部门规定的其他动物防疫条件。

动物和动物产品无害化处理场所除应当符合前款规定的条件外,还应当具有病原检测设备、检测能力和符合动物防疫要求的专用运输车辆。

第二十五条 国家实行动物防疫条件审查制度。

开办动物饲养场和隔离场所、动物屠宰加工场所以及动物和动物产品无害化处理场所,应当向县级以上地方人民政府农业农村主管部门提出申请,并附具相关材料。受理申请的农业农村主管部门应当依照本法和《中华人民共和国行政许可法》的规定进行审查。经审查合格的,发给动物防疫条件合格证;不合格的,应当通知申请人并说明理由。

动物防疫条件合格证应当载明申请人的名称(姓名)、场(厂)址、动物(动物产品)种类等事项。

第二十六条 经营动物、动物产品的集贸市场应当具备国务院农业农村主管部门规定的动物防疫条件,并接受农业农村主管部门的监督检查。具体办法由国务院农业农村主管部门制定。

县级以上地方人民政府应当根据本地情况,决定在城市特定区域禁止家畜家禽活体交易。

第二十七条 动物、动物产品的运载工具、垫料、包装物、容器等应当符合国务院农业农村主管部门规定的动物防疫要求。

染疫动物及其排泄物、染疫动物产品,运载工具中的动物排泄物以及垫料、包装物、容器等被污染的物品,应当按照国家有关规定处理,不得随意处置。

第二十八条 采集、保存、运输动物病料或者病原微生物以及从事病原微生物研究、教学、检测、诊断等活动,应当遵守国家有关病原微生物实验室管理的规定。

第二十九条 禁止屠宰、经营、运输下列动物和生产、经营、加工、贮藏、运输下列动物产品：

（一）封锁疫区内与所发生动物疫病有关的；

（二）疫区内易感染的；

（三）依法应当检疫而未经检疫或者检疫不合格的；

（四）染疫或者疑似染疫的；

（五）病死或者死因不明的；

（六）其他不符合国务院农业农村主管部门有关动物防疫规定的。

因实施集中无害化处理需要暂存、运输动物和动物产品并按照规定采取防疫措施的，不适用前款规定。

第三十条 单位和个人饲养犬只，应当按照规定定期免疫接种狂犬病疫苗，凭动物诊疗机构出具的免疫证明向所在地养犬登记机关申请登记。

携带犬只出户的，应当按照规定佩戴犬牌并采取系犬绳等措施，防止犬只伤人、疫病传播。

街道办事处、乡级人民政府组织协调居民委员会、村民委员会，做好本辖区流浪犬、猫的控制和处置，防止疫病传播。

县级人民政府和乡级人民政府、街道办事处应当结合本地实际，做好农村地区饲养犬只的防疫管理工作。

饲养犬只防疫管理的具体办法，由省、自治区、直辖市制定。

第三章 动物疫情的报告、通报和公布

第三十一条 从事动物疫病监测、检测、检验检疫、研究、诊疗以及动物饲养、屠宰、经营、隔离、运输等活动的单位和个人，发现动物染疫或者疑似染疫的，应当立即向所在地农业农村主管部门或者动物疫病预防控制机构报告，并迅速采取隔离等控制措施，防止动物疫情扩散。其他单位和个人发

现动物染疫或者疑似染疫的,应当及时报告。

接到动物疫情报告的单位,应当及时采取临时隔离控制等必要措施,防止延误防控时机,并及时按照国家规定的程序上报。

第三十二条 动物疫情由县级以上人民政府农业农村主管部门认定;其中重大动物疫情由省、自治区、直辖市人民政府农业农村主管部门认定,必要时报国务院农业农村主管部门认定。

本法所称重大动物疫情,是指一、二、三类动物疫病突然发生,迅速传播,给养殖业生产安全造成严重威胁、危害,以及可能对公众身体健康与生命安全造成危害的情形。

在重大动物疫情报告期间,必要时,所在地县级以上地方人民政府可以作出封锁决定并采取扑杀、销毁等措施。

第三十三条 国家实行动物疫情通报制度。

国务院农业农村主管部门应当及时向国务院卫生健康等有关部门和军队有关部门以及省、自治区、直辖市人民政府农业农村主管部门通报重大动物疫情的发生和处置情况。

海关发现进出境动物和动物产品染疫或者疑似染疫的,应当及时处置并向农业农村主管部门通报。

县级以上地方人民政府野生动物保护主管部门发现野生动物染疫或者疑似染疫的,应当及时处置并向本级人民政府农业农村主管部门通报。

国务院农业农村主管部门应当依照我国缔结或者参加的条约、协定,及时向有关国际组织或者贸易方通报重大动物疫情的发生和处置情况。

第三十四条 发生人畜共患传染病疫情时,县级以上人民政府农业农村主管部门与本级人民政府卫生健康、野生动物保护等主管部门应当及时相互通报。

发生人畜共患传染病时,卫生健康主管部门应当对疫区易感染的人群进行监测,并应当依照《中华人民共和国传染病防治法》的规定及时公布疫情,采取相应的预防、控制措施。

第三十五条 患有人畜共患传染病的人员不得直接从事动物疫病监测、检测、检验检疫、诊疗以及易感染动物的饲养、屠宰、经营、隔离、运输等活动。

第三十六条 国务院农业农村主管部门向社会及时公布全国动物疫情，也可以根据需要授权省、自治区、直辖市人民政府农业农村主管部门公布本行政区域的动物疫情。其他单位和个人不得发布动物疫情。

第三十七条 任何单位和个人不得瞒报、谎报、迟报、漏报动物疫情，不得授意他人瞒报、谎报、迟报动物疫情，不得阻碍他人报告动物疫情。

第四章 动物疫病的控制

第三十八条 发生一类动物疫病时，应当采取下列控制措施：

（一）所在地县级以上地方人民政府农业农村主管部门应当立即派人到现场，划定疫点、疫区、受威胁区，调查疫源，及时报请本级人民政府对疫区实行封锁。疫区范围涉及两个以上行政区域的，由有关行政区域共同的上一级人民政府对疫区实行封锁，或者由各有关行政区域的上一级人民政府共同对疫区实行封锁。必要时，上级人民政府可以责成下级人民政府对疫区实行封锁；

（二）县级以上地方人民政府应当立即组织有关部门和单位采取封锁、隔离、扑杀、销毁、消毒、无害化处理、紧急免疫接种等强制性措施；

（三）在封锁期间，禁止染疫、疑似染疫和易感染的动物、动物产品流出疫区，禁止非疫区的易感染动物进入疫区，并根据需要对出入疫区的人员、运输工具及有关物品采取消毒和其他限制性措施。

第三十九条 发生二类动物疫病时，应当采取下列控制措施：

（一）所在地县级以上地方人民政府农业农村主管部门应当划定疫点、疫区、受威胁区；

（二）县级以上地方人民政府根据需要组织有关部门和单位采取隔离、

扑杀、销毁、消毒、无害化处理、紧急免疫接种、限制易感染的动物和动物产品及有关物品出入等措施。

第四十条　疫点、疫区、受威胁区的撤销和疫区封锁的解除,按照国务院农业农村主管部门规定的标准和程序评估后,由原决定机关决定并宣布。

第四十一条　发生三类动物疫病时,所在地县级、乡级人民政府应当按照国务院农业农村主管部门的规定组织防治。

第四十二条　二、三类动物疫病呈暴发性流行时,按照一类动物疫病处理。

第四十三条　疫区内有关单位和个人,应当遵守县级以上人民政府及其农业农村主管部门依法作出的有关控制动物疫病的规定。

任何单位和个人不得藏匿、转移、盗掘已被依法隔离、封存、处理的动物和动物产品。

第四十四条　发生动物疫情时,航空、铁路、道路、水路运输企业应当优先组织运送防疫人员和物资。

第四十五条　国务院农业农村主管部门根据动物疫病的性质、特点和可能造成的社会危害,制定国家重大动物疫情应急预案报国务院批准,并按照不同动物疫病病种、流行特点和危害程度,分别制定实施方案。

县级以上地方人民政府根据上级重大动物疫情应急预案和本地区的实际情况,制定本行政区域的重大动物疫情应急预案,报上一级人民政府农业农村主管部门备案,并抄送上一级人民政府应急管理部门。县级以上地方人民政府农业农村主管部门按照不同动物疫病病种、流行特点和危害程度,分别制定实施方案。

重大动物疫情应急预案和实施方案根据疫情状况及时调整。

第四十六条　发生重大动物疫情时,国务院农业农村主管部门负责划定动物疫病风险区,禁止或者限制特定动物、动物产品由高风险区向低风险区调运。

第四十七条　发生重大动物疫情时,依照法律和国务院的规定以及应急预案采取应急处置措施。

第五章　动物和动物产品的检疫

第四十八条　动物卫生监督机构依照本法和国务院农业农村主管部门的规定对动物、动物产品实施检疫。

动物卫生监督机构的官方兽医具体实施动物、动物产品检疫。

第四十九条　屠宰、出售或者运输动物以及出售或者运输动物产品前，货主应当按照国务院农业农村主管部门的规定向所在地动物卫生监督机构申报检疫。

动物卫生监督机构接到检疫申报后，应当及时指派官方兽医对动物、动物产品实施检疫；检疫合格的，出具检疫证明、加施检疫标志。实施检疫的官方兽医应当在检疫证明、检疫标志上签字或者盖章，并对检疫结论负责。

动物饲养场、屠宰企业的执业兽医或者动物防疫技术人员，应当协助官方兽医实施检疫。

第五十条　因科研、药用、展示等特殊情形需要非食用性利用的野生动物，应当按照国家有关规定报动物卫生监督机构检疫，检疫合格的，方可利用。

人工捕获的野生动物，应当按照国家有关规定报捕获地动物卫生监督机构检疫，检疫合格的，方可饲养、经营和运输。

国务院农业农村主管部门会同国务院野生动物保护主管部门制定野生动物检疫办法。

第五十一条　屠宰、经营、运输的动物，以及用于科研、展示、演出和比赛等非食用性利用的动物，应当附有检疫证明；经营和运输的动物产品，应当附有检疫证明、检疫标志。

第五十二条　经航空、铁路、道路、水路运输动物和动物产品的，托运人托运时应当提供检疫证明；没有检疫证明的，承运人不得承运。

进出口动物和动物产品，承运人凭进口报关单证或者海关签发的检疫单证运递。

从事动物运输的单位、个人以及车辆,应当向所在地县级人民政府农业农村主管部门备案,妥善保存行程路线和托运人提供的动物名称、检疫证明编号、数量等信息。具体办法由国务院农业农村主管部门制定。

运载工具在装载前和卸载后应当及时清洗、消毒。

第五十三条 省、自治区、直辖市人民政府确定并公布道路运输的动物进入本行政区域的指定通道,设置引导标志。跨省、自治区、直辖市通过道路运输动物的,应当经省、自治区、直辖市人民政府设立的指定通道入省境或者过省境。

第五十四条 输入到无规定动物疫病区的动物、动物产品,货主应当按照国务院农业农村主管部门的规定向无规定动物疫病区所在地动物卫生监督机构申报检疫,经检疫合格的,方可进入。

第五十五条 跨省、自治区、直辖市引进的种用、乳用动物到达输入地后,货主应当按照国务院农业农村主管部门的规定对引进的种用、乳用动物进行隔离观察。

第五十六条 经检疫不合格的动物、动物产品,货主应当在农业农村主管部门的监督下按照国家有关规定处理,处理费用由货主承担。

第六章 病死动物和病害动物产品的无害化处理

第五十七条 从事动物饲养、屠宰、经营、隔离以及动物产品生产、经营、加工、贮藏等活动的单位和个人,应当按照国家有关规定做好病死动物、病害动物产品的无害化处理,或者委托动物和动物产品无害化处理场所处理。

从事动物、动物产品运输的单位和个人,应当配合做好病死动物和病害动物产品的无害化处理,不得在途中擅自弃置和处理有关动物和动物产品。

任何单位和个人不得买卖、加工、随意弃置病死动物和病害动物产品。

动物和动物产品无害化处理管理办法由国务院农业农村、野生动物保护主管部门按照职责制定。

第五十八条　在江河、湖泊、水库等水域发现的死亡畜禽,由所在地县级人民政府组织收集、处理并溯源。

在城市公共场所和乡村发现的死亡畜禽,由所在地街道办事处、乡级人民政府组织收集、处理并溯源。

在野外环境发现的死亡野生动物,由所在地野生动物保护主管部门收集、处理。

第五十九条　省、自治区、直辖市人民政府制定动物和动物产品集中无害化处理场所建设规划,建立政府主导、市场运作的无害化处理机制。

第六十条　各级财政对病死动物无害化处理提供补助。具体补助标准和办法由县级以上人民政府财政部门会同本级人民政府农业农村、野生动物保护等有关部门制定。

第七章　动物诊疗

第六十一条　从事动物诊疗活动的机构,应当具备下列条件:

(一)有与动物诊疗活动相适应并符合动物防疫条件的场所;

(二)有与动物诊疗活动相适应的执业兽医;

(三)有与动物诊疗活动相适应的兽医器械和设备;

(四)有完善的管理制度。

动物诊疗机构包括动物医院、动物诊所以及其他提供动物诊疗服务的机构。

第六十二条　从事动物诊疗活动的机构,应当向县级以上地方人民政府农业农村主管部门申请动物诊疗许可证。受理申请的农业农村主管部门应当依照本法和《中华人民共和国行政许可法》的规定进行审查。经审查合格的,发给动物诊疗许可证;不合格的,应当通知申请人并说明理由。

第六十三条　动物诊疗许可证应当载明诊疗机构名称、诊疗活动范围、从业地点和法定代表人(负责人)等事项。

动物诊疗许可证载明事项变更的,应当申请变更或者换发动物诊疗许可证。

第六十四条 动物诊疗机构应当按照国务院农业农村主管部门的规定,做好诊疗活动中的卫生安全防护、消毒、隔离和诊疗废弃物处置等工作。

第六十五条 从事动物诊疗活动,应当遵守有关动物诊疗的操作技术规范,使用符合规定的兽药和兽医器械。

兽药和兽医器械的管理办法由国务院规定。

第八章 兽医管理

第六十六条 国家实行官方兽医任命制度。

官方兽医应当具备国务院农业农村主管部门规定的条件,由省、自治区、直辖市人民政府农业农村主管部门按照程序确认,由所在地县级以上人民政府农业农村主管部门任命。具体办法由国务院农业农村主管部门制定。

海关的官方兽医应当具备规定的条件,由海关总署任命。具体办法由海关总署会同国务院农业农村主管部门制定。

第六十七条 官方兽医依法履行动物、动物产品检疫职责,任何单位和个人不得拒绝或者阻碍。

第六十八条 县级以上人民政府农业农村主管部门制定官方兽医培训计划,提供培训条件,定期对官方兽医进行培训和考核。

第六十九条 国家实行执业兽医资格考试制度。具有兽医相关专业大学专科以上学历的人员或者符合条件的乡村兽医,通过执业兽医资格考试的,由省、自治区、直辖市人民政府农业农村主管部门颁发执业兽医资格证书;从事动物诊疗等经营活动的,还应当向所在地县级人民政府农业农村主管部门备案。

执业兽医资格考试办法由国务院农业农村主管部门商国务院人力资源

主管部门制定。

第七十条 执业兽医开具兽医处方应当亲自诊断,并对诊断结论负责。

国家鼓励执业兽医接受继续教育。执业兽医所在机构应当支持执业兽医参加继续教育。

第七十一条 乡村兽医可以在乡村从事动物诊疗活动。具体管理办法由国务院农业农村主管部门制定。

第七十二条 执业兽医、乡村兽医应当按照所在地人民政府和农业农村主管部门的要求,参加动物疫病预防、控制和动物疫情扑灭等活动。

第七十三条 兽医行业协会提供兽医信息、技术、培训等服务,维护成员合法权益,按照章程建立健全行业规范和奖惩机制,加强行业自律,推动行业诚信建设,宣传动物防疫和兽医知识。

第九章 监督管理

第七十四条 县级以上地方人民政府农业农村主管部门依照本法规定,对动物饲养、屠宰、经营、隔离、运输以及动物产品生产、经营、加工、贮藏、运输等活动中的动物防疫实施监督管理。

第七十五条 为控制动物疫病,县级人民政府农业农村主管部门应当派人在所在地依法设立的现有检查站执行监督检查任务;必要时,经省、自治区、直辖市人民政府批准,可以设立临时性的动物防疫检查站,执行监督检查任务。

第七十六条 县级以上地方人民政府农业农村主管部门执行监督检查任务,可以采取下列措施,有关单位和个人不得拒绝或者阻碍:

(一)对动物、动物产品按照规定采样、留验、抽检;

(二)对染疫或者疑似染疫的动物、动物产品及相关物品进行隔离、查封、扣押和处理;

(三)对依法应当检疫而未经检疫的动物和动物产品,具备补检条件的

实施补检,不具备补检条件的予以收缴销毁;

(四)查验检疫证明、检疫标志和畜禽标识;

(五)进入有关场所调查取证,查阅、复制与动物防疫有关的资料。

县级以上地方人民政府农业农村主管部门根据动物疫病预防、控制需要,经所在地县级以上地方人民政府批准,可以在车站、港口、机场等相关场所派驻官方兽医或者工作人员。

第七十七条 执法人员执行动物防疫监督检查任务,应当出示行政执法证件,佩戴统一标志。

县级以上人民政府农业农村主管部门及其工作人员不得从事与动物防疫有关的经营性活动,进行监督检查不得收取任何费用。

第七十八条 禁止转让、伪造或者变造检疫证明、检疫标志或者畜禽标识。

禁止持有、使用伪造或者变造的检疫证明、检疫标志或者畜禽标识。

检疫证明、检疫标志的管理办法由国务院农业农村主管部门制定。

第十章　保障措施

第七十九条 县级以上人民政府应当将动物防疫工作纳入本级国民经济和社会发展规划及年度计划。

第八十条 国家鼓励和支持动物防疫领域新技术、新设备、新产品等科学技术研究开发。

第八十一条 县级人民政府应当为动物卫生监督机构配备与动物、动物产品检疫工作相适应的官方兽医,保障检疫工作条件。

县级人民政府农业农村主管部门可以根据动物防疫工作需要,向乡、镇或者特定区域派驻兽医机构或者工作人员。

第八十二条 国家鼓励和支持执业兽医、乡村兽医和动物诊疗机构开展动物防疫和疫病诊疗活动;鼓励养殖企业、兽药及饲料生产企业组建动物防疫服务团队,提供防疫服务。地方人民政府组织村级防疫员参加动物疫病防治工作的,应当保障村级防疫员合理劳务报酬。

第八十三条 县级以上人民政府按照本级政府职责,将动物疫病的监测、预防、控制、净化、消灭,动物、动物产品的检疫和病死动物的无害化处理,以及监督管理所需经费纳入本级预算。

第八十四条 县级以上人民政府应当储备动物疫情应急处置所需的防疫物资。

第八十五条 对在动物疫病预防、控制、净化、消灭过程中强制扑杀的动物、销毁的动物产品和相关物品,县级以上人民政府给予补偿。具体补偿标准和办法由国务院财政部门会同有关部门制定。

第八十六条 对从事动物疫病预防、检疫、监督检查、现场处理疫情以及在工作中接触动物疫病病原体的人员,有关单位按照国家规定,采取有效的卫生防护、医疗保健措施,给予畜牧兽医医疗卫生津贴等相关待遇。

第十一章 法律责任

第八十七条 地方各级人民政府及其工作人员未依照本法规定履行职责的,对直接负责的主管人员和其他直接责任人员依法给予处分。

第八十八条 县级以上人民政府农业农村主管部门及其工作人员违反本法规定,有下列行为之一的,由本级人民政府责令改正,通报批评;对直接负责的主管人员和其他直接责任人员依法给予处分:

(一)未及时采取预防、控制、扑灭等措施的;

(二)对不符合条件的颁发动物防疫条件合格证、动物诊疗许可证,或者对符合条件的拒不颁发动物防疫条件合格证、动物诊疗许可证的;

(三)从事与动物防疫有关的经营性活动,或者违法收取费用的;

(四)其他未依照本法规定履行职责的行为。

第八十九条 动物卫生监督机构及其工作人员违反本法规定,有下列行为之一的,由本级人民政府或者农业农村主管部门责令改正,通报批评;

对直接负责的主管人员和其他直接责任人员依法给予处分：

（一）对未经检疫或者检疫不合格的动物、动物产品出具检疫证明、加施检疫标志，或者对检疫合格的动物、动物产品拒不出具检疫证明、加施检疫标志的；

（二）对附有检疫证明、检疫标志的动物、动物产品重复检疫的；

（三）从事与动物防疫有关的经营性活动，或者违法收取费用的；

（四）其他未依照本法规定履行职责的行为。

第九十条　动物疫病预防控制机构及其工作人员违反本法规定，有下列行为之一的，由本级人民政府或者农业农村主管部门责令改正，通报批评；对直接负责的主管人员和其他直接责任人员依法给予处分：

（一）未履行动物疫病监测、检测、评估职责或者伪造监测、检测、评估结果的；

（二）发生动物疫情时未及时进行诊断、调查的；

（三）接到染疫或者疑似染疫报告后，未及时按照国家规定采取措施、上报的；

（四）其他未依照本法规定履行职责的行为。

第九十一条　地方各级人民政府、有关部门及其工作人员瞒报、谎报、迟报、漏报或者授意他人瞒报、谎报、迟报动物疫情，或者阻碍他人报告动物疫情的，由上级人民政府或者有关部门责令改正，通报批评；对直接负责的主管人员和其他直接责任人员依法给予处分。

第九十二条　违反本法规定，有下列行为之一的，由县级以上地方人民政府农业农村主管部门责令限期改正，可以处一千元以下罚款；逾期不改正的，处一千元以上五千元以下罚款，由县级以上地方人民政府农业农村主管部门委托动物诊疗机构、无害化处理场所等代为处理，所需费用由违法行为人承担：

（一）对饲养的动物未按照动物疫病强制免疫计划或者免疫技术规范实施免疫接种的；

（二）对饲养的种用、乳用动物未按照国务院农业农村主管部门的要求定期开展疫病检测，或者经检测不合格而未按照规定处理的；

（三）对饲养的犬只未按照规定定期进行狂犬病免疫接种的；

（四）动物、动物产品的运载工具在装载前和卸载后未按照规定及时清洗、消毒的。

第九十三条　违反本法规定，对经强制免疫的动物未按照规定建立免疫档案，或者未按照规定加施畜禽标识的，依照《中华人民共和国畜牧法》的有关规定处罚。

第九十四条　违反本法规定，动物、动物产品的运载工具、垫料、包装物、容器等不符合国务院农业农村主管部门规定的动物防疫要求的，由县级以上地方人民政府农业农村主管部门责令改正，可以处五千元以下罚款；情节严重的，处五千元以上五万元以下罚款。

第九十五条　违反本法规定，对染疫动物及其排泄物、染疫动物产品或者被染疫动物、动物产品污染的运载工具、垫料、包装物、容器等未按照规定处置的，由县级以上地方人民政府农业农村主管部门责令限期处理；逾期不处理的，由县级以上地方人民政府农业农村主管部门委托有关单位代为处理，所需费用由违法行为人承担，处五千元以上五万元以下罚款。

造成环境污染或者生态破坏的，依照环境保护有关法律法规进行处罚。

第九十六条　违反本法规定，患有人畜共患传染病的人员，直接从事动物疫病监测、检测、检验检疫，动物诊疗以及易感染动物的饲养、屠宰、经营、隔离、运输等活动的，由县级以上地方人民政府农业农村或者野生动物保护主管部门责令改正；拒不改正的，处一千元以上一万元以下罚款；情节严重的，处一万元以上五万元以下罚款。

第九十七条　违反本法第二十九条规定，屠宰、经营、运输动物或者生产、经营、加工、贮藏、运输动物产品的，由县级以上地方人民政府农业农村主管部门责令改正、采取补救措施，没收违法所得、动物和动物产品，并处同类检疫合格动物、动物产品货值金额十五倍以上三十倍以下罚款；同类检疫合格动物、动物产品货值金额不足一万元的，并处五万元以上十五万元以下罚款；其中依法应当检疫而未检疫的，依照本法第一百条的规定处罚。

前款规定的违法行为人及其法定代表人(负责人)、直接负责的主管人员和其他直接责任人员,自处罚决定作出之日起五年内不得从事相关活动;构成犯罪的,终身不得从事屠宰、经营、运输动物或者生产、经营、加工、贮藏、运输动物产品等相关活动。

第九十八条 违反本法规定,有下列行为之一的,由县级以上地方人民政府农业农村主管部门责令改正,处三千元以上三万元以下罚款;情节严重的,责令停业整顿,并处三万元以上十万元以下罚款:

(一)开办动物饲养场和隔离场所、动物屠宰加工场所以及动物和动物产品无害化处理场所,未取得动物防疫条件合格证的;

(二)经营动物、动物产品的集贸市场不具备国务院农业农村主管部门规定的防疫条件的;

(三)未经备案从事动物运输的;

(四)未按照规定保存行程路线和托运人提供的动物名称、检疫证明编号、数量等信息的;

(五)未经检疫合格,向无规定动物疫病区输入动物、动物产品的;

(六)跨省、自治区、直辖市引进种用、乳用动物到达输入地后未按照规定进行隔离观察的;

(七)未按照规定处理或者随意弃置病死动物、病害动物产品的。

第九十九条 动物饲养场和隔离场所、动物屠宰加工场所以及动物和动物产品无害化处理场所,生产经营条件发生变化,不再符合本法第二十四条规定的动物防疫条件继续从事相关活动的,由县级以上地方人民政府农业农村主管部门给予警告,责令限期改正;逾期仍达不到规定条件的,吊销动物防疫条件合格证,并通报市场监督管理部门依法处理。

第一百条 违反本法规定,屠宰、经营、运输的动物未附有检疫证明,经营和运输的动物产品未附有检疫证明、检疫标志的,由县级以上地方人民政府农业农村主管部门责令改正,处同类检疫合格动物、动物产品货值金额一倍以下罚款;对货主以外的承运人处运输费用三倍以上五倍以下罚款,情节严重的,处五倍以上十倍以下罚款。

违反本法规定,用于科研、展示、演出和比赛等非食用性利用的动物未附有检疫证明的,由县级以上地方人民政府农业农村主管部门责令改正,处三千元以上一万元以下罚款。

第一百零一条 违反本法规定,将禁止或者限制调运的特定动物、动物产品由动物疫病高风险区调入低风险区的, 由县级以上地方人民政府农业农村主管部门没收运输费用、违法运输的动物和动物产品,并处运输费用一倍以上五倍以下罚款。

第一百零二条 违反本法规定,通过道路跨省、自治区、直辖市运输动物,未经省、自治区、直辖市人民政府设立的指定通道入省境或者过省境的,由县级以上地方人民政府农业农村主管部门对运输人处五千元以上一万元以下罚款;情节严重的,处一万元以上五万元以下罚款。

第一百零三条 违反本法规定,转让、伪造或者变造检疫证明、检疫标志或者畜禽标识的, 由县级以上地方人民政府农业农村主管部门没收违法所得和检疫证明、检疫标志、畜禽标识,并处五千元以上五万元以下罚款。

持有、使用伪造或者变造的检疫证明、检疫标志或者畜禽标识的,由县级以上人民政府农业农村主管部门没收检疫证明、检疫标志、畜禽标识和对应的动物、动物产品,并处三千元以上三万元以下罚款。

第一百零四条 违反本法规定,有下列行为之一的,由县级以上地方人民政府农业农村主管部门责令改正,处三千元以上三万元以下罚款:

(一)擅自发布动物疫情的;

(二)不遵守县级以上人民政府及其农业农村主管部门依法作出的有关控制动物疫病规定的;

(三)藏匿、转移、盗掘已被依法隔离、封存、处理的动物和动物产品的。

第一百零五条 违反本法规定,未取得动物诊疗许可证从事动物诊疗活动的,由县级以上地方人民政府农业农村主管部门责令停止诊疗活动,没收违法所得, 并处违法所得一倍以上三倍以下罚款;违法所得不足三万元的,并处三千元以上三万元以下罚款。

动物诊疗机构违反本法规定,未按照规定实施卫生安全防护、消毒、隔离和处置诊疗废弃物的,由县级以上地方人民政府农业农村主管部门责令改正,处一千元以上一万元以下罚款;造成动物疫病扩散的,处一万元以上五万元以下罚款;情节严重的,吊销动物诊疗许可证。

第一百零六条 违反本法规定,未经执业兽医备案从事经营性动物诊疗活动的,由县级以上地方人民政府农业农村主管部门责令停止动物诊疗活动,没收违法所得,并处三千元以上三万元以下罚款;对其所在的动物诊疗机构处一万元以上五万元以下罚款。

执业兽医有下列行为之一的,由县级以上地方人民政府农业农村主管部门给予警告,责令暂停六个月以上一年以下动物诊疗活动;情节严重的,吊销执业兽医资格证书:

(一)违反有关动物诊疗的操作技术规范,造成或者可能造成动物疫病传播、流行的;

(二)使用不符合规定的兽药和兽医器械的;

(三)未按照当地人民政府或者农业农村主管部门要求参加动物疫病预防、控制和动物疫情扑灭活动的。

第一百零七条 违反本法规定,生产经营兽医器械,产品质量不符合要求的,由县级以上地方人民政府农业农村主管部门责令限期整改;情节严重的,责令停业整顿,并处两万元以上十万元以下罚款。

第一百零八条 违反本法规定,从事动物疫病研究、诊疗和动物饲养、屠宰、经营、隔离、运输,以及动物产品生产、经营、加工、贮藏、无害化处理等活动的单位和个人,有下列行为之一的,由县级以上地方人民政府农业农村主管部门责令改正,可以处一万元以下罚款;拒不改正的,处一万元以上五万元以下罚款,并可以责令停业整顿:

(一)发现动物染疫、疑似染疫未报告,或者未采取隔离等控制措施的;

(二)不如实提供与动物防疫有关的资料的;

（三）拒绝或者阻碍农业农村主管部门进行监督检查的；

（四）拒绝或者阻碍动物疫病预防控制机构进行动物疫病监测、检测、评估的；

（五）拒绝或者阻碍官方兽医依法履行职责的。

第一百零九条　违反本法规定，造成人畜共患传染病传播、流行的，依法从重给予处分、处罚。

违反本法规定，构成违反治安管理行为的，依法给予治安管理处罚；构成犯罪的，依法追究刑事责任。

违反本法规定，给他人人身、财产造成损害的，依法承担民事责任。

第十二章　附则

第一百一十条　本法下列用语的含义：

（一）无规定动物疫病区，是指具有天然屏障或者采取人工措施，在一定期限内没有发生规定的一种或者几种动物疫病，并经验收合格的区域；

（二）无规定动物疫病生物安全隔离区，是指处于同一生物安全管理体系下，在一定期限内没有发生规定的一种或者几种动物疫病的若干动物饲养场及其辅助生产场所构成的，并经验收合格的特定小型区域；

（三）病死动物，是指染疫死亡、因病死亡、死因不明或者经检验检疫可能危害人体或者动物健康的死亡动物；

（四）病害动物产品，是指来源于病死动物的产品，或者经检验检疫可能危害人体或者动物健康的动物产品。

第一百一十一条　境外无规定动物疫病区和无规定动物疫病生物安全隔离区的无疫等效性评估，参照本法有关规定执行。

第一百一十二条　实验动物防疫有特殊要求的，按照实验动物管理的有关规定执行。

第一百一十三条　本法自 2021 年 5 月 1 日起施行。

附录2

重大动物疫情应急条例

（2018最新版）

第一章　总则

第一条　为了迅速控制、扑灭重大动物疫情,保障养殖业生产安全,保护公众身体健康与生命安全,维护正常的社会秩序,根据《中华人民共和国动物防疫法》,制定本条例。

第二条　本条例所称重大动物疫情,是指高致病性禽流感等发病率或者死亡率高的动物疫病突然发生,迅速传播,给养殖业生产安全造成严重威胁、危害,以及可能对公众身体健康与生命安全造成危害的情形,包括特别重大动物疫情。

第三条　重大动物疫情应急工作应当坚持加强领导、密切配合,依靠科学、依法防治,群防群控、果断处置的方针,及时发现,快速反应,严格处理,减少损失。

第四条　重大动物疫情应急工作按照属地管理的原则,实行政府统一领导、部门分工负责,逐级建立责任制。县级以上人民政府兽医主管部门具体负责组织重大动物疫情的监测、调查、控制、扑灭等应急工作。县级以上人民政府林业主管部门、兽医主管部门按照职责分工,加强对陆生野生动物疫源疫病的监测。县级以上人民政府其他有关部门在各自的职责范围内,做好重大动物疫情的应急工作。

第五条　出入境检验检疫机关应当及时收集境外重大动物疫情信息,

加强进出境动物及其产品的检验检疫工作,防止动物疫病传入和传出。兽医主管部门要及时向出入境检验检疫机关通报国内重大动物疫情。

第六条 国家鼓励、支持开展重大动物疫情监测、预防、应急处理等有关技术的科学研究和国际交流与合作。

第七条 县级以上人民政府应当对参加重大动物疫情应急处理的人员给予适当补助,对作出贡献的人员给予表彰和奖励。

第八条 对不履行或者不按照规定履行重大动物疫情应急处理职责的行为,任何单位和个人有权检举控告。

第二章 应急准备

第九条 国务院兽医主管部门应当制定全国重大动物疫情应急预案,报国务院批准,并按照不同动物疫病病种及其流行特点和危害程度,分别制定实施方案,报国务院备案。县级以上地方人民政府根据本地区的实际情况,制定本行政区域的重大动物疫情应急预案,报上一级人民政府兽医主管部门备案。县级以上地方人民政府兽医主管部门,应当按照不同动物疫病病种及其流行特点和危害程度,分别制定实施方案。

重大动物疫情应急预案及其实施方案应当根据疫情的发展变化和实施情况,及时修改、完善。

第十条 重大动物疫情应急预案主要包括下列内容:

(一)应急指挥部的职责、组成以及成员单位的分工;

(二)重大动物疫情的监测、信息收集、报告和通报;

(三)动物疫病的确认、重大动物疫情的分级和相应的应急处理工作方案;

(四)重大动物疫情疫源的追踪和流行病学调查分析;

(五)预防、控制、扑灭重大动物疫情所需资金的来源、物资和技术的储备与调度;

(六)重大动物疫情应急处理设施和专业队伍建设。

第十一条 国务院有关部门和县级以上地方人民政府及其有关部门,应当根据重大动物疫情应急预案的要求,确保应急处理所需的疫苗、药品、设施设备和防护用品等物资的储备。

第十二条 县级以上人民政府应当建立和完善重大动物疫情监测网络和预防控制体系,加强动物防疫基础设施和乡镇动物防疫组织建设,并保证其正常运行,提高对重大动物疫情的应急处理能力。

第十三条 县级以上地方人民政府根据重大动物疫情应急需要,可以成立应急预备队,在重大动物疫情应急指挥部的指挥下,具体承担疫情的控制和扑灭任务。

应急预备队由当地兽医行政管理人员、动物防疫工作人员、有关专家、执业兽医等组成;必要时,可以组织动员社会上有一定专业知识的人员参加。公安机关、中国人民武装警察部队应当依法协助其执行任务。

应急预备队应当定期进行技术培训和应急演练。

第十四条 县级以上人民政府及其兽医主管部门应当加强对重大动物疫情应急知识和重大动物疫病科普知识的宣传,增强全社会的重大动物疫情防范意识。

第三章 监测、报告和公布

第十五条 动物防疫监督机构负责重大动物疫情的监测,饲养、经营动物和生产、经营动物产品的单位和个人应当配合,不得拒绝和阻碍。

第十六条 从事动物隔离、疫情监测、疫病研究与诊疗、检验检疫以及动物饲养、屠宰加工、运输、经营等活动的有关单位和个人,发现动物出现群体发病或者死亡的,应当立即向所在地的县(市)动物防疫监督机构报告。

第十七条 县(市)动物防疫监督机构接到报告后,应当立即赶赴现场调查核实。初步认为属于重大动物疫情的,应当在 2 小时内将情况逐级报省、自治区、直辖市动物防疫监督机构,并同时报所在地人民政府兽医主管部门;兽医主管部门应当及时通报同级卫生主管部门。

省、自治区、直辖市动物防疫监督机构应当在接到报告后1小时内,向省、自治区、直辖市人民政府兽医主管部门和国务院兽医主管部门所属的动物防疫监督机构报告。

省、自治区、直辖市人民政府兽医主管部门应当在接到报告后1小时内报本级人民政府和国务院兽医主管部门。

重大动物疫情发生后,省、自治区、直辖市人民政府和国务院兽医主管部门应当在4小时内向国务院报告。

第十八条 重大动物疫情报告包括下列内容:

(一)疫情发生的时间、地点;

(二)染疫、疑似染疫动物种类和数量、同群动物数量、免疫情况、死亡数量、临床症状、病理变化、诊断情况;

(三)流行病学和疫源追踪情况;

(四)已采取的控制措施;

(五)疫情报告的单位、负责人、报告人及联系方式。

第十九条 重大动物疫情由省、自治区、直辖市人民政府兽医主管部门认定;必要时,由国务院兽医主管部门认定。

第二十条 重大动物疫情由国务院兽医主管部门按照国家规定的程序,及时准确公布;其他任何单位和个人不得公布重大动物疫情。

第二十一条 重大动物疫病应当由动物防疫监督机构采集病料,未经国务院兽医主管部门或者省、自治区、直辖市人民政府兽医主管部门批准,其他单位和个人不得擅自采集病料。

从事重大动物疫病病原分离的,应当遵守国家有关生物安全管理规定,防止病原扩散。

第二十二条 国务院兽医主管部门应当及时向国务院有关部门和军队有关部门以及各省、自治区、直辖市人民政府兽医主管部门通报重大动物疫情的发生和处理情况。

第二十三条　发生重大动物疫情可能感染人群时，卫生主管部门应当对疫区内易受感染的人群进行监测，并采取相应的预防、控制措施。卫生主管部门和兽医主管部门应当及时相互通报情况。

第二十四条　有关单位和个人对重大动物疫情不得瞒报、谎报、迟报，不得授意他人瞒报、谎报、迟报，不得阻碍他人报告。

第二十五条　在重大动物疫情报告期间，有关动物防疫监督机构应当立即采取临时隔离控制措施；必要时，当地县级以上地方人民政府可以作出封锁决定并采取扑杀、销毁等措施。有关单位和个人应当执行。

第四章　应急处理

第二十六条　重大动物疫情发生后，国务院和有关地方人民政府设立的重大动物疫情应急指挥部统一领导、指挥重大动物疫情应急工作。

第二十七条　重大动物疫情发生后，县级以上地方人民政府兽医主管部门应当立即划定疫点、疫区和受威胁区，调查疫源，向本级人民政府提出启动重大动物疫情应急指挥系统、应急预案和对疫区实行封锁的建议，有关人民政府应当立即作出决定。

疫点、疫区和受威胁区的范围应当按照不同动物疫病病种及其流行特点和危害程度划定，具体划定标准由国务院兽医主管部门制定。

第二十八条　国家对重大动物疫情应急处理实行分级管理，按照应急预案确定的疫情等级，由有关人民政府采取相应的应急控制措施。

第二十九条　对疫点应当采取下列措施：

（一）扑杀并销毁染疫动物和易感染的动物及其产品；

（二）对病死的动物、动物排泄物、被污染饲料、垫料、污水进行无害化处理；

（三）对被污染的物品、用具、动物圈舍、场地进行严格消毒。

第三十条　对疫区应当采取下列措施：

（一）在疫区周围设置警示标志，在出入疫区的交通路口设置临时动物

检疫消毒站,对出入的人员和车辆进行消毒;

(二)扑杀并销毁染疫和疑似染疫动物及其同群动物,销毁染疫和疑似染疫的动物产品,对其他易感染的动物实行圈养或者在指定地点放养,役用动物限制在疫区内使役;

(三)对易感染的动物进行监测,并按照国务院兽医主管部门的规定实施紧急免疫接种,必要时对易感染的动物进行扑杀;

(四)关闭动物及动物产品交易市场,禁止动物进出疫区和动物产品运出疫区;

(五)对动物圈舍、动物排泄物、垫料、污水和其他可能受污染的物品、场地,进行消毒或者无害化处理。

第三十一条 对受威胁区应当采取下列措施:

(一)对易感染的动物进行监测;

(二)对易感染的动物根据需要实施紧急免疫接种。

第三十二条 重大动物疫情应急处理中设置临时动物检疫消毒站以及采取隔离、扑杀、销毁、消毒、紧急免疫接种等控制、扑灭措施的,由有关重大动物疫情应急指挥部决定,有关单位和个人必须服从;拒不服从的,由公安机关协助执行。

第三十三条 国家对疫区、受威胁区内易感染的动物免费实施紧急免疫接种;对因采取扑杀、销毁等措施给当事人造成的已经证实的损失,给予合理补偿。紧急免疫接种和补偿所需费用,由中央财政和地方财政分担。

第三十四条 重大动物疫情应急指挥部根据应急处理需要,有权紧急调集人员、物资、运输工具以及相关设施、设备。

单位和个人的物资、运输工具以及相关设施、设备被征集使用的,有关人民政府应当及时归还并给予合理补偿。

第三十五条 重大动物疫情发生后,县级以上人民政府兽医主管部门应当及时提出疫点、疫区、受威胁区的处理方案,加强疫情监测、流行病学调查、疫源追踪工作,对染疫和疑似染疫动物及其同群动物和其他易感染动物的扑杀、销毁进行技术指导,并组织实施检验检疫、消毒、无害化处理和紧急免疫接种。

第三十六条　重大动物疫情应急处理中，县级以上人民政府有关部门应当在各自的职责范围内，做好重大动物疫情应急所需的物资紧急调度和运输、应急经费安排、疫区群众救济、人的疫病防治、肉食品供应、动物及其产品市场监管、出入境检验检疫和社会治安维护等工作。

中国人民解放军、中国人民武装警察部队应当支持配合驻地人民政府做好重大动物疫情的应急工作。

第三十七条　重大动物疫情应急处理中,乡镇人民政府、村民委员会、居民委员会应当组织力量,向村民、居民宣传动物疫病防治的相关知识,协助做好疫情信息的收集、报告和各项应急处理措施的落实工作。

第三十八条　重大动物疫情发生地的人民政府和毗邻地区的人民政府应当通力合作,相互配合,做好重大动物疫情的控制、扑灭工作。

第三十九条　有关人民政府及其有关部门对参加重大动物疫情应急处理的人员,应当采取必要的卫生防护和技术指导等措施。

第四十条　自疫区内最后一头（只）发病动物及其同群动物处理完毕起,经过一个潜伏期以上的监测,未出现新的病例的,彻底消毒后,经上一级动物防疫监督机构验收合格,由原发布封锁令的人民政府宣布解除封锁,撤销疫区;由原批准机关撤销在该疫区设立的临时动物检疫消毒站。

第四十一条　县级以上人民政府应当将重大动物疫情确认、疫区封锁、扑杀及其补偿、消毒、无害化处理、疫源追踪、疫情监测以及应急物资储备等应急经费列入本级财政预算。

第五章　法律责任

第四十二条　违反本条例规定，兽医主管部门及其所属的动物防疫监督机构有下列行为之一的，由本级人民政府或者上级人民政府有关部门责令立即改正、通报批评、给予警告;对主要负责人、负有责任的主管人员和其他责任人员,依法给予记大过、降级、撤职直至开除的行政处分;构成犯罪的,依法追究刑事责任:

(一)不履行疫情报告职责,瞒报、谎报、迟报或者授意他人瞒报、谎报、迟报,阻碍他人报告重大动物疫情的;

(二)在重大动物疫情报告期间,不采取临时隔离控制措施,导致动物疫情扩散的;

(三)不及时划定疫点、疫区和受威胁区,不及时向本级人民政府提出应急处理建议,或者不按照规定对疫点、疫区和受威胁区采取预防、控制、扑灭措施的;

(四)不向本级人民政府提出启动应急指挥系统、应急预案和对疫区的封锁建议的;

(五)对动物扑杀、销毁不进行技术指导或者指导不力,或者不组织实施检验检疫、消毒、无害化处理和紧急免疫接种的;

(六)其他不履行本条例规定的职责,导致动物疫病传播、流行,或者对养殖业生产安全和公众身体健康与生命安全造成严重危害的。

第四十三条 违反本条例规定,县级以上人民政府有关部门不履行应急处理职责,不执行对疫点、疫区和受威胁区采取的措施,或者对上级人民政府有关部门的疫情调查不予配合或者阻碍、拒绝的,由本级人民政府或者上级人民政府有关部门责令立即改正、通报批评、给予警告;对主要负责人、负有责任的主管人员和其他责任人员,依法给予记大过、降级、撤职直至开除的行政处分;构成犯罪的,依法追究刑事责任。

第四十四条 违反本条例规定,有关地方人民政府阻碍报告重大动物疫情,不履行应急处理职责,不按照规定对疫点、疫区和受威胁区采取预防、控制、扑灭措施,或者对上级人民政府有关部门的疫情调查不予配合或者阻碍、拒绝的,由上级人民政府责令立即改正、通报批评、给予警告;对政府主要领导人依法给予记大过、降级、撤职直至开除的行政处分;构成犯罪的,依法追究刑事责任。

第四十五条 截留、挪用重大动物疫情应急经费,或者侵占、挪用应急储备物资的,按照《财政违法行为处罚处分条例》的规定处理;构成犯罪的,依法追究刑事责任。

第四十六条 违反本条例规定,拒绝、阻碍动物防疫监督机构进行重大动物疫情监测,或者发现动物出现群体发病或者死亡,不向当地动物防疫监督机构报告的,由动物防疫监督机构给予警告,并处 2000 元以上 5000 元以下的罚款;构成犯罪的,依法追究刑事责任。

第四十七条 违反本条例规定,擅自采集重大动物疫病病料,或者在重大动物疫病病原分离时不遵守国家有关生物安全管理规定的,由动物防疫监督机构给予警告,并处 5000 元以下的罚款;构成犯罪的,依法追究刑事责任。

第四十八条 在重大动物疫情发生期间,哄抬物价、欺骗消费者,散布谣言、扰乱社会秩序和市场秩序的,由价格主管部门、工商行政管理部门或者公安机关依法给予行政处罚;构成犯罪的,依法追究刑事责任。

第六章　附则

第四十九条 本条例自公布之日起施行。

附录3

一、二、三类动物疫病病种名录

一类动物疫病(17种)

口蹄疫、猪水泡病、猪瘟、非洲猪瘟、高致病性猪蓝耳病、非洲马瘟、牛瘟、牛传染性胸膜肺炎、牛海绵状脑病、痒病、蓝舌病、小反刍兽疫、绵羊痘和山羊痘、高致病性禽流感、新城疫、鲤春病毒血症、白斑综合征。

二类动物疫病(77种)

多种动物共患病(9种):狂犬病、布鲁氏菌病、炭疽、伪狂犬病、魏氏梭菌病、副结核病、弓形虫病、棘球蚴病、钩端螺旋体病。

牛病(8种):牛结核病、牛传染性鼻气管炎、牛恶性卡他热、牛白血病、牛出血性败血病、牛梨形虫病(牛焦虫病)、牛锥虫病、日本血吸虫病。

绵羊和山羊病(2种):山羊关节炎脑炎、梅迪-维斯纳病

猪病(12种):猪繁殖与呼吸综合征(经典猪蓝耳病)、猪乙型脑炎、猪细小病毒病、猪丹毒、猪肺疫、猪链球菌病、猪传染性萎缩性鼻炎、猪支原体肺炎、旋毛虫病、猪囊尾蚴病、猪圆环病毒病、副猪嗜血杆菌病

马病(5种):马传染性贫血、马流行性淋巴管炎、马鼻疽、马巴贝斯虫病、伊氏锥虫病

禽病(18种):鸡传染性喉气管炎、鸡传染性支气管炎、传染性法氏囊病、马立克氏病、产蛋下降综合征、禽白血病、禽痘、鸭瘟、鸭病毒性肝炎、鸭浆膜炎、小鹅瘟、禽霍乱、鸡白痢、禽伤寒、鸡败血支原体感染、鸡球虫病、低致病性禽流感、禽网状内皮组织增殖症。

兔病(4种):兔病毒性出血病、兔黏液瘤病、野兔热、兔球虫病。

蜜蜂病(2种):美洲幼虫腐臭病、欧洲幼虫腐臭病。

鱼类病(11 种):草鱼出血病、传染性脾肾坏死病、锦鲤疱疹病毒病、刺激隐核虫病、淡水鱼细菌性败血症、病毒性神经坏死病、流行性造血器官坏死病、斑点叉尾鮰病毒病、传染性造血器官坏死病、病毒性出血性败血症、流行性溃疡综合征。

甲壳类病(6 种):桃拉综合征、黄头病、罗氏沼虾白尾病、对虾杆状病毒病、传染性皮下和造血器官坏死病、传染性肌肉坏死病。

三类动物疫病(63 种)

多种动物共患病(8 种):大肠杆菌病、李氏杆菌病、类鼻疽、放线菌病、肝片吸虫病、丝虫病、附红细胞体病、Q 热。

牛病(5 种):牛流行热、牛病毒性腹泻/黏膜病、牛生殖器弯曲杆菌病、毛滴虫病、牛皮蝇蛆病。

绵羊和山羊病(6 种):肺腺瘤病、传染性脓疱、羊肠毒血症、干酪性淋巴结炎、绵羊疥癣,绵羊地方性流产。

马病(5 种):马流行性感冒、马腺疫、马鼻腔肺炎、溃疡性淋巴管炎、马媾疫。

猪病(4 种):猪传染性胃肠炎、猪流行性感冒、猪副伤寒、猪密螺旋体痢疾。

禽病(4 种):鸡病毒性关节炎、禽传染性脑脊髓炎、传染性鼻炎、禽结核病。

蚕、蜂病(7 种):蚕型多角体病、蚕白僵病、蜂螨病、瓦螨病、亮热厉螨病、蜜蜂孢子虫病、白垩病。

犬猫等动物病(7 种):水貂阿留申病、水貂病毒性肠炎、犬瘟热、犬细小病毒病、犬传染性肝炎、猫泛白细胞减少症、利什曼病。

鱼类病(7 种):鮰类肠败血症、迟缓爱德华氏菌病、小瓜虫病、黏孢子虫病、三代虫病、指环虫病、链球菌病。

甲壳类病(2 种):河蟹颤抖病、斑节对虾杆状病毒病。

贝类病(6 种):鲍脓疱病、鲍立克次体病、鲍病毒性死亡病、包纳米虫病、折光马尔太虫病、奥尔森派琴虫病。

两栖与爬行类病(2 种):鳖腮腺炎病、蛙脑膜炎败血金黄杆菌病。

附录4

动物疫病实验室检验采样方法

（NY/T541-2002）

1 范围

本标准规定了动物疫病诊断实验室的样品采集方法。

本标准适用于病原学、病理组织学、血清学、免疫学等实验室检验所需样品的采集。

2 样品采集的一般原则和采集前的准备

2.1 样品采集所遵循的一般原则

2.1.1 凡发现患畜（包括马、牛、羊及猪等）有急性死亡时，如怀疑是炭疽，则不可随意解剖，应采取患畜的血液，万不得已时局部解剖作脾脏触片的显微镜检查。只有在确定不是炭疽后，方可进行剖检。

2.1.2 采取病料的种类，根据不同的疾病或检验目的，采其相应的脏器、内容物、分泌物、排泄物或其他材料；进行流行病学调查、抗体检测、动物群体健康评估或环境卫生检测时，样品的数量应满足统计学的要求。采样时应小心谨慎，以免对动物产生不必要的刺激或损害和对采样者构成威胁。在无法估计病因时，可进行全面地采集。检查病变与采集病料应统筹考虑。

2.1.3 内脏病料的采取，如患畜已死亡，应尽快采集，最迟不超过 6 h。

2.1.4 血液样品在采集前一般禁食 8 h。

2.1.5 应做好人身防护，严防人畜共患病感染。

2.1.6 应防止污染环境，防止疫病传播，做好环境消毒和病害肉尸的处理。

2.2 使用器械的消毒

刀、剪、镊子 等用具煮沸消毒 30 min，使用前用酒精擦拭，用时进行火焰消毒。器皿玻制、陶制等经 103 kPa 高压 30 min,或经 160℃干烤 2 h 灭菌;或放于 0.5%~1%的碳酸氢钠水中煮沸 10~15 min, 水洗后再用清洁纱布擦干,保存于酒精、乙醚等溶液中备用。注射器和针头放于清洁水中煮沸 30 min。一般要求使用"一次性"针头和注射器。采取一种病料使用一套器械与容器,不可用其再采其他病料或容纳其他脏器材料。采过病料的用具应先消毒后清洗。检查过传染性海绵状脑病的器械要放在 2 mol/L 的氢氧化钠溶液中浸泡 2 h 以上,才可再使用。

3 样品的采集

3.1 血液

3.1.1 采血部位

大的哺乳动物可选用颈静脉或尾静脉采血, 也可采胫外静脉和乳房静脉血。毛皮动物少量采血可穿刺耳尖或耳壳外侧静脉,多量采血可在颈静脉采集,也可用尖刀划破趾垫 0.5 cm 深或剪断尾尖部采血。啮齿类动物可从尾尖采血,也可由眼窝内的血管丛采血;兔可从耳背静脉、颈静脉或心脏采血。禽类通常选择翅静脉采血,也可通过心脏采血。

3.1.2 采血方法

对动物采血部位的皮肤先剃毛(拔毛),75%的酒精消毒,待干燥后采血,采血可用针管、针头、真空管或用三棱针穿刺,将血液滴到开口的试管内。禽类等的少量血清样品的采集, 可用塑料管采集。用针头刺破消毒过的翅静脉,将血液滴到直径为 3~4 mm 的塑料管内,将一端封口。

3.1.3 采血种类

3.1.3.1 全血样品

进行血液学分析,细菌、病毒或原虫培养,通常用全血样品,样品中加抗凝剂。抗凝剂可用 0.1%肝素、阿氏液(见附录 A.1)(阿氏液为红细胞保存液,使用时,以 1 份血液加 2 份阿氏液)或枸橼酸钠(3.8%~4%的枸橼酸钠 0.1 mL,可抗 1 mL 血液)。采血时应直接将血液滴入抗凝剂中,并立即轻轻连续摇动,充分混合。也可将血液放入装有玻璃珠的灭菌瓶内,震荡脱纤维蛋白。

3.1.3.2 血清样品

进行血清学试验通常用血清样品。用作血清样品的血液中不加抗凝剂,血液在室温下静置 2~4 h(防止暴晒),待血液凝固,有血清析出时,用无菌剥离针剥离血凝块,然后置 4℃冰箱过夜,待大部分血清析出后取出血清,必要时经低速离心分离出血清。在不影响检验要求原则下可因需要加入适宜的防腐剂。做病毒中和试验的血清避免使用化学防腐剂(如硼酸、硫柳汞等)。若需长时间保存,则将血清置–20℃以下保存,但要尽量防止或减少反复冻融。样品容器上贴详细标签。

3.1.3.3 血浆的采集

采血试管内先加上抗凝剂(每 10 mL 血加柠檬酸钠 0.04~0.05 g),血液采完后,将试管颠倒几次,使血液与抗凝剂充分混合,然后静止,待细胞下沉后,上层即为血浆。

3.2 一般组织

3.2.1 采样方法

用常规解剖器械剥离死亡动物的皮肤,体腔用消毒的器械剥开,所需病料按无菌操作方法从新鲜尸体中采集。剖开腹腔后,注意不要损坏肠道。

作病原分离用:进行细菌、病毒、原虫等病原分离所用组织块的采集,可用一套新消毒的器械切取所需器官的组织块,每个组织块应单独放在已消毒的容器内,容器壁上注明日期、组织或动物名称。注意防止组织间相互污染。

3.2.2 采样种类

3.2.2.1 病原分离样品的采集

用于微生物学检验的病料应新鲜,尽可能地减少污染。用于细菌分离的样品的采集,首先以烧红的刀片烫烙脏器表面,在烧烙部位刺一孔,用灭菌后的铂耳伸入孔内,取少量组织或液体,作涂片镜检或划线接种于适宜的培养基上。

3.2.2.2　组织病理学检查样品的采集

采集包括病灶及临近正常组织的组织块，立即放入 10 倍于组织块的 10%福尔马林溶液中固定。组织块厚度不超过 0.5 cm，切成 1~2 cm²（检查狂犬病则需要较大的组织块）。组织块切忌挤压、刮摸和用水洗。如作冷冻切片用，则将组织块放在 0~4℃容器中，尽快送实验室检测。

3.3　肠内容物或粪便

肠道只需选择病变最明显的部分，将其中的内容物弃去，用灭菌生理盐水轻轻冲洗；也可烧烙肠壁表面，用吸管扎穿肠壁，从肠腔内吸取内容物，将肠内容物放入盛有灭菌的 30%甘油盐水缓冲保存液（见附录 A.2）中送检。或者将带有粪便的肠管两端结扎，从两端剪断送检。

从体外采集粪便，应力求新鲜。或者用拭子小心地插到直肠黏膜表面采集粪便，然后将拭子放入盛有灭菌的 30%甘油盐水缓冲保存液中送检。

3.4　胃液及瘤胃内容物

3.4.1　胃液采集

胃液可用多孔的胃管抽取。将胃管送入胃内，其外露端接在吸引器的负压瓶上，加负压后，胃液即可自动流出。

3.4.2　瘤胃内容物采集

反刍动物在反刍时，与食团从食道逆入口腔时，立即开口拉住舌头，另一只手深入口腔即可取出少量的瘤胃内容物。

3.5　呼吸道

应用灭菌的棉拭子采集鼻腔、咽喉或气管内的分泌物，蘸取分泌物后立即将拭子浸入保存液中，密封低温保存。常用的保存液有 pH7.2~7.4 的灭菌肉汤（见附录 A.3）或磷酸盐缓冲盐水，如准备将待检标本接种组织培养，则保存于含 0.5%乳蛋白水解物的汉克氏（Hank's）液中。一般每支拭子需保存液 5 mL。

3.6　生殖道

可采集阴道或包皮冲洗液，或者采用合适的拭子，有时也可用尿道拭子采集。

3.7 眼睛

眼结膜表面用拭子轻轻擦拭后，放在灭菌的30%甘油盐水缓冲保存液中送检。有时也采取病变组织碎屑，置载玻片上，供显微镜检查。

3.8 皮肤

病料直接采自病变部位，如病变皮肤的碎屑、未破裂水泡的水泡液、水泡皮等。

3.9 胎儿

将流产后的整个胎儿，用塑料薄膜、油布或数层不透水的油纸包紧，装入木箱内，立即送往实验室。

3.10 小家畜及家禽

将整个尸体包入不透水塑料薄膜、油纸或油布中，装入木箱内，送往实验室。

3.11 骨

需要完整的骨标本时，应将附着的肌肉和韧带等全部存在，表面撒上食盐，然后包在浸过5%石炭酸溶液的纱布中，装入不漏水的容器内送往实验室。

3.12 脑、脊髓

3.12.1 全脑、脊髓的采集

如采取脑、脊髓做病毒检查，可将脑、脊髓浸入30%甘油盐水液中或将整个头部割下，包在浸过消毒液的纱布中，置于不漏水的容器内送往实验室。

3.12.2 脑、脊髓液的采集

3.12.2.1 采样前的准备

采样使用特制的专用穿刺针，或用长的封闭针头（将针头稍磨钝，并配以合适的针芯），采样前术部及用具均按常规消毒。

3.12.2.2 采样方法

3.12.2.2.1 颈椎穿刺法：穿刺点为环枢孔。将动物实施站立或横卧保定，使

其头部向前下方屈曲,术部经剪毛消毒,穿刺针与皮肤面呈垂直缓慢刺入。将针体刺入蛛网膜下腔,立即拔出针芯,脑脊髓液自动流出或点滴状流出,盛入消毒容器内。

3.12.2.2.2　腰椎穿刺法:穿刺部位为腰荐孔。实施站立保定,术部剪毛消毒后,用专用的穿刺针刺入,当刺入蛛网膜下腔时,即有脑脊髓液滴状滴出或用消毒注射器抽取,盛入消毒容器内。

3.12.2.3　采样数量

大型动物颈部穿刺一次采集量 35~70 mL,腰椎穿刺一次采集量 15~30 mL。

3.13　液体病料

采集胆汁、脓、黏液或关节液等样品时,用烫烙法消毒采样部位,用灭菌吸管、毛细吸管或注射器经烫烙部位插入,吸取内部液体材料,然后将材料注入灭菌的试管中,塞好棉塞送检。也可用接种环经消毒的部位插入,提取病料直接接种在培养基上。

供显微镜检查的脓、血液及黏液抹片的制备方法:先将材料置玻片上,可用一灭菌玻棒均匀涂抹或另用一坡片推抹。组织块、致密结节及脓汁等亦可在两张玻片中间,然后沿水平面向两端推移。用组织块作触片时,持小镊将组织块的游离面在玻片上轻轻涂抹即可。

3.14　乳汁

乳房先用消毒药水洗净(取乳者的手亦应事先消毒),并把乳房附近的毛刷湿,最初所挤的 3~4 把乳汁弃去,然后再采集 10 mL 左右乳汁于灭菌试管中。进行血清学检验的乳汁不应冻结、加热或强烈震动。

3.15　精液

精液样品用人工方法采集,所采样品应包括"富精"部分,并避免加入防腐剂。

3.16　尿液的采集

在动物排尿时,用洁净的容器直接接取。也可使用塑料袋,固定在雌畜外阴部或雄畜的阴茎下接取尿液。采取尿液,宜早晨进行。

3.17 环境

为监测环境卫生或调查疾病,可从遗弃物、通风管、下水道、孵化厂或屠宰场采集有代表性样品。

4 送检样品的记录

送往实验室的样品应有一式三份的送检报告,一份随样品送实验室,一份随后寄去,另一份备案。样品记录至少应包括以下内容:

a)畜主的姓名和畜禽场的地址;

b)畜(农)场里饲养的动物品种及其数量;

c)被感染的动物种类;

d)首发病例和继发病例的日期及造成的损失;

e)感染动物在畜群中的分布情况;

f)死亡动物数、出现临床症状的动物数量及其年龄;

g)临床症状及其持续时间,包括口腔、眼睛和腿部的情况,产奶或产蛋的记录,死亡情况和时间,免疫和用药情况等;

h)饲养类型和标准,包括饲料种类;

i)送检样品清单和说明,包括病料的种类、保存方法等;

j)动物治疗史;

k)要求做何种试验;

l)送检者的姓名、地址、邮编和电话;

m)送检日期。

5 样品的运送

所采集的样品以最快最直接的途径送往实验室。如果样品能在采集后24 h内送抵实验室,则可放在4℃左右的容器中运送。只有在24 h内不能将样品送往实验室并不致影响检验结果的情况下,才可把样品冷冻,并以此状态运送。根据试验需要决定送往实验室的样品是否放在保存液中运送。

要避免样品泄漏。装在试管或广口瓶中的病料密封后装在冰瓶中运送,防止试管和容器倾倒。如需寄送,则用带螺口的瓶子装样品,并用胶带或石蜡封口。将装样品的并有识别标志的瓶子放到更大的具有坚实外壳的容器内,并垫上足够的缓冲材料。空运时,将其放到飞机的加压舱内。

制成的涂片、触片、玻片上注明号码,并另附说明。玻片两端用细木条分隔开,层层叠加,底层和最上一片涂面向内,用细线包扎再用纸包好,在保证不被压碎的条件下运送。 所有样品都要贴上详细标签。

规范性附录 A
待检样品保存液的配制
(规范性附录)

A.1　阿(Alserer)氏液

葡萄糖	2.05 g
柠檬酸钠($Na_3C_6H_5O_7 2H_2O$)	0.80 g
氯化钠(NaCl)	0.42 g
蒸馏水(或无离子水)	加至 100 mL

溶解后,以 10%柠檬酸调至 pH 为 6.1 分装后,70 kPa 10 min 灭菌,冷却后 4 保存备用。

A.2　30%甘油盐水缓冲液

甘油	30 mL
氯化钠	4.2 g
磷酸二氢钾	1.0 g
磷酸氢二钾	3.1 g
0.02%酚红	1.5 mL
蒸馏水	加至 100 mL

加热溶化,校正 pH 值为 7.6,100 kPa 15 min 灭菌,冰箱保存备用。

A.3　肉汤（broth）

牛肉膏	3.5 g
蛋白胨	10 g
氯化钠	5 g

充分混合后加热溶解，校正 pH 为 7.2~7.4，再用流通蒸气加热 30 min，用滤纸过滤，获蒿黄色透明液体，分装于试管或烧瓶中，以 100 kPa 20 min 灭菌。保存于冰箱中备用。

附录5

病原微生物实验室生物安全管理条例

（2018 年修订版）

　　《病原微生物实验室生物安全管理条例》是为加强病原微生物实验室（以下称实验室）生物安全管理，保护实验室工作人员和公众的健康制定。2004 年 11 月 12 日中华人民共和国国务院令第 424 号公布。根据 2016 年 2 月 6 日《国务院关于修改部分行政法规的决定》第一次修订。根据 2018 年 3 月 19 日《国务院关于修改和废止部分行政法规的决定》第二次修订。

第一章　总则

　　第一条　为了加强病原微生物实验室（以下称实验室）生物安全管理，保护实验室工作人员和公众的健康，制定本条例。

　　第二条　对中华人民共和国境内的实验室及其从事实验活动的生物安全管理，适用本条例。

　　本条例所称病原微生物，是指能够使人或者动物致病的微生物。

　　本条例所称实验活动，是指实验室从事与病原微生物菌（毒）种、样本有关的研究、教学、检测、诊断等活动。

　　第三条　国务院卫生主管部门主管与人体健康有关的实验室及其实验活动的生物安全监督工作。

　　国务院兽医主管部门主管与动物有关的实验室及其实验活动的生物安全监督工作。

国务院其他有关部门在各自职责范围内负责实验室及其实验活动的生物安全管理工作。

县级以上地方人民政府及其有关部门在各自职责范围内负责实验室及其实验活动的生物安全管理工作。

第四条 国家对病原微生物实行分类管理,对实验室实行分级管理。

第五条 国家实行统一的实验室生物安全标准。实验室应当符合国家标准和要求。

第六条 实验室的设立单位及其主管部门负责实验室日常活动的管理,承担建立健全安全管理制度,检查、维护实验设施、设备,控制实验室感染的职责。

第二章 病原微生物的分类和管理

第七条 国家根据病原微生物的传染性、感染后对个体或者群体的危害程度,将病原微生物分为四类:

第一类病原微生物,是指能够引起人类或者动物非常严重疾病的微生物,以及我国尚未发现或者已经宣布消灭的微生物。

第二类病原微生物,是指能够引起人类或者动物严重疾病,比较容易直接或者间接在人与人、动物与人、动物与动物间传播的微生物。

第三类病原微生物,是指能够引起人类或者动物疾病,但一般情况下对人、动物或者环境不构成严重危害,传播风险有限,实验室感染后很少引起严重疾病,并且具备有效治疗和预防措施的微生物。

第四类病原微生物,是指在通常情况下不会引起人类或者动物疾病的微生物。

第一类、第二类病原微生物统称为高致病性病原微生物。

第八条 人间传染的病原微生物名录由国务院卫生主管部门商国务院有关部门后制定、调整并予以公布;动物间传染的病原微生物名录由国务院兽医主管部门商国务院有关部门后制定、调整并予以公布。

第九条 采集病原微生物样本应当具备下列条件：

（一）具有与采集病原微生物样本所需要的生物安全防护水平相适应的设备；

（二）具有掌握相关专业知识和操作技能的工作人员；

（三）具有有效防止病原微生物扩散和感染的措施；

（四）具有保证病原微生物样本质量的技术方法和手段。

采集高致病性病原微生物样本的工作人员在采集过程中应当防止病原微生物扩散和感染，并对样本的来源、采集过程和方法等作详细记录。

第十条 运输高致病性病原微生物菌（毒）种或者样本，应当通过陆路运输；没有陆路通道，必须经水路运输的，可以通过水路运输；紧急情况下或者需要将高致病性病原微生物菌（毒）种或者样本运往国外的，可以通过民用航空运输。

第十一条 运输高致病性病原微生物菌（毒）种或者样本，应当具备下列条件：

（一）运输目的、高致病性病原微生物的用途和接收单位符合国务院卫生主管部门或者兽医主管部门的规定；

（二）高致病性病原微生物菌（毒）种或者样本的容器应当密封，容器或者包装材料还应当符合防水、防破损、防外泄、耐高（低）温、耐高压的要求；

（三）容器或者包装材料上应当印有国务院卫生主管部门或者兽医主管部门规定的生物危险标识、警告用语和提示用语。

运输高致病性病原微生物菌（毒）种或者样本，应当经省级以上人民政府卫生主管部门或者兽医主管部门批准。在省、自治区、直辖市行政区域内运输的，由省、自治区、直辖市人民政府卫生主管部门或者兽医主管部门批准；需要跨省、自治区、直辖市运输或者运往国外的，由出发地的省、自治区、直辖市人民政府卫生主管部门或者兽医主管部门进行初审后，分别报国务院卫生主管部门或者兽医主管部门批准。

出入境检验检疫机构在检验检疫过程中需要运输病原微生物样本的，由国务院出入境检验检疫部门批准，并同时向国务院卫生主管部门或者兽医主管部门通报。

通过民用航空运输高致病性病原微生物菌(毒)种或者样本的，除依照本条第二款、第三款规定取得批准外，还应当经国务院民用航空主管部门批准。有关主管部门应当对申请人提交的关于运输高致病性病原微生物菌(毒)种或者样本的申请材料进行审查，对符合本条第一款规定条件的，应当即时批准。

第十二条　运输高致病性病原微生物菌(毒)种或者样本，应当由不少于2人的专人护送，并采取相应的防护措施。

有关单位或者个人不得通过公共电(汽)车和城市铁路运输病原微生物菌(毒)种或者样本。

第十三条　需要通过铁路、公路、民用航空等公共交通工具运输高致病性病原微生物菌(毒)种或者样本的，承运单位应当凭本条例第十一条规定的批准文件予以运输。

承运单位应当与护送人共同采取措施，确保所运输的高致病性病原微生物菌(毒)种或者样本的安全，严防发生被盗、被抢、丢失、泄漏事件。

第十四条　国务院卫生主管部门或者兽医主管部门指定的菌(毒)种保藏中心或者专业实验室（以下称保藏机构），承担集中储存病原微生物菌(毒)种和样本的任务。

保藏机构应当依照国务院卫生主管部门或者兽医主管部门的规定，储存实验室送交的病原微生物菌(毒)种和样本，并向实验室提供病原微生物菌(毒)种和样本。

保藏机构应当制定严格的安全保管制度，作好病原微生物菌(毒)种和样本进出和储存的记录，建立档案制度，并指定专人负责。对高致病性病原微生物菌(毒)种和样本应当设专库或者专柜单独储存。

保藏机构储存、提供病原微生物菌(毒)种和样本，不得收取任何费用，其经费由同级财政在单位预算中予以保障。

保藏机构的管理办法由国务院卫生主管部门会同国务院兽医主管部门制定。

第十五条 保藏机构应当凭实验室依照本条例的规定取得的从事高致病性病原微生物相关实验活动的批准文件，向实验室提供高致病性病原微生物菌(毒)种和样本,并予以登记。

第十六条 实验室在相关实验活动结束后，应当依照国务院卫生主管部门或者兽医主管部门的规定,及时将病原微生物菌(毒)种和样本就地销毁或者送交保藏机构保管。

保藏机构接受实验室送交的病原微生物菌(毒)种和样本,应当予以登记,并开具接收证明。

第十七条 高致病性病原微生物菌(毒)种或者样本在运输、储存中被盗、被抢、丢失、泄漏的,承运单位、护送人、保藏机构应当采取必要的控制措施,并在 2 小时内分别向承运单位的主管部门、护送人所在单位和保藏机构的主管部门报告, 同时向所在地的县级人民政府卫生主管部门或者兽医主管部门报告,发生被盗、被抢、丢失的,还应当向公安机关报告;接到报告的卫生主管部门或者兽医主管部门应当在 2 小时内向本级人民政府报告,并同时向上级人民政府卫生主管部门或者兽医主管部门和国务院卫生主管部门或者兽医主管部门报告。

县级人民政府应当在接到报告后 2 小时内向设区的市级人民政府或者上一级人民政府报告;设区的市级人民政府应当在接到报告后 2 小时内向省、自治区、直辖市人民政府报告。省、自治区、直辖市人民政府应当在接到报告后 1 小时内,向国务院卫生主管部门或者兽医主管部门报告。

任何单位和个人发现高致病性病原微生物菌(毒)种或者样本的容器或者包装材料,应当及时向附近的卫生主管部门或者兽医主管部门报告;接到报告的卫生主管部门或者兽医主管部门应当及时组织调查核实,并依法采取必要的控制措施。

第三章　实验室的设立与管理

第十八条　国家根据实验室对病原微生物的生物安全防护水平，并依照实验室生物安全国家标准的规定，将实验室分为一级、二级、三级、四级。

第十九条　新建、改建、扩建三级、四级实验室或者生产、进口移动式三级、四级实验室应当遵守下列规定：

（一）符合国家生物安全实验室体系规划并依法履行有关审批手续；

（二）经国务院科技主管部门审查同意；

（三）符合国家生物安全实验室建筑技术规范；

（四）依照《中华人民共和国环境影响评价法》的规定进行环境影响评价并经环境保护主管部门审查批准；

（五）生物安全防护级别与其拟从事的实验活动相适应。

前款规定所称国家生物安全实验室体系规划，由国务院投资主管部门会同国务院有关部门制定。制定国家生物安全实验室体系规划应当遵循总量控制、合理布局、资源共享的原则，并应当召开听证会或者论证会，听取公共卫生、环境保护、投资管理和实验室管理等方面专家的意见。

第二十条　三级、四级实验室应当通过实验室国家认可。

国务院认证认可监督管理部门确定的认可机构应当依照实验室生物安全国家标准以及本条例的有关规定，对三级、四级实验室进行认可；实验室通过认可的，颁发相应级别的生物安全实验室证书。证书有效期为 5 年。

第二十一条　一级、二级实验室不得从事高致病性病原微生物实验活动。三级、四级实验室从事高致病性病原微生物实验活动，应当具备下列条件：

（一）实验目的和拟从事的实验活动符合国务院卫生主管部门或者兽医主管部门的规定；

（二）通过实验室国家认可；

（三）具有与拟从事的实验活动相适应的工作人员；

(四)工程质量经建筑主管部门依法检测验收合格。

第二十二条 三级、四级实验室,需要从事某种高致病性病原微生物或者疑似高致病性病原微生物实验活动的,应当依照国务院卫生主管部门或者兽医主管部门的规定报省级以上人民政府卫生主管部门或者兽医主管部门批准。实验活动结果以及工作情况应当向原批准部门报告。

实验室申报或者接受与高致病性病原微生物有关的科研项目,应当符合科研需要和生物安全要求,具有相应的生物安全防护水平。与动物间传染的高致病性病原微生物有关的科研项目,应当经国务院兽医主管部门同意;与人体健康有关的高致病性病原微生物科研项目,实验室应当将立项结果告知省级以上人民政府卫生主管部门。

第二十三条 出入境检验检疫机构、医疗卫生机构、动物防疫机构在实验室开展检测、诊断工作时,发现高致病性病原微生物或者疑似高致病性病原微生物,需要进一步从事这类高致病性病原微生物相关实验活动的,应当依照本条例的规定经批准同意,并在具备相应条件的实验室中进行。

专门从事检测、诊断的实验室应当严格依照国务院卫生主管部门或者兽医主管部门的规定,建立健全规章制度,保证实验室生物安全。

第二十四条 省级以上人民政府卫生主管部门或者兽医主管部门应当自收到需要从事高致病性病原微生物相关实验活动的申请之日起 15 日内作出是否批准的决定。

对出入境检验检疫机构为了检验检疫工作的紧急需要,申请在实验室对高致病性病原微生物或者疑似高致病性病原微生物开展进一步实验活动的,省级以上人民政府卫生主管部门或者兽医主管部门应当自收到申请之时起 2 小时内作出是否批准的决定;2 小时内未作出决定的,实验室可以从事相应的实验活动。

省级以上人民政府卫生主管部门或者兽医主管部门应当为申请人通过电报、电传、传真、电子数据交换和电子邮件等方式提出申请提供方便。

第二十五条 新建、改建或者扩建一级、二级实验室,应当向设区的市级人民政府卫生主管部门或者兽医主管部门备案。设区的市级人民政府卫生主管部门或者兽医主管部门应当每年将备案情况汇总后报省、自治区、直辖市人民政府卫生主管部门或者兽医主管部门。

第二十六条　国务院卫生主管部门和兽医主管部门应当定期汇总并互相通报实验室数量和实验室设立、分布情况,以及三级、四级实验室从事高致病性病原微生物实验活动的情况。

第二十七条　已经建成并通过实验室国家认可的三级、四级实验室应当向所在地的县级人民政府环境保护主管部门备案。环境保护主管部门依照法律、行政法规的规定对实验室排放的废水、废气和其他废物处置情况进行监督检查。

第二十八条　对我国尚未发现或者已经宣布消灭的病原微生物,任何单位和个人未经批准不得从事相关实验活动。

为了预防、控制传染病,需要从事前款所指病原微生物相关实验活动的,应当经国务院卫生主管部门或者兽医主管部门批准,并在批准部门指定的专业实验室中进行。

第二十九条　实验室使用新技术、新方法从事高致病性病原微生物相关实验活动的,应当符合防止高致病性病原微生物扩散、保证生物安全和操作者人身安全的要求,并经国家病原微生物实验室生物安全专家委员会论证;经论证可行的,方可使用。

第三十条　需要在动物体上从事高致病性病原微生物相关实验活动的,应当在符合动物实验室生物安全国家标准的三级以上实验室进行。

第三十一条　实验室的设立单位负责实验室的生物安全管理。

实验室的设立单位应当依照本条例的规定制定科学、严格的管理制度,并定期对有关生物安全规定的落实情况进行检查,定期对实验室设施、设备、材料等进行检查、维护和更新,以确保其符合国家标准。

实验室的设立单位及其主管部门应当加强对实验室日常活动的管理。

第三十二条　实验室负责人为实验室生物安全的第一责任人。

实验室从事实验活动应当严格遵守有关国家标准和实验室技术规范、操作规程。实验室负责人应当指定专人监督检查实验室技术规范和操作规程的落实情况。

第三十三条 从事高致病性病原微生物相关实验活动的实验室的设立单位,应当建立健全安全保卫制度,采取安全保卫措施,严防高致病性病原微生物被盗、被抢、丢失、泄漏,保障实验室及其病原微生物的安全。实验室发生高致病性病原微生物被盗、被抢、丢失、泄漏的,实验室的设立单位应当依照本条例第十七条的规定进行报告。

从事高致病性病原微生物相关实验活动的实验室应当向当地公安机关备案,并接受公安机关有关实验室安全保卫工作的监督指导。

第三十四条 实验室或者实验室的设立单位应当每年定期对工作人员进行培训,保证其掌握实验室技术规范、操作规程、生物安全防护知识和实际操作技能,并进行考核。工作人员经考核合格的,方可上岗。

从事高致病性病原微生物相关实验活动的实验室,应当每半年将培训、考核其工作人员的情况和实验室运行情况向省、自治区、直辖市人民政府卫生主管部门或者兽医主管部门报告。

第三十五条 从事高致病性病原微生物相关实验活动应当有2名以上的工作人员共同进行。

进入从事高致病性病原微生物相关实验活动的实验室的工作人员或者其他有关人员,应当经实验室负责人批准。实验室应当为其提供符合防护要求的防护用品并采取其他职业防护措施。从事高致病性病原微生物相关实验活动的实验室,还应当对实验室工作人员进行健康监测,每年组织对其进行体检,并建立健康档案;必要时,应当对实验室工作人员进行预防接种。

第三十六条 在同一个实验室的同一个独立安全区域内,只能同时从事一种高致病性病原微生物的相关实验活动。

第三十七条 实验室应当建立实验档案,记录实验室使用情况和安全监督情况。实验室从事高致病性病原微生物相关实验活动的实验档案保存期,不得少于 20 年。

第三十八条 实验室应当依照环境保护的有关法律、行政法规和国务院有关部门的规定,对废水、废气以及其他废物进行处置,并制定相应的环境保护措施,防止环境污染。

第三十九条 三级、四级实验室应当在明显位置标示国务院卫生主管部门和兽医主管部门规定的生物危险标识和生物安全实验室级别标志。

第四十条 从事高致病性病原微生物相关实验活动的实验室应当制定实验室感染应急处置预案,并向该实验室所在地的省、自治区、直辖市人民政府卫生主管部门或者兽医主管部门备案。

第四十一条 国务院卫生主管部门和兽医主管部门会同国务院有关部门组织病原学、免疫学、检验医学、流行病学、预防兽医学、环境保护和实验室管理等方面的专家,组成国家病原微生物实验室生物安全专家委员会。该委员会承担从事高致病性病原微生物相关实验活动的实验室的设立与运行的生物安全评估和技术咨询、论证工作。

省、自治区、直辖市人民政府卫生主管部门和兽医主管部门会同同级人民政府有关部门组织病原学、免疫学、检验医学、流行病学、预防兽医学、环境保护和实验室管理等方面的专家,组成本地区病原微生物实验室生物安全专家委员会。该委员会承担本地区实验室设立和运行的技术咨询工作。

第四章 实验室感染控制

第四十二条 实验室的设立单位应当指定专门的机构或者人员承担实验室感染控制工作,定期检查实验室的生物安全防护、病原微生物菌(毒)种和样本保存与使用、安全操作、实验室排放的废水和废气以及其他废物处置等规章制度的实施情况。

负责实验室感染控制工作的机构或者人员应当具有与该实验室中的病原微生物有关的传染病防治知识,并定期调查、了解实验室工作人员的健康状况。

第四十三条 实验室工作人员出现与本实验室从事的高致病性病原微生物相关实验活动有关的感染临床症状或者体征时，实验室负责人应当向负责实验室感染控制工作的机构或者人员报告，同时派专人陪同及时就诊；实验室工作人员应当将近期所接触的病原微生物的种类和危险程度如实告知诊治医疗机构。接诊的医疗机构应当及时救治；不具备相应救治条件的，应当依照规定将感染的实验室工作人员转诊至具备相应传染病救治条件的医疗机构；具备相应传染病救治条件的医疗机构应当接诊治疗，不得拒绝救治。

第四十四条 实验室发生高致病性病原微生物泄漏时，实验室工作人员应当立即采取控制措施，防止高致病性病原微生物扩散，并同时向负责实验室感染控制工作的机构或者人员报告。

第四十五条 负责实验室感染控制工作的机构或者人员接到本条例第四十三条、第四十四条规定的报告后，应当立即启动实验室感染应急处置预案，并组织人员对该实验室生物安全状况等情况进行调查；确认发生实验室感染或者高致病性病原微生物泄漏的，应当依照本条例第十七条的规定进行报告，并同时采取控制措施，对有关人员进行医学观察或者隔离治疗，封闭实验室，防止扩散。

第四十六条 卫生主管部门或者兽医主管部门接到关于实验室发生工作人员感染事故或者病原微生物泄漏事件的报告，或者发现实验室从事病原微生物相关实验活动造成实验室感染事故的，应当立即组织疾病预防控制机构、动物防疫监督机构和医疗机构以及其他有关机构依法采取下列预防、控制措施：

（一）封闭被病原微生物污染的实验室或者可能造成病原微生物扩散的场所；

（二）开展流行病学调查；

（三）对病人进行隔离治疗，对相关人员进行医学检查；

（四）对密切接触者进行医学观察；

（五）进行现场消毒；

（六）对染疫或者疑似染疫的动物采取隔离、扑杀等措施；

（七）其他需要采取的预防、控制措施。

第四十七条 医疗机构或者兽医医疗机构及其执行职务的医务人员发现由于实验室感染而引起的与高致病性病原微生物相关的传染病病人、疑似传染病病人或者患有疫病、疑似患有疫病的动物，诊治的医疗机构或者兽医医疗机构应当在2小时内报告所在地的县级人民政府卫生主管部门或者兽医主管部门；接到报告的卫生主管部门或者兽医主管部门应当在2小时内通报实验室所在地的县级人民政府卫生主管部门或者兽医主管部门。接到通报的卫生主管部门或者兽医主管部门应当依照本条例第四十六条的规定采取预防、控制措施。

第四十八条 发生病原微生物扩散，有可能造成传染病暴发、流行时，县级以上人民政府卫生主管部门或者兽医主管部门应当依照有关法律、行政法规的规定以及实验室感染应急处置预案进行处理。

第五章 监督管理

第四十九条 县级以上地方人民政府卫生主管部门、兽医主管部门依照各自分工，履行下列职责：

（一）对病原微生物菌（毒）种、样本的采集、运输、储存进行监督检查；

（二）对从事高致病性病原微生物相关实验活动的实验室是否符合本条例规定的条件进行监督检查；

（三）对实验室或者实验室的设立单位培训、考核其工作人员以及上岗人员的情况进行监督检查；

（四）对实验室是否按照有关国家标准、技术规范和操作规程从事病原微生物相关实验活动进行监督检查。

县级以上地方人民政府卫生主管部门、兽医主管部门，应当主要通过检查反映实验室执行国家有关法律、行政法规以及国家标准和要求的记录、档案、报告,切实履行监督管理职责。

第五十条 县级以上人民政府卫生主管部门、兽医主管部门、环境保护主管部门在履行监督检查职责时,有权进入被检查单位和病原微生物泄漏或者扩散现场调查取证、采集样品,查阅复制有关资料。需要进入从事高致病性病原微生物相关实验活动的实验室调查取证、采集样品的,应当指定或者委托专业机构实施。被检查单位应当予以配合,不得拒绝、阻挠。

第五十一条 国务院认证认可监督管理部门依照《中华人民共和国认证认可条例》的规定对实验室认可活动进行监督检查。

第五十二条 卫生主管部门、兽医主管部门、环境保护主管部门应当依据法定的职权和程序履行职责,做到公正、公平、公开、文明、高效。

第五十三条 卫生主管部门、兽医主管部门、环境保护主管部门的执法人员执行职务时,应当有 2 名以上执法人员参加,出示执法证件,并依照规定填写执法文书。

现场检查笔录、采样记录等文书经核对无误后,应当由执法人员和被检查人、被采样人签名。被检查人、被采样人拒绝签名的,执法人员应当在自己签名后注明情况。

第五十四条 卫生主管部门、兽医主管部门、环境保护主管部门及其执法人员执行职务,应当自觉接受社会和公民的监督。公民、法人和其他组织有权向上级人民政府及其卫生主管部门、兽医主管部门、环境保护主管部门举报地方人民政府及其有关主管部门不依照规定履行职责的情况。接到举报的有关人民政府或者其卫生主管部门、兽医主管部门、环境保护主管部门,应当及时调查处理。

第五十五条 上级人民政府卫生主管部门、兽医主管部门、环境保护主管部门发现属于下级人民政府卫生主管部门、兽医主管部门、环境保护主管部门职责范围内需要处理的事项的,应当及时告知该部门处理;下级人民政府卫生主管部门、兽医主管部门、环境保护主管部门不及时处理或者不积极履行本部门职责的,上级人民政府卫生主管部门、兽医主管部门、环境保护主管部门应当责令其限期改正;逾期不改正的,上级人民政府卫生主管部门、兽医主管部门、环境保护主管部门有权直接予以处理。

第六章　法律责任

第五十六条　三级、四级实验室未经批准从事某种高致病性病原微生物或者疑似高致病性病原微生物实验活动的,由县级以上地方人民政府卫生主管部门、兽医主管部门依照各自职责,责令停止有关活动,监督其将用于实验活动的病原微生物销毁或者送交保藏机构,并给予警告;造成传染病传播、流行或者其他严重后果的,由实验室的设立单位对主要负责人、直接负责的主管人员和其他直接责任人员,依法给予撤职、开除的处分;构成犯罪的,依法追究刑事责任。

第五十七条　卫生主管部门或者兽医主管部门违反本条例的规定,准予不符合本条例规定条件的实验室从事高致病性病原微生物相关实验活动的,由作出批准决定的卫生主管部门或者兽医主管部门撤销原批准决定,责令有关实验室立即停止有关活动,并监督其将用于实验活动的病原微生物销毁或者送交保藏机构,对直接负责的主管人员和其他直接责任人员依法给予行政处分;构成犯罪的,依法追究刑事责任。

因违法作出批准决定给当事人的合法权益造成损害的,作出批准决定的卫生主管部门或者兽医主管部门应当依法承担赔偿责任。

第五十八条　卫生主管部门或者兽医主管部门对出入境检验检疫机构为了检验检疫工作的紧急需要,申请在实验室对高致病性病原微生物或者疑似高致病性病原微生物开展进一步检测活动,不在法定期限内作出是否批准决定的,由其上级行政机关或者监察机关责令改正,给予警告;造成传染病传播、流行或者其他严重后果的,对直接负责的主管人员和其他直接责任人员依法给予撤职、开除的行政处分;构成犯罪的,依法追究刑事责任。

第五十九条　违反本条例规定，在不符合相应生物安全要求的实验室从事病原微生物相关实验活动的，由县级以上地方人民政府卫生主管部门、兽医主管部门依照各自职责，责令停止有关活动，监督其将用于实验活动的病原微生物销毁或者送交保藏机构，并给予警告；造成传染病传播、流行或者其他严重后果的，由实验室的设立单位对主要负责人、直接负责的主管人员和其他直接责任人员，依法给予撤职、开除的处分；构成犯罪的，依法追究刑事责任。

第六十条　实验室有下列行为之一的，由县级以上地方人民政府卫生主管部门、兽医主管部门依照各自职责，责令限期改正，给予警告；逾期不改正的，由实验室的设立单位对主要负责人、直接负责的主管人员和其他直接责任人员，依法给予撤职、开除的处分；有许可证件的，并由原发证部门吊销有关许可证件：

（一）未依照规定在明显位置标示国务院卫生主管部门和兽医主管部门规定的生物危险标识和生物安全实验室级别标志的；

（二）未向原批准部门报告实验活动结果以及工作情况的；

（三）未依照规定采集病原微生物样本，或者对所采集样本的来源、采集过程和方法等未作详细记录的；

（四）新建、改建或者扩建一级、二级实验室未向设区的市级人民政府卫生主管部门或者兽医主管部门备案的；

（五）未依照规定定期对工作人员进行培训，或者工作人员考核不合格允许其上岗，或者批准未采取防护措施的人员进入实验室的；

（六）实验室工作人员未遵守实验室生物安全技术规范和操作规程的；

（七）未依照规定建立或者保存实验档案的；

（八）未依照规定制定实验室感染应急处置预案并备案的。

第六十一条　经依法批准从事高致病性病原微生物相关实验活动的实验室的设立单位未建立健全安全保卫制度，或者未采取安全保卫措施的，由县级以上地方人民政府卫生主管部门、兽医主管部门依照各自职责，责令限期改正;逾期不改正,导致高致病性病原微生物菌(毒)种、样本被盗、被抢或者造成其他严重后果的,责令停止该项实验活动,该实验室2年内不得申请从事高致病性病原微生物实验活动;造成传染病传播、流行的,该实验室设立单位的主管部门还应当对该实验室的设立单位的直接负责的主管人员和其他直接责任人员,依法给予降级、撤职、开除的处分;构成犯罪的,依法追究刑事责任。

第六十二条 未经批准运输高致病性病原微生物菌(毒)种或者样本,或者承运单位经批准运输高致病性病原微生物菌(毒)种或者样本未履行保护义务,导致高致病性病原微生物菌(毒)种或者样本被盗、被抢、丢失、泄漏的,由县级以上地方人民政府卫生主管部门、兽医主管部门依照各自职责,责令采取措施,消除隐患,给予警告;造成传染病传播、流行或者其他严重后果的,由托运单位和承运单位的主管部门对主要负责人、直接负责的主管人员和其他直接责任人员,依法给予撤职、开除的处分;构成犯罪的,依法追究刑事责任。

第六十三条 有下列行为之一的,由实验室所在地的设区的市级以上地方人民政府卫生主管部门、兽医主管部门依照各自职责,责令有关单位立即停止违法活动,监督其将病原微生物销毁或者送交保藏机构;造成传染病传播、流行或者其他严重后果的,由其所在单位或者其上级主管部门对主要负责人、直接负责的主管人员和其他直接责任人员,依法给予撤职、开除的处分;有许可证件的,并由原发证部门吊销有关许可证件;构成犯罪的,依法追究刑事责任:

(一)实验室在相关实验活动结束后,未依照规定及时将病原微生物菌(毒)种和样本就地销毁或者送交保藏机构保管的;

(二)实验室使用新技术、新方法从事高致病性病原微生物相关实验活动未经国家病原微生物实验室生物安全专家委员会论证的;

(三)未经批准擅自从事在我国尚未发现或者已经宣布消灭的病原微生物相关实验活动的;

(四)在未经指定的专业实验室从事在我国尚未发现或者已经宣布消灭的病原微生物相关实验活动的;

(五)在同一个实验室的同一个独立安全区域内同时从事两种或者两种以上高致病性病原微生物的相关实验活动的。

第六十四条 认可机构对不符合实验室生物安全国家标准以及本条例规定条件的实验室予以认可,或者对符合实验室生物安全国家标准以及本条例规定条件的实验室不予认可的,由国务院认证认可监督管理部门责令限期改正,给予警告;造成传染病传播、流行或者其他严重后果的,由国务院认证认可监督管理部门撤销其认可资格,有上级主管部门的,由其上级主管部门对主要负责人、直接负责的主管人员和其他直接责任人员依法给予撤职、开除的处分;构成犯罪的,依法追究刑事责任。

第六十五条 实验室工作人员出现该实验室从事的病原微生物相关实验活动有关的感染临床症状或者体征,以及实验室发生高致病性病原微生物泄漏时,实验室负责人、实验室工作人员、负责实验室感染控制的专门机构或者人员未依照规定报告,或者未依照规定采取控制措施的,由县级以上地方人民政府卫生主管部门、兽医主管部门依照各自职责,责令限期改正,给予警告;造成传染病传播、流行或者其他严重后果的,由其设立单位对实验室主要负责人、直接负责的主管人员和其他直接责任人员,依法给予撤职、开除的处分;有许可证件的,并由原发证部门吊销有关许可证件;构成犯罪的,依法追究刑事责任。

第六十六条 拒绝接受卫生主管部门、兽医主管部门依法开展有关高致病性病原微生物扩散的调查取证、采集样品等活动或者依照本条例规定采取有关预防、控制措施的,由县级以上人民政府卫生主管部门、兽医主管部门依照各自职责,责令改正,给予警告;造成传染病传播、流行以及其他严重后果的,由实验室的设立单位对实验室主要负责人、直接负责的主管人员和其他直接责任人员,依法给予降级、撤职、开除的处分;有许可证件的,并由原发证部门吊销有关许可证件;构成犯罪的,依法追究刑事责任。

第六十七条　发生病原微生物被盗、被抢、丢失、泄漏,承运单位、护送人、保藏机构和实验室的设立单位未依照本条例的规定报告的,由所在地的县级人民政府卫生主管部门或者兽医主管部门给予警告;造成传染病传播、流行或者其他严重后果的,由实验室的设立单位或者承运单位、保藏机构的上级主管部门对主要负责人、直接负责的主管人员和其他直接责任人员,依法给予撤职、开除的处分;构成犯罪的,依法追究刑事责任。

第六十八条　保藏机构未依照规定储存实验室送交的菌(毒)种和样本,或者未依照规定提供菌(毒)种和样本的,由其指定部门责令限期改正,收回违法提供的菌(毒)种和样本,并给予警告;造成传染病传播、流行或者其他严重后果的,由其所在单位或者其上级主管部门对主要负责人、直接负责的主管人员和其他直接责任人员,依法给予撤职、开除的处分;构成犯罪的,依法追究刑事责任。

第六十九条　县级以上人民政府有关主管部门,未依照本条例的规定履行实验室及其实验活动监督检查职责的,由有关人民政府在各自职责范围内责令改正,通报批评;造成传染病传播、流行或者其他严重后果的,对直接负责的主管人员,依法给予行政处分;构成犯罪的,依法追究刑事责任。

第七章　附则

第七十条　军队实验室由中国人民解放军卫生主管部门参照本条例负责监督管理。

第七十一条　本条例施行前设立的实验室,应当自本条例施行之日起6个月内,依照本条例的规定,办理有关手续。

第七十二条　本条例自公布之日起施行。

附录6

口蹄疫防治技术规范

口蹄疫(Foot and Mouth Disease，FMD)是由口蹄疫病毒引起的以偶蹄动物为主的急性、热性、高度传染性疫病，世界动物卫生组织(OIE)将其列为必须报告的动物传染病，我国规定为一类动物疫病。

为预防、控制和扑灭口蹄疫，依据《中华人民共和国动物防疫法》《重大动物疫情应急条例》《国家突发重大动物疫情应急预案》等法律法规，制定本技术规范。

1 适用范围

本规范规定了口蹄疫疫情确认、疫情处置、疫情监测、免疫、检疫监督的操作程序、技术标准及保障措施。

本规范适用于中华人民共和国境内一切与口蹄疫防治活动有关的单位和个人。

2 诊断

2.1 诊断指标

2.1.1 流行病学特点

2.1.1.1 偶蹄动物，包括牛科动物(牛、瘤牛、水牛、牦牛)、绵羊、山羊、猪及所有野生反刍和猪科动物均易感，驼科动物(骆驼、单峰骆驼、美洲驼、美洲骆马)易感性较低。

2.1.1.2 传染源主要为潜伏期感染及临床发病动物。感染动物呼出物、唾液、粪便、尿液、乳、精液及肉和副产品均可带毒。康复期动物可带毒。

2.1.1.3 易感动物可通过呼吸道、消化道、生殖道和伤口感染病毒，通常以直接或间接接触(飞沫等)方式传播，或通过人或犬、蝇、蜱、鸟等动物媒介，或经车辆、器具等被污染物传播。如果环境气候适宜,病毒可随风远距离传播。

2.1.2 临床症状

2.1.2.1 牛呆立流涎,猪卧地不起,羊跛行;

2.1.2.2 唇部、舌面、齿龈、鼻镜、蹄踵、蹄叉、乳房等部位出现水泡;

2.1.2.3 发病后期,水泡破溃、结痂,严重者蹄壳脱落,恢复期可见瘢痕、新生蹄甲;

2.1.2.4 传播速度快,发病率高;成年动物死亡率低,幼畜常突然死亡且死亡率高,仔猪常成窝死亡。

2.1.3 病理变化

2.1.3.1 消化道可见水泡、溃疡;

2.1.3.2 幼畜可见骨骼肌、心肌表面出现灰白色条纹,形色酷似虎斑。

2.1.4 病原学检测

2.1.4.1 间接夹心酶联免疫吸附试验,检测阳性(ELISA OIE 标准方法 附件一);

2.1.4.2 RT-PCR 试验,检测阳性(采用国家确认的方法);

2.1.4.3 反向间接血凝试验(RIHA),检测阳性(附件二);

2.1.4.4 病毒分离,鉴定阳性。

2.1.5 血清学检测

2.1.5.1 中和试验,抗体阳性;

2.1.5.2 液相阻断酶联免疫吸附试验,抗体阳性;

2.1.5.3 非结构蛋白 ELISA 检测感染抗体阳性;

2.1.5.4 正向间接血凝试验(IHA),抗体阳性(附件三)。

2.2 结果判定

2.2.1 疑似口蹄疫病例

符合该病的流行病学特点和临床诊断或病理诊断指标之一,即可定为疑似口蹄疫病例。

2.2.2 确诊口蹄疫病例

疑似口蹄疫病例,病原学检测方法任何一项阳性,可判定为确诊口蹄疫病例;

疑似口蹄疫病例,在不能获得病原学检测样本的情况下,未免疫家畜血清抗体检测阳性或免疫家畜非结构蛋白抗体 ELISA 检测阳性,可判定为确诊口蹄疫病例。

2.3 疫情报告

任何单位和个人发现家畜上述临床异常情况的,应及时向当地动物防疫监督机构报告。动物防疫监督机构应立即按照有关规定赴现场进行核实。

2.3.1 疑似疫情的报告

县级动物防疫监督机构接到报告后,立即派出 2 名以上具有相关资格的防疫人员到现场进行临床和病理诊断。确认为疑似口蹄疫疫情的,应在 2 小时内报告同级兽医行政管理部门,并逐级上报至省级动物防疫监督机构。省级动物防疫监督机构在接到报告后,1 小时内向省级兽医行政管理部门和国家动物防疫监督机构报告。

诊断为疑似口蹄疫病例时,采集病料(附件四),并将病料送省级动物防疫监督机构,必要时送国家口蹄疫参考实验室。

2.3.2 确诊疫情的报告

省级动物防疫监督机构确诊为口蹄疫疫情时,应立即报告省级兽医行政管理部门和国家动物防疫监督机构;省级兽医管理部门在 1 小时内报省级人民政府和国务院兽医行政管理部门。

国家参考实验室确诊为口蹄疫疫情时,应立即通知疫情发生地省级动物防疫监督机构和兽医行政管理部门,同时报国家动物防疫监督机构和国务院兽医行政管理部门。

省级动物防疫监督机构诊断新血清型口蹄疫疫情时,将样本送至国家口蹄疫参考实验室。

2.4 疫情确认

国务院兽医行政管理部门根据省级动物防疫监督机构或国家口蹄疫参考实验室确诊结果,确认口蹄疫疫情。

3 疫情处置

3.1 疫点、疫区、受威胁区的划分

3.1.1 疫点

为发病畜所在的地点。相对独立的规模化养殖场/户,以病畜所在的养殖场/户为疫点;散养畜以病畜所在的自然村为疫点;放牧畜以病畜所在的牧场及其活动场地为疫点;病畜在运输过程中发生疫情,以运载病畜的车、船、飞机等为疫点;在市场发生疫情,以病畜所在市场为疫点;在屠宰加工过程中发生疫情,以屠宰加工厂(场)为疫点。

3.1.2 疫区

由疫点边缘向外延伸 3 千米内的区域。

3.1.3 受威胁区

由疫区边缘向外延伸 10 千米的区域。

在疫区、受威胁区划分时,应考虑所在地的饲养环境和天然屏障(河流、山脉等)。

3.2 疑似疫情的处置

对疫点实施隔离、监控,禁止家畜、畜产品及有关物品移动,并对其内、外环境实施严格的消毒措施。

必要时采取封锁、扑杀等措施。

3.3 确诊疫情处置

疫情确诊后,立即启动相应级别的应急预案。

3.3.1 封锁

疫情发生所在地县级以上兽医行政管理部门报请同级人民政府对疫区实行封锁,人民政府在接到报告后,应在 24 小时内发布封锁令。

跨行政区域发生疫情的, 由共同上级兽医行政管理部门报请同级人民

政府对疫区发布封锁令。

3.3.2 对疫点采取的措施

3.3.2.1 扑杀疫点内所有病畜及同群易感畜,并对病死畜、被扑杀畜及其产品进行无害化处理(附件五);

3.3.2.2 对排泄物、被污染饲料、垫料、污水等进行无害化处理(附件六);

3.3.2.3 对被污染或可疑污染的物品、交通工具、用具、畜舍、场地进行严格彻底消毒(附件七);

3.3.2.4 对发病前 14 天售出的家畜及其产品进行追踪, 并做扑杀和无害化处理。

3.3.3 对疫区采取的措施

3.3.3.1 在疫区周围设置警示标志,在出入疫区的交通路口设置动物检疫消毒站,执行监督检查任务,对出入的车辆和有关物品进行消毒;

3.3.3.2 所有易感畜进行紧急强制免疫,建立完整的免疫档案;

3.3.3.3 关闭家畜产品交易市场,禁止活畜进出疫区及产品运出疫区;

3.3.3.4 对交通工具、畜舍及用具、场地进行彻底消毒;

3.3.3.5 对易感家畜进行疫情监测,及时掌握疫情动态;

3.3.3.6 必要时,可对疫区内所有易感动物进行扑杀和无害化处理。

3.3.4 对受威胁区采取的措施

3.3.4.1 最后一次免疫超过一个月的所有易感畜,进行一次紧急强化免疫;

3.3.4.2 加强疫情监测,掌握疫情动态。

3.3.5 疫源分析与追踪调查

按照口蹄疫流行病学调查规范, 对疫情进行追踪溯源、扩散风险分析(附件八)。

3.3.6 解除封锁

3.3.6.1 封锁解除的条件

口蹄疫疫情解除的条件:疫点内最后一头病畜死亡或扑杀后连续观察至少 14 天,没有新发病例;疫区、受威胁区紧急免疫接种完成;疫点经终末消毒;疫情监测阴性。

新血清型口蹄疫疫情解除的条件：疫点内最后一头病畜死亡或扑杀后连续观察至少 14 天没有新发病例;疫区、受威胁区紧急免疫接种完成;疫点经终末消毒;对疫区和受威胁区的易感动物进行疫情监测,结果为阴性。

3.3.6.2 解除封锁的程序：动物防疫监督机构按照上述条件审验合格后,由兽医行政管理部门向原发布封锁令的人民政府申请解除封锁，由该人民政府发布解除封锁令。

必要时由上级动物防疫监督机构组织验收。

4 疫情监测

4.1 监测主体

县级以上动物防疫监督机构。

4.2 监测方法

临床观察、实验室检测及流行病学调查。

4.3 监测对象

以牛、羊、猪为主,必要时对其他动物监测。

4.4 监测的范围

4.4.1 养殖场户、散养畜,交易市场、屠宰厂(场)、异地调入的活畜及产品。

4.4.2 对种畜场、边境、隔离场、近期发生疫情及疫情频发等高风险区域的家畜进行重点监测。

监测方案按照当年兽医行政管理部门工作安排执行。

4.5 疫区和受威胁区解除封锁后的监测

临床监测持续一年,反刍动物病原学检测连续 2 次,每次间隔 1 个月,必要时对重点区域加大监测的强度。

4.6 在监测过程中，对分离到的毒株进行生物学和分子生物学特性分析与评价,密切注意病毒的变异动态,及时向国务院兽医行政管理部门报告。

4.7 各级动物防疫监督机构对监测结果及相关信息进行风险分析，做好预警预报。

4.8 监测结果处理

监测结果逐级汇总上报至国家动物防疫监督机构，按照有关规定进行处理。

5 免疫

5.1 国家对口蹄疫实行强制免疫，各级政府负责组织实施，当地动物防疫监督机构进行监督指导。免疫密度必须达到100%。

5.2 预防免疫，按农业部制定的免疫方案规定的程序进行。

5.3 突发疫情时的紧急免疫按本规范有关条款进行。

5.4 所用疫苗必须采用农业部批准使用的产品，并由动物防疫监督机构统一组织、逐级供应。

5.5 所有养殖场/户必须按科学合理的免疫程序做好免疫接种，建立完整免疫档案（包括免疫登记表、免疫证、免疫标识等）。

5.6 各级动物防疫监督机构定期对免疫畜群进行免疫水平监测，根据群体抗体水平及时加强免疫。

6 检疫监督

6.1 产地检疫

猪、牛、羊等偶蹄动物在离开饲养地之前，养殖场/户必须向当地动物防疫监督机构报检，接到报检后，动物防疫监督机构必须及时到场、到户实施检疫。检查合格后，收回动物免疫证，出具检疫合格证明；对运载工具进行消毒，出具消毒证明，对检疫不合格的按照有关规定处理。

6.2 屠宰检疫

动物防疫监督机构的检疫人员对猪、牛、羊等偶蹄动物进行验证查物，证物相符检疫合格后方可入厂（场）屠宰。宰后检疫合格，出具检疫合格证明。对检疫不合格的按照有关规定处理。

6.3 种畜、非屠宰畜异地调运检疫

国内跨省调运包括种畜、乳用畜、非屠宰畜时，应当先到调入地省级动物防疫监督机构办理检疫审批手续，经调出地按规定检疫合格，方可调运。

起运前两周,进行一次口蹄疫强化免疫,到达后须隔离饲养 14 天以上,由动物防疫监督机构检疫检验合格后方可进场饲养。

6.4 监督管理

6.4.1 动物防疫监督机构应加强流通环节的监督检查,严防疫情扩散。猪、牛、羊等偶蹄动物及产品凭检疫合格证(章)和动物标识运输、销售。

6.4.2 生产、经营动物及动物产品的场所,必须符合动物防疫条件,取得动物防疫合格证,当地动物防疫监督机构应加强日常监督检查。

6.4.3 各地根据防控家畜口蹄疫的需要建立动物防疫监督检查站,对家畜及产品进行监督检查,对运输工具进行消毒。发现疫情,按照《动物防疫监督检查站口蹄疫疫情认定和处置办法》相关规定处置。

6.4.4 由新血清型引发疫情时,加大监管力度,严禁疫区所在县及疫区周围 50 公里范围内的家畜及产品流动。在与新发疫情省份接壤的路口设置动物防疫监督检查站、卡实行 24 小时值班检查;对来自疫区运输工具进行彻底消毒,对非法运输的家畜及产品进行无害化处理。

6.4.5 任何单位和个人不得随意处置及转运、屠宰、加工、经营、食用口蹄疫病(死)畜及产品;未经动物防疫监督机构允许,不得随意采样;不得在未经国家确认的实验室剖检分离、鉴定、保存病毒。

7 保障措施

7.1 各级政府应加强机构、队伍建设,确保各项防治技术落实到位。

7.2 各级财政和发改部门应加强基础设施建设,确保免疫、监测、诊断、扑杀、无害化处理、消毒等防治技术工作经费落实。

7.3 各级兽医行政部门动物防疫监督机构应按本技术规范,加强应急物资储备,及时培训和演练应急队伍。

7.4 发生口蹄疫疫情时,在封锁、采样、诊断、流行病学调查、无害化处理等过程中,要采取有效措施做好个人防护和消毒工作,防止人为扩散。

附件1:间接夹心酶联免疫吸附试验(I-ELISA)

1 试验程序和原理

1.1 利用包被于固相(I,96孔平底ELISA专用微量板)的FMDV型特异性抗体(AB,包被抗体,又称为捕获抗体),捕获待检样品中相应型的FMDV抗原(Ag)。再加入与捕获抗体同一血清型,但用另一种动物制备的抗血清(Ab,检测抗体)。如果有相应型的病毒抗原存在,则形成"夹心"式结合,并被随后加入的酶结合物/显色系统(*E/S)检出。

1.2 由于FMDV的多型性,和可能并发临床上难以区分的水泡性疾病,在检测病料时必然包括几个血清型(如O、A、亚洲-1型);及临床症状相同的某些疾病,如猪水泡病(SVD)。

2 材料

2.1 样品的采集和处理见附件4

2.2 主要试剂

2.2.1 抗体

2.2.1.1 包被抗体:兔抗FMDV-"O"、"A"、"亚洲-I"型146S血清;及兔抗SVDV-160S血清。

2.2.1.2 检测抗体:豚鼠抗FMDV-"O"、"A"、"亚洲-I"型146S血清;及豚鼠抗SVDV-160S血清。

2.2.2 酶结合物

兔抗豚鼠Ig抗体(Ig)-辣根过氧化物酶(HRP)结合物。

2.2.3 对照抗原

灭活的FMDV-"O""A""亚洲-I"各型及SVDV细胞病毒液。

2.2.4　底物溶液(底物/显色剂)

3%过氧化氢/3.3 mmol/L 邻苯二胺(OPD)。

2.2.5　终止液

1.25 mol/L 硫酸。

2.2.6　缓冲液

2.2.6.1　包被缓冲液　0.05 mol/L $Na_2CO_3-NaHCO_3$,pH9.6。

2.2.6.2　稀释液 A　0.01 mol/L PBS－0.05%(v/v)Tween-20,pH7.2~7.4。

2.2.6.3　稀释液 B　5%脱脂奶粉(w/v)－稀释液 A 。

2.2.6.4　洗涤缓冲液　0.002 mol/L PBS－0.01%(v/v)Tween-20。

2.3　主要器材设备

2.3.1　固相

96孔平底聚苯乙烯 ELISA 专用板。

2.3.2　移液器、尖头及贮液槽

微量可调移液器一套,可调范围 0.5~5 000 μL(5~6 支);多(4、8、12)孔道微量可调移液器(25~250 μL);微量可调连续加样移液器(10~100 μL);与各移液器匹配的各种尖头,及配套使用的贮液槽。

2.3.3　振荡器

与96孔微量板配套的旋转振荡器。

2.3.4　酶标仪,492 nm 波长滤光片。

2.3.5　洗板机或洗涤瓶,吸水纸巾。

2.3.6　37℃恒温温室或温箱。

3　操作方法

3.1　预备试验

为了确保检测结果准确可靠,必须最优化组合该 ELISA,即试验所涉及的各种试剂,包括包被抗体、检测抗体、酶结合物、阳性对照抗原都要预先测定,计算出它们的最适稀释度,既保证试验结果在设定的最佳数据范围内,又不浪费试剂。使用诊断试剂盒时,可按说明书指定用量和用法。如试验结

果不理想,重新滴定各种试剂后再检测。

3.2 包被固相

3.2.1 FMDV 各血清型及 SVDV 兔抗血清分别以包被缓冲液稀释至工作浓度,然后按图 3-1<Ⅰ>所示布局加入微量板各行。每孔 50 μL。加盖后 37℃振荡 2 h。或室温(20~25℃)振荡 30 min,然后置湿盒中 4℃过夜(可以保存 1 周左右)。

3.2.2 一般情况下,牛病料鉴定"O"和"A"两个型,某些地区的病料要加上"亚洲-I"型;猪病料要加上 SVDV。

定型 ELISA 微量板包被血清布局<Ⅰ>、对照和被检样品布局<Ⅱ>

<Ⅰ>	<Ⅱ>1	2	3	4	5	6	7	8	9	10	11	12
A FMDV"O"	C++	C++	C+	C+	C-	C-	S1	1	S3	3	S5	5
B "A"	C++	C++	C+	C+	C-	C-	S1	1	S3	3	S5	5
C "Asia-I"	C++	C++	C+	C+	C-	C-	S1	1	S3	3	S5	5
D SVDV	C++	C++	C+	C+	C-	C-	S1	1	S3	3	S5	5
E FMDV"O"	C++	C++	C+	C+	C-	C-	S2	2	S4	4	S6	6
F "A"	C++	C++	C+	C+	C-	C-	S2	2	S4	4	S6	6
G "Asia-I"	C++	C++	C+	C+	C-	C-	S2	2	S4	4	S6	6
H SVDV	C++	C++	C+	C+	C-	C-	S2	2	S4	4	S6	6

试验开始,依据当天检测样品的数量包被,或取出包被好的板子;如用可拆卸微量板,则根据需要取出几条。在试验台上放置 20 min,再洗涤 5 次,扣干。

3.3 加对照抗原和待检样品

3.3.1 布局

空白和各阳性对照、待检样品在 ELISA 板上的分布位置如图 3-1<Ⅱ>所示。

3.3.2 加样

3.3.2.1 第 5 和第 6 列为空白对照(C-),每孔加 50 μL 稀释液 A。

3.3.2.2 先将各型阳性对照抗原分别以稀释液 A 适当稀释,然后加入与包被抗体同型的各行孔中,C++为强阳性,C+为阳性,可以用同一对照抗原的不同稀释度。每一对照 2 孔,每孔 50 μL。

3.3.2.3 按待检样品的序号(S1、S2……)逐个加入,每份样品每个血清型加 2 孔,每孔 50 μL。37℃ 振荡 1 h,洗涤 5 次,扣干。

3.4 加检测抗体

各血清型豚鼠抗血清以稀释液 A 稀释至工作浓度,然后加入与包被抗体同型各行孔中,每孔 50 μL。37℃振荡 1 h。洗涤 5 次,扣干。

3.5 加酶结合物

酶结合物以稀释液 B 稀释至工作浓度,每孔 50 μL。37℃振荡 40 min。洗涤 5 次,扣干。

3.6 加底物溶液

试验开始时,按当天需要量从冰箱暗盒中取出 OPD,放在温箱中融化并使之升温至37℃。临加样前,按每 6 mL OPD 加 3%双氧水 30 μL(一块微量板用量),混匀后每孔加 50 μL。37℃振荡 15 min。

3.7 加终止液

显色反应 15 min,准时加终止液 1.25 mol/L H_2SO_4。50 μL/孔。

3.8 观察和判读结果

终止反应后,先用肉眼观察全部反应孔。如空白对照和阳性对照孔的显色基本正常,再用酶标仪(492 nm)判读 OD 值。

4 结果判定

4.1 数据计算

为了便于说明,假设表 3-1 所列数据为检测结果(OD 值)。利用表 3-1 所列数据,计算平均 OD 值和平均修正 OD 值(表 3-2)。

4.1.1 各行 2 孔空白对照(C-)平均 OD 值;

4.1.2 各行(各血清型)抗原对照(C++、C+)平均 OD 值;

4.1.3 各待检样品各血清型(2 孔)平均 OD 值;

4.1.4 计算出各平均修正 OD 值(=[每个(2)或(3)值]–[同一行的(1)值]。

定型 ELISA 结果(OD 值)

	C++	C+	C–	S1	S2	S3
A FMDV"O"	1.84 1.74	0.56 0.46	0.06 0.04	1.62 1.54	0.68 0.72	0.10 0.08
B "A"	1.25 1.45	0.40 0.42	0.07 0.05	0.09 0.07	1.22 1.32	0.09 0.09
C"Asia–I"	1.32 1.12	0.52 0.50	0.04 0.08	0.05 0.09	0.12 0.06	0.07 0.09
D SVDV	1.08 1.10	0.22 0.24	0.08 0.08	0.09 0.10	0.08 0.12	0.28 0.34

	C++	C+	C–	S4	S5	S6
E FMDV"O"	0.94 0.84	0.24 0.22	0.06 0.06	1.22 1.12	0.09 0.10	0.13 0.17
F "A"	1.10 1.02	0.11 0.13	0.06 0.04	0.10 0.10	0.28 0.26	0.20 0.28
G"Asia–I"	0.39 0.41	0.29 0.21	0.09 0.09	0.10 0.09	0.10 0.10	0.35 0.33
H SVDV	0.88 0.78	0.15 0.11	0.05 0.05	0.11 0.07	0.09 0.09	0.10 0.12

平均 OD 值/平均修正 OD 值

	C++	C+	C–	S1	S2	S3
A FMDV"O"	1.79/1.75	0.51/0.46	0.05	1.58/1.53	0.70/0.65	0.09/0.04
B "A"	1.35/1.29	0.41/0.35	0.06	0.08/0.02	1.27/1.21	0.09/0.03
C "Asia–I"	1.22/1.16	0.51/0.45	0.06	0.07/0.03	0.09/0.03	0.08/0.02
D SVDV	1.09/1.01	0.23/0.15	0.08	0.10/0.02	0.10/0.02	0.31/0.23

	C++	C+	C–	S4	S5	S6
E FMDV"O"	0.89/0.83	0.23/0.17	0.06	1.17/1.11	0.10/0.04	0.15/0.09
F "A"	1.06/1.01	0.12/0.07	0.05	0.10/0.05	0.27/0.22	0.24/0.19
G "Asia–I"	0.40/0.31	0.25/0.16	0.09	0.10/0.01	0.10/0.01	0.34/0.25
H SVDV	0.83/0.78	0.13/0.08	0.05	0.09/0.05	0.09/0.04	0.11/0.06

4.2 结果判定

4.2.1 试验不成立

如果空白对照(C–)平均 OD 值>0.10,则试验不成立,本试验结果无效。

4.2.2 试验基本成立

如果空白对照(C-)平均 OD 值≤0.10,则试验基本成立。

4.2.3 试验绝对成立

如果空白对照(C-)平均 OD 值≤0.10,C+ 平均修正 OD 值>0.10,C++ 平均修正 OD 值>1.00,试验绝对成立。如表 2 中 A、B、C、D 行所列数据。

4.2.3.1 如果某一待检样品某一型的平均修正 OD 值≤0.10,则该血清型为阴性。如 S1 的"A"、"Asia-1"型和"SVDV"。

4.2.3.2 如果某一待检样品某一型的平均修正 OD 值>0.10,而且比其他型的平均修正 OD 值大 2 倍或 2 倍以上,则该样品为该最高平均修正 OD 值所在的血清型。如 S1 为"O"型;S3 为"Asia-I"型。

4.2.3.3 虽然某一待检样品某一型的平均修正 OD 值>0.10,但不大于其他型的平均修正 OD 值的 2 倍,则该样品只能判定为可疑。该样品应接种乳鼠或细胞,并盲传数代增毒后再作检测。如 S2"A"型。

4.2.4 试验部分成立

如果空白对照(C-)平均 OD 值≤0.10,C+ 平均修正 OD 值≤0.10,C++ 平均修正 OD 值≤1.00,试验部分成立。如表 2 中 E、F、G、H 行所列数据。

4.2.4.1 如果某一待检样品某一型的平均修正 OD 值≥0.10,而且比其他型的平均修正 OD 值大 2 倍或 2 倍以上,则该样品为该最高平均修正 OD 值所在的血清型。 例如 S4 判定为"O"型。

4.2.4.2 如果某一待检样品某一型的平均修正 OD 值介于 0.10~1.00 之间,而且比其他型的平均修正 OD 值大 2 倍或 2 倍以上,该样品可以判定为该最高 OD 值所在血清型。例如 S5 判定为"A"型。

4.2.4.3 如果某一待检样品某一型的平均修正 OD 值介于 0.10~1.00 之间,但不比其他型的平均修正 OD 值大 2 倍,该样品应增毒后重检。如 S6"亚洲-I"型。

注意:重复试验时,首先考虑调整对照抗原的工作浓度。如调整后再次试验结果仍不合格,应更换对照抗原或其他试剂。

附件 2:反向间接血凝试验(RIHA)

1 材料准备

1.1 96 孔微型聚乙烯血凝滴定板（110 度），微量振荡器或微型混合器，0.025 mL、0.05mL 稀释用滴管、乳胶吸头或 25 μL、50 μL 移液加样器。

1.2 pH7.6、0.05mol/L 磷酸缓冲液（pH7.6、0.05 mol/L PB），pH7.6、50%丙三醇磷酸缓冲液（GPB），pH7.2、0.11 mol/L 磷酸缓冲液（pH7.2、0.11 mol/L PB），配制方法见中华人民共和国国家标准(GB/T 19200-2003)《猪水泡病诊断技术》附录 A(规范性附录)。

1.3 稀释液 I、稀释液 II，配制方法见中华人民共和国国家标准(GB/T 19200-2003)《猪水泡病诊断技术》附录 B(规范性附录)。

1.4 标准抗原、阳性血清,由指定单位提供,按说明书使用和保存。

1.5 敏化红细胞诊断液:由指定单位提供,效价滴定见中华人民共和国国家标准(GB/T 19200-2003)《猪水泡病诊断技术》附录 C(规范性附录)。

1.6 被检材料处理方法见中华人民共和国国家标准(GB/T 19200-2003)《猪水泡病诊断技术》附录 E(规范性附录)。

2 操作方法

2.1 使用标准抗原进行口蹄疫 A、O、C、Asia-I 型及与猪水泡病鉴别诊断。

2.1.1 被检样品的稀释:把 8 只试管排列于试管架上,自第 1 管开始由左至右用稀释液 I 作二倍连续稀释（即 1:6、1:12、1:24……1:768），每管容积 0.5 mL。

2.1.2 按下述滴加被检样品和对照。

2.1.2.1 在血凝滴定板上的第一至第五排,每排的第八孔滴加第八管稀释被检样品 0.05 mL,每排的第七孔滴加第 7 管稀释被检样品 0.05 mL,以此类推至第一孔。

2.1.2.2　每排的第九孔滴加稀释液 I 0.05 mL,作为稀释液对照。

2.1.2.3　每排的第十孔按顺序分别滴加口蹄疫 A、O、C、Asia-I 型和猪水泡病标准抗原(1:30 稀释)各 0.05 mL,作为阳性对照。

2.1.3　滴加敏化红细胞诊断液:先将敏化红细胞诊断液摇匀,于滴定板第一至第五排的第一至第十孔分别滴加口蹄疫 A、O、C、Asia-I 型和猪水泡病敏化红细胞诊断液,每孔 0.025 mL,置微量振荡器上振荡 1~2 min,20~35℃放置 1.5~2 h 后判定结果。

2.2　使用标准阳性血清进行口蹄疫 O 型及与猪水泡病鉴别诊断。

2.2.1　每份被检样品作四排、每孔先各加入 25 μL 稀释液 II。

2.2.2　每排第一孔各加被检样品 25 μL,然后分别由左至右作二倍连续稀释至第七孔(竖板)或第十一孔(横板)。每排最后孔留作稀释液对照。

2.2.3　滴加标准阳性血清:在第一、第三排每孔加入 25 μL 稀释液 II;第二排每孔加入 25 μL 稀释至 1:20 的口蹄疫 O 型标准阳性血清;第四排每孔加入 25 μL 稀释至 1:100 的猪水泡病标准阳性血清;置微型混合器上振荡 1~2 min,加盖置 37℃作用 30 min。

2.2.4　滴加敏化红细胞诊断液:在第一和第二排每孔加入口蹄疫 O 型敏化红细胞诊断液 25 μL;第三和第四排每孔加入猪水泡病敏化红细胞诊断液 25 μL;置微型混合器上振荡 1~2 min,加盖 20~35℃放置 2 h 后判定结果。

3　结果判定

3.1　按以下标准判定红细胞凝集程度:"++++"—100%完全凝集, 红细胞均匀地分布于孔底周围;"+++"—75%凝集,红细胞均匀地分布于孔底周围,但孔底中心有红细胞形成的针尖大的小点;"++"—50%凝集,孔底周围有不均匀的红细胞分布,孔底有一红细胞沉下的小点;"+"—25%凝集,孔底周围有不均匀的红细胞分布,但大部分红细胞已沉积于孔底;"-"—不凝集,红细胞完全沉积于孔底成一圆点。

3.2 操作方法 2.1 的结果判定:稀释液 I 对照孔不凝集、标准抗原阳性孔凝集试验方成立。

3.2.1 若只第一排孔凝集,其余 4 排孔不凝集,则被检样品为口蹄疫 A 型;若只第二排孔凝集,其余四排孔不凝集,则被检样品为口蹄疫 O 型;以此类推。若只第五排孔凝集,其余四排孔不凝集,则被检样品为猪水泡病

3.2.2 致红细胞 50%凝集的被检样品最高稀释度为其凝集效价。

3.2.3 如出现 2 排以上孔的凝集,以某排孔的凝集效价高于其余排孔的凝集效价 2 个对数(以 2 为底)浓度以上者即可判为阳性,其余判为阴性。

3.3 操作方法 2.2 的结果判定:稀释液 II 对照孔不凝集试验方可成立。

3.3.3.1 若第一排出现 2 孔以上的凝集(++以上),且第二排相对应孔出现 2 个孔以上的凝集抑制,第三、第四排不出现凝集判为口蹄疫 O 型阳性。若第三排出现 2 孔以上的凝集(++以上),且第四排相对应孔出现 2 个孔以上的凝集抑制,第一、二排不出现凝集则判为猪水泡病阳性。

3.3.3.2 致红细胞 50%凝集的被检样品最高稀释度为其凝集效价。

附件3:正向间接血凝试验(IHA)

1 原理

用已知血凝抗原检测未知血清抗体的试验,称为正向间接血凝试验(IHA)。

抗原与其对应的抗体相遇,在一定条件下会形成抗原复合物,但这种复合物的分子团很小,肉眼看不见。若将抗原吸附(致敏)在经过特殊处理的红细胞表面,只需少量抗原就能大大提高抗原和抗体的反应灵敏性。这种经过口蹄疫纯化抗原致敏的红细胞与口蹄疫抗体相遇,红细胞便出现清晰可见的凝集现象。

2 适用范围

主要用于检测 O 型口蹄疫免疫动物血清抗体效价。

3 试验器材和试剂

3.1 96孔 110°V 型医用血凝板,与血凝板大小相同的玻板

3.2 微量移液器(50 μL、25 μL)取液塑咀

3.3 微量振荡器

3.4 O 型口蹄疫血凝抗原

3.5 O 型口蹄疫阴性对照血清

3.6 O 型口蹄疫阳性对照血清

3.7 稀释液

3.8 待检血清(每头约 0.5 mL 血清即可)56℃水浴灭活 30 min

4 试验方法

4.1 加稀释液

在血凝板上 1~6 排的 1~9 孔;第 7 排的 1~4 孔第 6~7 孔;第 8 排的 1~

12 孔各加稀释液 50 μL。

4.2 稀释待检血清

取 1 号待检血清 50 μL 加入第一排第一孔，并将塑咀插入孔底，右手拇指轻压弹簧 1~2 次混匀（避免产生过多的气泡），从该孔取出 50 μL 移入第二孔，混匀后取出 50 μL 移入第三孔……直至第九孔混匀后取出 50 μL 丢弃。此时第一排第一至第九孔待检血清的稀释度（稀释倍数）依次为 1:2（1）、1:4（2）、1:8（3）、1:16（4）、1:32（5）、1:64（6）、1:128（7）、1:256（8）、1:512（9）。

取 2 号待检血清加入第二排；取 3 号待检血清加入第三排……均按上法稀释,注意：每取一份血清时,必须更换塑咀一个。

4.3 稀释阴性对照血清

在血凝板的第七排第一孔加阴性血清 50 μL,对倍稀释至第四孔,混匀后从该孔取出 50 μL 丢弃。此时阴性血清的稀释倍数依次为 1:2（1）、1:4（2）、1:8（3）、1:16（4）。第六至第七孔为稀释液对照。

4.4 稀释阳性对照血清

在血凝板的第八排第一孔加阳性血清 50 μL，对倍数稀释至第十二孔,混匀后从该孔取出 50 μL 丢弃。此时阳性血清的稀释倍数依次为 1:2~1:4 096。

4.5 加血凝抗原

被检血清各孔、阴性对照血清各孔、阳性对照血清各孔、稀释液对照孔均各加 O 型血凝抗原（充分摇匀,瓶底应无血球沉淀）25 μL。

4.6 振荡混匀

将血凝板置于微量振荡器上 1~2 min,如无振荡器,用手轻拍混匀亦可，然后将血凝板放在白纸上观察各孔红血球是否混匀，不出现血球沉淀为合格。盖上玻板,室温下或 37℃下静置 1.5~2 h 判定结果,也可延至翌日判定。

4.7 判定标准

移去玻板,将血凝板放在白纸上,先观察阴性对照血清 1:16 孔,稀释液对照孔,均应无凝集（血球全部沉入孔底形成边缘整齐的小圆点），或仅出现

"+"凝集(血球大部沉于孔底,边缘稍有少量血球悬浮)。

阳性血清对照 1:2~1:256 各孔应出现"++"—"+++"凝集为合格(少量血球沉入孔底,大部血球悬浮于孔内)。

在对照孔合格的前提下,再观察待检血清各孔,以呈现"++"凝集的最大稀释倍数为该份血清的抗体效价。例如 1 号待检血清 1~5 孔呈现 "++"至"+++"凝集,第六至第七孔呈现"++"凝集,第八孔呈现"+"凝集,第九孔无凝集,那么就可判定该份血清的口蹄疫抗体效价为 1:128。

接种口蹄疫疫苗的猪群免疫抗体效价达到 1:128(第七孔)牛群、羊群免疫抗体效价达到 1:256(第八孔)呈现"++"凝集为免疫合格。

5 检测试剂的性状、规格

5.1 性状

5.1.1 液体血凝抗原:摇匀呈棕红色(或咖啡色),静置后,血球逐渐沉入瓶底。

5.1.2 阴性对照血清:淡黄色清亮稍带黏性的液体。

5.1.3 阳性对照血清:微红或淡色稍混浊带黏性的液体。

5.1.4 稀释液:淡黄或无色透明液体,低温下放置,瓶底易析出少量结晶,在水浴中加温后即可全溶,不影响使用。

5.2 包装

5.2.1 液体血凝抗原:摇匀后即可使用,5 mL/瓶。

5.2.2 阴性血清:1 mL/瓶,直接稀释使用。

5.2.3 阳性血清:1 mL/瓶,直接稀释使用。

5.2.4 稀释液:100 mL/瓶,直接使用,4~8℃保存。

5.2.5 保存条件及保存期

5.2.5.1 液体血凝抗原:4~8℃保存(切勿冻结),保存期 3 个月。

5.2.5.2 阴性对照血清:-15~-20℃保存,有效期 1 年。

5.2.5.3 阳性对照血清:-15~-20℃保存,有效期 1 年。

6 注意事项

6.1 为使检测获得正确结果,请在检测前仔细阅读说明书。

6.2 严重溶血或严重污染的血清样品不宜检测,以免发生非特异性反应。

6.3 勿用90°和130°血凝板,严禁使用一次性血凝板,以免误判结果。

6.4 用过的血凝板应及时在水龙头冲净血球。再用蒸馏水或去离子水冲洗2次,甩干水分放37℃恒温箱内干燥备用。检测用具应煮沸消毒,37℃干燥备用。血凝板应浸泡在洗液中(浓硫酸与重铬酸钾按1:1混合),48 h捞出后清水冲净。

6.5 每次检测只做一份阴性、阳性和稀释液对照。

"–"表示完全不凝集或0%~10%血球凝集。

"+"表示10%~25%血球凝集。

"++"表示50%血球凝集。

"+++"表示75%血球凝集。

"++++"表示90%~100%血球凝集。

6.6 用不同批次的血凝抗原检测同一份血清时,应事先用阳性血清准确测定各批次血凝抗原的效价,取抗原效价相同或相近的血凝抗原检测待检血清抗体水平的结果是基本一致的,如果血凝抗原效价差别很大用来检测同一血清样品,肯定会出现检测结果不一致。

6.7 收到本试剂盒时,应立即打开包装,取出血凝抗原瓶,用力摇动,使粘附在瓶盖上的红细胞摇下,否则易出现沉渣,影响使用效果。

附件 4:口蹄疫病料的采集、保存与运送

采集、保存和运输样品须符合下列要求,并填写样品采集登记表。

1 样品的采集和保存

1.1 组织样品

1.1.1 样品的选择

用于病毒分离、鉴定的样品以发病动物(牛、羊或猪)未破裂的舌面或蹄部,鼻镜,乳头等部位的水泡皮和水泡液最好。对临床健康但怀疑带毒的动物可在扑杀后采集淋巴结、脊髓、肌肉等组织样品作为检测材料。

1.1.2 样品的采集和保存

水泡样品采集部位可用清水清洗,切忌使用酒精、碘酒等消毒剂消毒、擦拭。

1.1.2.1 未破裂水泡中的水泡液用灭菌注射器采集至少 1 mL,装入灭菌小瓶中(可加适量抗菌素),加盖密封;尽快冷冻保存。

1.1.2.2 剪取新鲜水泡皮 3~5 g 放入灭菌小瓶中,加适量(2 倍体积)50%甘油/磷酸盐缓冲液(pH 7.4),加盖密封;尽快冷冻保存。

1.1.2.3 在无法采集水泡皮和水泡液时,可采集淋巴结、脊髓、肌肉等组织样品 3~5 g 装入洁净的小瓶内,加盖密封;尽快冷冻保存。

每份样品的包装瓶上均要贴上标签,写明采样地点、动物种类、编号、时间等。

1.2 牛、羊食道-咽部分泌物(O-P 液)样品

1.2.1 样品采集

被检动物在采样前禁食(可饮水)12 h,以免反刍胃内容物严重污染 O-P

液。采样探杯在使用前经 0.2% 柠檬酸或 2% 氢氧化钠浸泡 5 min,再用自来水冲洗。每采完一头动物,探杯要重复进行消毒和清洗。采样时动物站立保定,将探杯随吞咽动作送入食道上部 10~15 cm 处,轻轻来回移动 2~3 次,然后将探杯拉出。如采集的 O-P 液被反刍胃内容物严重污染,要用生理盐水或自来水冲洗口腔后重新采样。

1.2.2 样品保存

将探杯采集到的 8~10 mL O-P 液倒入 25 mL 以上的灭菌玻璃容器中,容器中应事先加有 8~10 mL 细胞培养液或磷酸盐缓冲液（0.04 mol/L、pH 7.4）,加盖密封后充分摇匀,贴上防水标签,并写明样品编号、采集地点、动物种类、时间等,尽快放入装有冰块的冷藏箱内,然后转往 -60℃ 冰箱冻存。通过病原检测,做出追溯性诊断。

1.3 血清

怀疑曾有疫情发生的畜群,错过组织样品采集时机时,可无菌操作采集动物血液,每头不少于 10 mL。自然凝固后无菌分离血清装入灭菌小瓶中,可加适量抗菌素,加盖密封后冷藏保存。每瓶贴标签并写明样品编号,采集地点,动物种类,时间等。通过抗体检测,做出追溯性诊断。

1.4 采集样品时要填写样品采集登记表

2 样品运送

运送前将封装和贴上标签,已预冷或冰冻的样品玻璃容器装入金属套筒中,套筒应填充防震材料,加盖密封,与采样记录一同装入专用运输容器中。专用运输容器应隔热坚固,内装适当冷冻剂和防震材料。外包装上要加贴生物安全警示标志。以最快方式,运送到检测单位。为了能及时准确地告知检测结果,请写明送样单位名称和联系人姓名、联系地址、邮编、电话、传真等。

送检材料必须附有详细说明,包括采样时间、地点、动物种类、样品名称、数量、保存方式及有关疫病发生流行情况、临床症状等。

附件 5:口蹄疫扑杀技术规范

1 扑杀范围:病畜及规定扑杀的易感动物。

2 使用无出血方法扑杀:电击、药物注射。

3 将动物尸体用密闭车运往处理场地予以销毁。

4 扑杀工作人员防护技术要求

4.1 穿戴合适的防护衣服

4.1.1 穿防护服或穿长袖手术衣加防水围裙。

4.1.2 戴可消毒的橡胶手套。

4.1.3 戴 N95 口罩或标准手术用口罩。

4.1.4 戴护目镜。

4.1.5 穿可消毒的胶靴,或者一次性的鞋套。

4.2 洗手和消毒

4.2.1 密切接触感染牲畜的人员,用无腐蚀性消毒液浸泡手后,再用肥皂清洗 2 遍以上。

4.2.2 牲畜扑杀和运送人员在操作完毕后,要用消毒水洗手,有条件的地方要洗澡。

4.3 防护服、手套、口罩、护目镜、胶鞋、鞋套等使用后在指定地点消毒或销毁。

附件6:口蹄疫无害化处理技术规范

所有病死牲畜、被扑杀牲畜及其产品、排泄物以及被污染或可能被污染的垫料、饲料和其他物品应当进行无害化处理。无害化处理可以选择深埋、焚烧等方法,饲料、粪便也可以堆积发酵或焚烧处理。

1 深埋

1.1 选址:掩埋地应选择远离学校、公共场所、居民住宅区、动物饲养和屠宰场所、村庄、饮用水源地、河流等。避免公共视线。

1.2 深度:坑的深度应保证动物尸体、产品、饲料、污染物等被掩埋物的上层距地表 1.5 m 以上。坑的位置和类型应有利于防洪。

1.3 焚烧:掩埋前,要对需掩埋的动物尸体、产品、饲料、污染物等实施焚烧处理。

1.4 消毒:掩埋坑底铺 2 cm 厚生石灰;焚烧后的动物尸体、产品、饲料、污染物等表面,以及掩埋后的地表环境应使用有效消毒药品喷洒消毒。

1.5 填土:用土掩埋后,应与周围持平。填土不要太实,以免尸腐产气造成气泡冒出和液体渗漏。

1.6 掩埋后应设立明显标记。

2 焚化

疫区附近有大型焚尸炉的,可采用焚化的方式。

3 发酵

饲料、粪便可在指定地点堆积,密封发酵,表面应进行消毒。

以上处理应符合环保要求,所涉及的运输、装卸等环节要避免洒漏,运输装卸工具要彻底消毒后清洗。

附件7:口蹄疫疫点、疫区清洗消毒技术规范

1 成立清洗消毒队

清洗消毒队应至少配备一名专业技术人员负责技术指导。

2 设备和必需品

2.1 清洗工具:扫帚、叉子、铲子、锹和冲洗用水管。

2.2 消毒工具:喷雾器、火焰喷射枪、消毒车辆、消毒容器等。

2.3 消毒剂:醛类、氧化剂类、氯制剂类等合适的消毒剂。

2.4 防护装备:防护服、口罩、胶靴、手套、护目镜等。

3 疫点内饲养圈舍清理、清洗和消毒

3.1 对圈舍内外消毒后再行清理和清洗。

3.2 首先清理污物、粪便、饲料等。

3.3 对地面和各种用具等彻底冲洗,并用水洗刷圈舍、车辆等,对所产生的污水进行无害化处理。

3.4 对金属设施设备,可采取火焰、熏蒸等方式消毒。

3.5 对饲养圈舍、场地、车辆等采用消毒液喷洒的方式消毒。

3.6 饲养圈舍的饲料、垫料等作深埋、发酵或焚烧处理。

3.7 粪便等污物作深埋、堆积密封或焚烧处理。

4 交通工具清洗消毒

4.1 出入疫点、疫区的交通要道设立临时性消毒点,对出入人员、运输工具及有关物品进行消毒。

4.2 疫区内所有可能被污染的运载工具应严格消毒,车辆内、外及所有角落和缝隙都要用消毒剂消毒后再用清水冲洗,不留死角。

4.3 车辆上的物品也要做好消毒。

4.4 从车辆上清理下来的垃圾和粪便要作无害化处理。

5 牲畜市场消毒清洗

5.1 用消毒剂喷洒所有区域。

5.2 饲料和粪便等要深埋、发酵或焚烧。

6 屠宰加工、储藏等场所的清洗消毒

6.1 所有牲畜及其产品都要深埋或焚烧。

6.2 圈舍、过道和舍外区域用消毒剂喷洒消毒后清洗。

6.3 所有设备、桌子、冰箱、地板、墙壁等用消毒剂喷洒消毒后冲洗干净。

6.4 所有衣服用消毒剂浸泡后清洗干净，其他物品都要用适当的方式进行消毒。

6.5 以上所产生的污水要经过处理,达到环保排放标准。

7 疫点每天消毒 1 次连续 1 周,1 周后每两天消毒 1 次,疫区内疫点以外的区域每 2 天消毒 1 次。

附件8:口蹄疫流行病学调查规范

1 范围

本规范规定了暴发疫情时和平时开展的口蹄疫流行病学调查工作。

本规范适用于口蹄疫暴发后的跟踪调查和平时现况调查的技术要求。

2 引用文件

下列文件中的条款通过本规范的引用而成为本规范的条款。凡是注日期的引用文件,其随后所有的修改单位(不包括勘误的内容)或修订版均不适用于本规范,根据本规范达成协议的各方研究可以使用这些文件的最新版本。凡是不注日期的引用文件,其最新版本适用于本规范。

NY××××   \\口蹄疫疫样品采集、保存和运输技术规范

NY××××   \\口蹄疫人员防护技术规范

NY××××   \\口蹄疫疫情判定与扑灭技术规范

3 术语与定义

NY××××的定义适用于本规范。

3.1 跟踪调查 Tracing investigation

当一个畜群单位暴发口蹄疫时,兽医技术人员或动物流行病学专家在接到怀疑发生口蹄疫的报告后通过亲自现场察看、现场采访,追溯最原始的发病患畜 、查明疫点的疫病传播扩散情况以及采取扑灭措施后跟踪被消灭疫病的情况。

3.2 现况调查 cross-sectional survey

现况调查是一项在全国范围内有组织的关于口蹄疫流行病学资料和数据的收集整理工作,调查的对象包括被选择的养殖场、屠宰场或实验室,这

些选择的普查单位充当着疾病监视器的作用，对口蹄疫病毒易感的一些物种(如野猪)可以作为主要动物群感染的指示物种。现况调查同时是口蹄疫防制计划的组成部分。

4 跟踪调查

4.1 目的

核实疫情并追溯最原始的发病地点和患畜、查明疫点的疫病传播扩散情况以及采取扑灭措施后跟踪被消灭疫病的情况。

4.2 组织与要求

4.2.1 动物防疫监督机构接到养殖单位怀疑发病的报告后，立即指派2名以上兽医技术人员，在24小时以内尽快赶赴现场，采取现场亲自察看和现场采访相结合的方式对疾病暴发事件开展跟踪调查；

4.2.2 被派兽医技术人员至少3天内没有接触过口蹄疫病畜及其污染物，按《口蹄疫人员防护技术规范》做好个人防护；

4.2.3 备有必要的器械、用品和采样用的容器。

4.3 内容与方法

4.3.1 核实诊断方法及定义"患畜"

调查的目的之一是诊断患畜，因此需要归纳出发病患畜的临床症状和用恰当的临床术语定义患畜，这样可以排除其他疾病的患畜而只保留所研究的患畜，做出是否发生疑似口蹄疫的判断；

4.3.2 采集病料样品、送检与确诊

对疑似患畜，按照《口蹄疫样品采集、保存和运输技术规范》的要求送指定实验室确诊。

4.3.3 实施对疫点的初步控制措施，严禁从疑似发病场/户运出家畜、家畜产品和可疑污染物品，并限制人员流动；

4.3.4 计算特定因素袭击率，确定畜间型

袭击率是衡量疾病暴发和疾病流行严重程度的指标，疾病暴发时的袭击率与日常发病率或预测发病率比较能够反映出疾病暴发的严重程度。另

外,通过计算不同畜群的袭击率和不同动物种别、年龄和性别的特定因素袭击率有助于发现病因或与疾病有关的某些因素;

4.3.5 确定时间型

根据单位时间内患畜的发病频率,绘制一个或是多个流行曲线,以检验新患畜的时间分布。在制作流行曲线时,应选择有利于疾病研究的各种时间间隔(在 x 轴),如小时、天或周,和表示疾病发生的新患畜数或百分率(在 y 轴);

4.3.6 确定空间型

为检验患畜的空间分布,调查者首先需要描绘出发病地区的地形图、该地区内的畜舍的位置及所出现的新患畜。然后仔细审察地形图与畜群和新患畜的分布特点,以发现患畜间的内在联系和地区特性,和动物本身因素与疾病的内在联系,如性别、品种和年龄。画图标出可疑发病畜周围 20 千米以内分布的有关养畜场、道路、河流、山岭、树林、人工屏障等,连同最初调查表一同报告当地动物防疫监督机构;

4.3.7 计算归因袭击率,分析传染来源

根据计算出的各种特定因素袭击率,如年龄、性别、品种、饲料、饮水等,建立起一个有关这些特定因素袭击率的分类排列表,根据最高袭击率、最低袭击率、归因袭击率(即两组动物分别接触和不接触同一因素的两个袭击率之差)以进一步分析比较各种因素与疾病的关系,追踪可能的传染来源;

4.3.8 追踪出入发病养殖场/户的有关工作人员和所有家畜、畜产品及有关物品的流动情况,并对其作适当的隔离观察和控制措施,严防疫情扩散;

4.3.9 对疫点、疫区的猪、牛、羊、野猪等重要疫源宿主进行发病情况调查,追踪病毒变异情况。

4.3.10 完成跟踪调查表(见附录 A),并提交跟踪调查报告。

待全部工作完成以后,将调查结果总结归纳以调查报告的形式形成报告,并逐级上报到国家动物防疫监督机构和国家动物流行病学中心。

形成假设,根据以上资料和数据分析,调查者应该得出一个或两个以上的假

设:①疾病流行类型,点流行和增殖流行;②传染源种类,同源传染和多源传染;③传播方式,接触传染、机械传染和生物性传染。调查者需要检查所形成的假设是否符合实际情况,并对假设进行修改。在假设形成的同时,调查者还应能够提出合理的建议方案以保护未感染动物和制止患畜继续出现,如改变饲料、动物隔离等;

检验假设,假设形成后要进行直观的分析和检验,必要时还要进行实验检验和统计分析。假设的形成和检验过程是循环往复的,应用这种连续的近似值方法而最终建立起确切的病因来源假设。

5 现况调查

5.1 目的

广泛收集与口蹄疫发生有关的各种资料和数据,根据医学理论得出有关口蹄疫分布、发生频率及其影响因素的合乎逻辑的正确结论。

5.2 组织与要求

5.2.1 现况调查是一项由国家兽医行政主管部门统一组织的全国范围内有关口蹄疫流行病学资料和数据的收集整理工作,需要国家兽医行政主管部门、国家动物防疫监督机构、国家动物流行病学中心、地方动物防疫监督机构多方面合作;

5.2.2 所有参与实验的人员明确普查的内容和目的,数据收集的方法应尽可能的简单,并设法得到数据提供者的合作和保持他们的积极性;

5.2.3 被派兽医技术人员要遵照 4.2.2 和 4.2.3 的要求。

5.3 内容

5.3.1 估计疾病流行情况

调查动物群体存在或不存在疾病。患病和死亡情况分别用患病率和死亡率表示。

5.3.2 动物群体及其环境条件的调查

包括动物群体的品种、性别、年龄、营养、免疫等;环境条件、气候、地区、畜牧制度、饲养管理(饲料、饮水、畜舍)等。

5.3.3　传染源调查

包括带毒野生动物、带毒牛羊等的调查。

5.3.4　其他调查

包括其他动物或人类患病情况及媒介昆虫或中间宿主,如种类、分布、生活习性等的调查。

5.3.4　完成现况调查表(见附录 B),并提交现况调查报告。

5.4　方法

5.4.1　现场观察、临床检查

5.4.2　访问调查或通信调查

5.4.3　查阅诊疗记录、疾病报告登记、诊断实验室记录、检疫记录及其他现成记录和统计资料。流行病学普查的数据都是与疾病和致病因素有关的数据以及与生产和畜群体积有关的数据。获得的已经记录的数据,可用于回顾性实验研究;收集未来的数据用于前瞻性实验研究。

一些数据属于观察资料;一些数据属于观察现象的解释;一些数据是数量性的,由各种测量方法而获得,如体重、产乳量、死亡率和发病率,这类数据通常比较准确。数据资料来源如下。

5.4.3.1　政府兽医机构

国家及各省、市、县动物防疫监督机构以及乡级的兽医站负责调查和防治全国范围内一些重要的疾病。许多政府机构还建立了诊断室开展一些常规的实验室诊断工作,保持完整的实验记录,经常报道诊断结果和疾病的流行情况。由各级政府机构编辑和出版的各种兽医刊物也是常规的资料来源。

5.4.3.2　屠宰场

大牲畜屠宰场都要进行宰前和宰后检验以发现和鉴定某些疾病。通常只有临床上健康的牲畜才供屠宰食用,因此屠宰中发现的病例一般都是亚临床症状的。

屠宰检验的第二个目的是记录所见异常现象,有助于流行性动物疾病的早期发现和人畜共患性疾病的预防和治疗。由于屠宰场的动物是来自于不同地区或不同的牧场，如果屠宰检验所发现的疾病关系到患畜的原始牧场或地区，则必须追查动物的来源。

5.4.3.3 血清库

血清样品能够提供免疫特性方面有价值的流行病学资料，如流行的周期性，传染的空间分布和新发生口蹄疫的起源。因此建立血清库有助于研究与传染病有关的许多问题：①鉴定主要的健康标准；②建立免疫接种程序；③确定疾病的分布；④调查新发生口蹄疫的传染来源；⑤确定流行的周期性；⑥增加病因学方面的知识；⑦评价免疫接种效果或程序；⑧评价疾病造成的损失。

5.4.3.4 动物注册

动物登记注册是流行病学数据的又一个来源。

根据某地区动物注册或免疫接种数量估测该地区的易感动物数，一般是趋于下线估测。

5.4.3.5 畜牧机构

许多畜牧机构记录和保存动物群体结构、分布和动物生产方面的资料，如增重、饲料转化率和产乳量等。这对某些实验研究也同样具有流行病学方面的意义。

5.4.3.6 畜牧场

大型的现代化饲养场都有自己独立的经营和管理体制；完善的资料和数据记录系统，许多数据资料具有较高的可靠性。这些资料对疾病普查是很有价值的。

5.4.3.7 畜主日记

饲养人员(如猪的饲养者)经常记录生产数据和一些疾病资料。但记录者的兴趣和背景不同，所记录的数据类别和精确程度也不同。

5.4.3.8 兽医院门诊

兽医院开设兽医门诊，并建立患畜病志以描述发病情况和记录诊断结果。门诊患畜中诊断兽医感兴趣的疾病比例通常高于其他疾病。这可能是由于该兽医为某种疾病的研究专家而吸引该种疾病的患畜的缘故。

5.4.3.9　其他资料来源

野生动物是家畜口蹄疫的重要传染源。野生动物保护组织和害虫防治中心记录和保存关于国家野生动物地区分布和种类数量方面的数据。这对调查实际存在的和即将发生的口蹄疫的感染和传播具有价值。

附录7

炭疽防治技术规范

炭疽(Anthrax)是由炭疽芽孢杆菌引起的一种人畜共患传染病。世界动物卫生组织(OIE)将其列为必须报告的动物疫病,我国将其列为二类动物疫病。

为预防和控制炭疽,依据《中华人民共和国动物防疫法》和其他相关法律法规,制定本规范。

1 适用范围

本规范规定了炭疽的诊断、疫情报告、疫情处理、防治措施和控制标准。

本规范适用于中华人民共和国境内一切从事动物饲养、经营及其产品的生产、经营的单位和个人,以及从事动物防疫活动的单位和个人。

2 诊断

依据本病流行病学调查、临床症状,结合实验室诊断结果做出综合判定。

2.1 流行特点

本病为人畜共患传染病,各种家畜、野生动物及人对本病都有不同程度的易感性。草食动物最易感,其次是杂食动物,再次是肉食动物,家禽一般不感染。人也易感。

患病动物和因炭疽而死亡的动物尸体以及污染的土壤、草地、水、饲料都是本病的主要传染源,炭疽芽孢对环境具有很强的抵抗力,其污染的土壤、水源及场地可形成持久的疫源地。本病主要经消化道、呼吸道和皮肤感染。

本病呈地方性流行。有一定的季节性,多发生在吸血昆虫多、雨水多、洪水泛滥的季节。

2.2 临床症状

2.2.1 本规范规定本病的潜伏期为20天。

2.2.2　典型症状

本病主要呈急性经过,多以突然死亡、天然孔出血、尸僵不全为特征。

牛:体温升高常达 41℃以上,可视黏膜呈暗紫色,心动过速、呼吸困难。呈慢性经过的病牛,在颈、胸前、肩胛、腹下或外阴部常见水肿;皮肤病灶温度增高,坚硬,有压痛,也可发生坏死,有时形成溃疡;颈部水肿常与咽炎和喉头水肿相伴发生, 致使呼吸困难加重。急性病例一般经 24~36 小时后死亡,亚急性病例一般经 2~5 天后死亡。

马:体温升高,腹下、乳房、肩及咽喉部常见水肿。舌炭疽多见呼吸困难、发绀;肠炭疽腹痛明显。急性病例一般经 24~36 小时后死亡,有炭疽痈时,病程可达 3~8 天。

羊:多表现为最急性(猝死)病症,摇摆、磨牙、抽搐,挣扎、突然倒毙,有的可见从天然孔流出带气泡的黑红色血液。病程稍长者也只持续数小时后死亡。

猪:多为局限性变化,呈慢性经过,临床症状不明显,常在宰后见病变。

犬和其他肉食动物临床症状不明显。

2.3　病理变化

死亡患病动物可视黏膜发绀、出血。血液呈暗紫红色,凝固不良,黏稠似煤焦油状。皮下、肌间、咽喉等部位有浆液性渗出及出血。淋巴结肿大、充血,切面潮红。脾脏高度肿胀,达正常数倍,脾髓呈黑紫色。

严禁在非生物安全条件下进行疑似患病动物、患病动物的尸体剖检。

2.4　实验室诊断

实验室病原学诊断必须在相应级别的生物安全实验室进行。

2.4.1　病原鉴定

2.4.1.1　样品采集、包装与运输

按照 NY/T561 2.1.2、4.1、5.1 执行。

2.4.1.2　病原学诊断

炭疽的病原分离及鉴定(见 NY/T561)。

2.4.2 血清学诊断

炭疽沉淀反应（见 NY/T561）。

2.4.3 分子生物学诊断

聚合酶链式反应（PCR）（见附件 1）。

3 疫情报告

3.1 任何单位和个人发现患有本病或者疑似本病的动物，都应立即向当地动物防疫监督机构报告。

3.2 当地动物防疫监督机构接到疫情报告后，按国家动物疫情报告管理的有关规定执行。

4 疫情处理

依据本病流行病学调查、临床症状，结合实验室诊断做出的综合判定结果可作为疫情处理依据。

4.1 当地动物防疫监督机构接到疑似炭疽疫情报告后，应及时派员到现场进行流行病学调查和临床检查，采集病料送符合规定的实验室诊断，并立即隔离疑似患病动物及同群动物，限制移动。

对病死动物尸体，严禁进行开放式解剖检查，采样时必须按规定进行，防止病原污染环境，形成永久性疫源地。

4.2 确诊为炭疽后，必须按下列要求处理。

4.2.1 由所在地县级以上兽医主管部门划定疫点、疫区、受威胁区。

疫点：指患病动物所在地点。一般是指患病动物及同群动物所在畜场（户组）或其他有关屠宰、经营单位。

疫区：指由疫点边缘外延 3 千米范围内的区域。在实际划分疫区时，应考虑当地饲养环境和自然屏障（如河流、山脉等）以及气象因素，科学确定疫区范围。

受威胁区：指疫区外延 5 千米范围内的区域。

4.2.2 本病呈零星散发时，应对患病动物作无血扑杀处理，对同群动物立即进行强制免疫接种，并隔离观察 20 天。对病死动物及排泄物、可能被污染饲料、污水等按附件 2 的要求进行无害化处理;对可能被污染的物品、交通工具、用具、动物舍进行严格彻底消毒(见附件 2)。疫区、受威胁区所有易感动物进行紧急免疫接种。对病死动物尸体严禁进行开放式解剖检查,采样必须按规定进行,防止病原污染环境,形成永久性疫源地。

4.2.3　本病呈暴发流行时(1 个县 10 天内发现 5 头以上的患病动物),要报请同级人民政府对疫区实行封锁;人民政府在接到封锁报告后,应立即发布封锁令,并对疫区实施封锁。

疫点、疫区和受威胁区采取的处理措施如下:

4.2.3.1　疫点

出入口必须设立消毒设施。限制人、易感动物、车辆进出和动物产品及可能受污染的物品运出。对疫点内动物舍、场地以及所有运载工具、饮水用具等必须进行严格彻底地消毒。

患病动物和同群动物全部进行无血扑杀处理。其他易感动物紧急免疫接种。

对所有病死动物、被扑杀动物,以及排泄物和可能被污染的垫料、饲料等物品产品按附件 2 要求进行无害化处理。

动物尸体需要运送时,应使用防漏容器,须有明显标志,并在动物防疫监督机构的监督下实施。

4.2.3.2　疫区:交通要道建立动物防疫监督检查站,派专人监管动物及其产品的流动,对进出人员、车辆须进行消毒。停止疫区内动物及其产品的交易、移动。所有易感动物必须圈养,或在指定地点放养;对动物舍、道路等可能污染的场所进行消毒。

对疫区内的所有易感动物进行紧急免疫接种。

4.2.3.3　受威胁区:对受威胁区内的所有易感动物进行紧急免疫接种。

4.2.3.4　进行疫源分析与流行病学调查

4.2.3.5　封锁令的解除

最后 1 头患病动物死亡或患病动物和同群动物扑杀处理后 20 天内不

再出现新的病例,进行终末消毒后,经动物防疫监督机构审验合格后,由当地兽医主管部门向原发布封锁令的机关申请发布解除封锁令。

4.2.4 处理记录

对处理疫情的全过程必须做好完整的详细记录,建立档案。

5 预防与控制

5.1 环境控制

饲养、生产、经营场所和屠宰场必须符合《动物防疫条件审核管理办法》(农业部〔2002〕15 号令)规定的动物防疫条件,建立严格的卫生(消毒)管理制度。

5.2 免疫接种

5.2.1 各省根据当地疫情流行情况,按农业部制定的免疫方案,确定免疫接种对象、范围。

5.2.2 使用国家批准的炭疽疫苗,并按免疫程序进行适时免疫接种,建立免疫档案。

5.3 检疫

5.3.1 产地检疫

按 GB16549 和《动物检疫管理办法》实施检疫。检出炭疽阳性动物时,按本规范 4.2.2 规定处理。

5.3.2 屠宰检疫

按 NY467 和《动物检疫管理办法》对屠宰的动物实施检疫。

5.4 消毒

对新老疫区进行经常性消毒,雨季要重点消毒。皮张、毛等按照附件 2 实施消毒。

5.5 人员防护

动物防疫检疫、实验室诊断及饲养场、畜产品及皮张加工企业工作人员要注意个人防护,参与疫情处理的有关人员,应穿防护服、戴口罩和手套,做好自身防护。

附件1:聚合酶链式反应(PCR)技术

1 试剂

1.1 消化液

1.1.1 1 M 三羟甲基氨基甲烷–盐酸(Tris–HCl)(pH8.0)

三羟甲基氨基甲烷	12.11 g
灭菌双蒸水	80 mL
浓盐酸	调 pH 至 8.0
灭菌双蒸水	加至 100 mL

1.1.2 0.5 M 乙二胺四乙酸二钠(EDTA)溶液（pH8.0）

二水乙二胺四乙酸二钠	18.61 g
灭菌双蒸水	80 mL
氢氧化钠	调 pH 至 8.0
灭菌双蒸水	加至 100 mL

1.1.3 20%十二烷基磺酸钠(SDS)溶液（pH7.2）

十二烷基磺酸钠	20 g
灭菌双蒸水	80 mL
浓盐酸	调 pH 至 7.2
灭菌双蒸水	加至 100 mL

1.1.4 消化液配制

1 M 三羟甲基氨基甲烷–盐酸(Tris–HCl)(pH8.0)	2 mL
0.5 mol/L 乙二胺四乙酸二钠溶液(pH8.0)	0.4 mL
20% 十二烷基磺酸钠溶液(pH7.2)	5 mL

5 M 氯化钠	4 mL
灭菌双蒸水	加至 200 mL

1.2　蛋白酶 K 溶液

蛋白酶 K	5 g
灭菌双蒸水	加至 250 mL

1.3　酚/氯仿/异戊醇混合液

碱性酚	25 mL
氯仿	24 mL
异戊醇	1 mL

1.4　2.5 mmol/LdNTP

dATP(100 mmol/L)	20 μL
dTTP(100 mmol/L)	20 μL
dGTP(100 mmol/L)	20 μL
dCTP(100 mmol/L)	20 μL
灭菌双蒸水	加至 800 μL

1.5　8 pmol/μL PCR 引物

上游引物 ATXU(2 OD)加入 701 μl 灭菌双蒸水溶解,下游引物 ATXD(2 OD)加入 697 μL 灭菌双蒸水溶解,分别取 ATXU、ATXD 溶液各 300 μL,混匀即为 8 pmol/μL 扩增引物。

1.6　0.5 单位 Taq DNA 聚合酶

5 单位 Taq DNA 聚合酶	1 μL
灭菌双蒸水	加至 10 μL

现用现配。

1.7　10×PCR 缓冲液

1.7.1　1 mol/L 三羟甲基氨基甲烷–盐酸(Tris–HCl)(pH9.0)

三羟基甲基氨基甲烷	15.8 g
灭菌双蒸水	80 mL

| 浓盐酸 | 调 pH 至 9.0 |
| 灭菌双蒸水 | 加至 100 mL |

1.7.2　10 倍 PCR 缓冲液

1 mol/L 三羟基甲基氨基甲烷–盐酸(Tris–HCl)(pH9.0)	1 mL
氯化钾	0.373 g
曲拉通 X–100	0.1 mL
灭菌双蒸水	加至 100 mL

1.8　溴化乙啶(EB)溶液

| 溴化乙啶 | 0.2 g |
| 灭菌双蒸水 | 加至 20 mL |

1.9　电泳缓冲液(50 倍)

1.9.1　0.5 mol/L 乙二胺四乙酸二钠(EDTA)溶液(pH8.0)

二水乙二胺四乙酸二钠	18.61 g
灭菌双蒸水	80 mL
氢氧化钠	调 pH 至 8.0
灭菌双蒸水	加至 100 mL

1.9.2　TAE 电泳缓冲液(50 倍)

三羟基甲基氨基甲烷(Tris)	242 g
冰乙酸	57.1 mL
0.5 mol/L 乙二胺四乙酸二钠溶液(pH8.0)	100 mL
灭菌双蒸水	加至 1 000 mL

用时用灭菌双蒸水稀释使用

1.10　1.5%琼脂糖凝胶

琼脂糖	3 g
TAE 电泳缓冲液(50 倍)	4 mL
灭菌双蒸水	196 mL

微波炉中完全融化,加溴化乙啶(EB)溶液 20 μL。

1.11 上样缓冲液

溴酚蓝 0.2 g,加双蒸水 10 mL 过夜溶解。50 g 蔗糖加入 50 mL 水溶解后,移入已溶解的溴酚蓝溶液中,摇匀定容至 100 mL。

1.12 其他试剂

异丙醇(分析纯)

70%乙醇

15 mmoL/L 氯化镁

灭菌双蒸水

2 器材

2.1 仪器

分析天平、高速离心机、真空干燥器、PCR 扩增仪、电泳仪、电泳槽、紫外凝胶成像仪(或紫外分析仪)、液氮或-70℃冰箱、微波炉、组织研磨器、-20℃冰箱、可调移液器(2 μL 、20 μL、200 μL、1 000 μL)。

2.2 耗材

眼科剪、眼科镊、称量纸、20 mL 一次性注射器、1.5 mL 灭菌离心管、0.2 mL 薄壁 PCR 管、琼脂糖、500 mL 量筒、500 mL 锥形瓶、吸头(10 μL、200 μL、1 000 μL)、灭菌双蒸水。

2.3 引物设计

根据 GenBank 上已发表的炭疽杆菌 POX1 质粒序列,设计并合成了以下两条引物:

ATXU:5'-AGAATGTATCACCAGAGGC-3' ATXD:5'-GTTGTAGATTGGAGC

CGTC-3',此对引物扩增片段为 394 bp。

2.4 样品的采集与处理

2.4.1 样品的采集

病死或扑杀的动物取肝脏或脾;待检的活动物,用注射器取血 5~10 mL,2~8℃保存,送实验室检测。

2.4.2 样品的处理

每份样品分别处理。

2.4.2.1 组织样品处理

称取待检病料 0.2 g,置研磨器中剪碎并研磨,加入 2 mL 消化液继续研磨。取已研磨好的待检病料上清 100 μL 加入 1.5 mL 灭菌离心管中,再加入 500 μL 消化液和 10 μL 蛋白酶 K 溶液,混匀后,置 55℃水浴中 4~16 h。

2.4.2.2 待检菌的处理

取培养获得的菌落,重悬于生理盐水中。取其悬液 100 μL 加入 1.5 mL 灭菌离心管中,再加入 500 μL 消化液和 10 μL 蛋白酶 K 溶液,混匀后,置 55℃水浴中过夜。

2.4.2.3 全血样品处理

待血凝后取上清放于离心管中,4℃ 8 000 g 离心 5 分钟,取上清 100 μL,加入 500 L 消化液和 10 μL 蛋白酶 K 溶液,混匀后,置 55℃水浴中过夜。

2.4.2.4 阳性对照处理

取培养的炭疽杆菌,重悬于生理盐水中。取其悬液 100 μL,置 1.5 mL 灭菌离心管中,加入 500 μL 消化液和 10 μL 蛋白酶 K 溶液,混匀后,置 55℃水浴中过夜。

2.4.2.5 阴性对照处理

取灭菌双蒸水 100 μL,置 1.5 mL 灭菌离心管中,加入 500 μL 消化液 10 μL 蛋白酶 K 溶液,混匀后,置 55℃水浴中过夜。

2.5 DNA 模板的提取

2.5.1 取出已处理的样品及阴、阳对照,加入 600 μL 酚/氯仿/异戊醇混合液,用力颠倒 10 次混匀,12 000 g 离心 10 min。

2.5.2 取上清置 1.5 mL 灭菌离心管中,加入等体积异丙醇,混匀,置液氮中 3 分钟。取出样品管,室温融化,15 000 rpm 离心 15 min。

2.5.3 弃上清,沿管壁缓缓滴入 1 mL 70%乙醇,轻轻旋转洗一次后倒掉,将离心管倒扣于吸水纸上 1 min,真空抽干 15 min(以无乙醇味为准)。

2.5.4 取出样品管,用 50 μL 灭菌双蒸水溶解沉淀,作为模板备用。

2.6 PCR 扩增

总体积 20 μL,取灭菌双蒸水 8 μL,2.5 mmol/L dNTP、8 pmol/μL 扩增引物、15 mmol/L 氯化镁、10×PCR 缓冲液、0.5 单位 TaqDNA 聚合酶各 2 μL,2 μL 模板 DNA。混匀,做好标记,加入矿物油 20 μL 覆盖(有热盖的自动 DNA 热循环仪不用加矿物油)。扩增条件为 94℃ 3 min 后,94℃ 30 s,58℃ 30 s,72℃ 30 s 循环 35 次,72℃延伸 5 min。

2.7 电泳

将 PCR 扩增产物 15 μL 混合 3 μL 上样缓冲液,点样于 1.5%琼脂糖凝胶孔中,以 5 V/cm 电压于 1×TAE 缓冲液中电泳,紫外凝胶成像仪下观察结果。

2.8 结果判定

在阳性对照出现 394 bp 扩增带、阴性对照无带出现(引物带除外)时,试验结果成立。被检样品出现 394 bp 扩增带为炭疽杆菌阳性,否则为阴性。

附件2:无害化处理

1 炭疽动物尸体处理

应结合远离人们生活、水源等因素考虑,因地制宜,就地焚烧。如需移动尸体,先用5%福尔马林消毒尸体表面,然后搬运,并将原放置尸地及尸体天然孔出血及渗出物用5%福尔马林浸渍消毒数次,在搬运过程中避免污染沿途路段。焚烧时将尸体垫起,用油或木柴焚烧,要求燃烧彻底。无条件进行焚烧处理时,也可按规定进行深埋处理。

2 粪肥、垫料、饲料的处理

被污染的粪肥、垫料、饲料等,应混以适量干碎草,在远离建筑物和易燃品处堆积彻底焚烧,然后取样检验,确认无害后,方可用作肥料。

3 房屋、厩舍处理

开放式房屋、厩舍可用5%福尔马林喷洒消毒3遍,每次浸渍2 h。也可用20%漂白粉液喷雾,200 mL/m² 作用2 h。对砖墙、土墙、地面污染严重处,在离开易燃品条件下,亦可先用酒精或汽油喷灯地毯式喷烧1遍,然后再用5%福尔马林喷洒消毒3遍。

对可密闭房屋及室内橱柜、用具消毒,可用福尔马林熏蒸。在室温18℃条件下,对每25~30 m³ 空间,用10%浓甲醛液(内含37%甲醛气体)约4 000 mL,用电煮锅蒸4 h。蒸前先将门窗关闭,通风孔隙用高粘胶纸封严,工作人员戴专用防毒面具操作。密封8~12 h,打开门窗换气,然后使用。

熏蒸消毒效果测定,可用浸有炭疽弱毒菌芽孢的纸片,放在含组氨酸的琼脂平皿上,待熏后取出置37℃培养24 h,如无细菌生长即认为消毒有效。

也可选择其他消毒液进行喷洒消毒,如4%戊二醛(pH8.0~8.5)2 h浸洗、

5%甲醛(约15%福尔马林)2 h、3% H_2O_2 2 h 或过氧乙酸 2 h。其中，H_2O_2 和过氧乙酸不宜用于有血液存在的环境消毒；过氧乙酸不宜用于金属器械消毒。

4 泥浆、粪汤处理

猪、牛等动物死亡污染的泥浆、粪汤，可用 20% 漂白粉液 1 份(处理物 2 份)，作用 2 h；或甲醛溶液 50~100 mL/m³ 比例加入，每天搅拌 1~2 次，消毒 4 天，即可撒到野外或田里，或掩埋处理(即作深埋处理)。

5 污水处理

按水容量加入甲醛溶液，使其含甲醛液量达到 5%，处理 10 h；或用 3% 过氧乙酸处理 4 h；或用氯胺或液态氯加入污水，于 pH4.0 时加入有效氯量为 4 mg/L，30 min 可杀灭芽孢，一般加氯后作用 2 h 流放 1 次。

6 土壤处理

炭疽动物倒毙处的土壤消毒，可用 5% 甲醛溶液 500 mL/m² 消毒三次，每次 2 h，间隔 1 h。亦可用氯胺或 10% 漂白粉乳剂浸渍 2 h，处理 2 次，间隔 1 h。亦可先用酒精或柴油喷灯喷烧污染土地表面，然后再用 5% 甲醛溶液或漂白粉乳剂浸渍消毒。

7 衣物、工具及其他器具处理

耐高温的衣物、工具、器具等可用高压蒸汽灭菌器在 121℃ 高压蒸汽灭菌 1 h；不耐高温的器具可用甲醛熏蒸，或用 5% 甲醛溶液浸渍消毒。运输工具、家具可用 10% 漂白粉液或 1% 过氧乙酸喷雾或擦拭，作用 1~2 h。凡无使用价值的严重污染物品可用火彻底焚毁消毒。

8 皮、毛处理

皮毛、猪鬃、马尾的消毒，采用 97%~98% 的环氧乙烷、2% 的 CO_2、1% 的十二氟混合液体，加热后输入消毒容器内，经 48 h 渗透消毒，启开容器换气，检测消毒效果。但须注意，环氧乙烷的熔点很低(<0℃)，在空气中浓度超过 3%，遇明火即易燃烧发生爆炸，必须低温保存运输，使用时应注意安全。

骨、角、蹄在制作肥料或其他原料前，均应彻底消毒。如采用 121℃ 高压蒸汽灭菌；或 5% 甲醛溶液浸泡；或用火焚烧。

附录 8

布鲁氏菌病防治技术规范

布鲁氏菌病(Brucellosis,也称布氏杆菌病,以下简称布病)是由布鲁氏菌属细菌引起的人兽共患的常见传染病。我国将其列为二类动物疫病。

为了预防、控制和净化布病,依据《中华人民共和国动物防疫法》及有关的法律法规,制定本规范。

1 适用范围

本规范规定了动物布病的诊断、疫情报告、疫情处理、防治措施、控制和净化标准。

本规范适用于中华人民共和国境内一切从事饲养、经营动物和生产、经营动物产品,以及从事动物防疫活动的单位和个人。

2 诊断

2.1 流行特点

多种动物和人对布鲁氏菌易感。

布鲁氏菌属的 6 个种和主要易感动物见下表:

种	主要易感动物
羊种布鲁氏菌(*Brucella melitensis*)	羊、牛
牛种布鲁氏菌(*Brucella abortus*)	牛、羊
猪种布鲁氏菌(*Brucella suis*)	猪
绵羊附睾种布鲁氏菌(*Brucella ovis*)	绵羊
犬种布鲁氏菌(*Brucella canis*)	犬
沙林鼠种布鲁氏菌(*Brucella neotomae*)	沙林鼠

布鲁氏菌是一种细胞内寄生的病原菌，主要侵害动物的淋巴系统和生殖系统。病畜主要通过流产物、精液和乳汁排菌，污染环境。

羊、牛、猪的易感性最强。母畜比公畜，成年畜比幼年畜发病多。在母畜中，第一次妊娠母畜发病较多。带菌动物，尤其是病畜的流产胎儿、胎衣是主要传染源。消化道、呼吸道、生殖道是主要的感染途径，也可通过损伤的皮肤、黏膜等感染。常呈地方性流行。

人主要通过皮肤、黏膜、消化道和呼吸道感染，尤其以感染羊种布鲁氏菌、牛种布鲁氏菌最为严重。猪种布鲁氏菌感染人较少见，犬种布鲁氏菌感染人罕见，绵羊附睾种布鲁氏菌、沙林鼠种布鲁氏菌基本不感染人。

2.2 临床症状

潜伏期一般为 14~180 天。

最显著症状是怀孕母畜发生流产，流产后可能发生胎衣滞留和子宫内膜炎，从阴道流出污秽不洁、恶臭的分泌物。新发病的畜群流产较多；老疫区畜群发生流产的较少，但发生子宫内膜炎、乳房炎、关节炎、胎衣滞留、久配不孕的较多。公畜往往发生睾丸炎、附睾炎或关节炎。

2.3 病理变化

主要病变为生殖器官的炎性坏死，脾、淋巴结、肝、肾等器官形成特征性肉芽肿（布病结节）。有的可见关节炎。胎儿主要呈败血症病变，浆膜和黏膜有出血点和出血斑，皮下结缔组织发生浆液性、出血性炎症。

2.4 实验室诊断

2.4.1 病原学诊断

2.4.1.1 显微镜检查

采集流产胎衣、绒毛膜水肿液、肝、脾、淋巴结、胎儿胃内容物等组织，制成抹片，用柯兹罗夫斯基染色法染色，镜检，布鲁氏菌为红色球杆状小杆菌，而其他菌为蓝色。

2.4.1.2 分离培养

新鲜病料可用胰蛋白月示 琼脂面或血液琼脂斜面、肝汤琼脂斜面、3%

甘油 0.5%葡萄糖肝汤琼脂斜面等培养基培养;若为陈旧病料或污染病料,可用选择性培养基培养。培养时,一份在普通条件下,另一份放于含有 5%~10%二氧化碳的环境中,37℃培养 7~10 天。然后进行菌落特征检查和单价特异性抗血清凝集试验。为使防治措施有更好的针对性,还需做种型鉴定。

如病料被污染或含菌极少时,可将病料用生理盐水稀释 5~10 倍,健康豚鼠腹腔内注射 0.1~0.3 mL/只。如果病料腐败时,可接种于豚鼠的股内侧皮下。接种后 4~8 周,将豚鼠扑杀,从肝、脾分离培养布鲁氏菌。

2.4.2 血清学诊断

2.4.2.1 虎红平板凝集试验(RBPT)(见 GB/T 18646)

2.4.2.2 全乳环状试验(MRT)(见 GB/T 18646)

2.4.2.3 试管凝集试验(SAT)(见 GB/T 18646)

2.4.2.4 补体结合试验(CFT)(见 GB/T 18646)

2.5 结果判定

县级以上动物防疫监督机构负责布病诊断结果的判定。

2.5.1 具有 2.1、2.2 和 2.3 时,判定为疑似疫情。

2.5.2 符合 2.5.1,且 2.4.1.1 或 2.4.1.2 阳性时,判定为患病动物。

2.5.3 未免疫动物的结果判定如下:

2.5.3.1 2.4.2.1 或 2.4.2.2 阳性时,判定为疑似患病动物。

2.5.3.2 2.4.1.2 或 2.4.2.3 或 2.4.2.4 阳性时,判定为患病动物。

2.5.3.3 符合 2.5.3.1 但 2.4.2.3 或 2.4.2.4 阴性时,30 天后应重新采样检测,2.4.2.1 或 2.4.2.3 或 2.4.2.4 阳性的判定为患病动物。

3 疫情报告

3.1 任何单位和个人发现疑似疫情,应当及时向当地动物防疫监督机构报告。

3.2 动物防疫监督机构接到疫情报告并确认后,按《动物疫情报告管理办法》及有关规定及时上报。

4 疫情处理

4.1 发现疑似疫情,畜主应限制动物移动;对疑似患病动物应立即隔离。

4.2 动物防疫监督机构要及时派员到现场进行调查核实,开展实验室诊断。确诊后,当地人民政府组织有关部门按下列要求处理:

4.2.1 扑杀

对患病动物全部扑杀。

4.2.2 隔离

对受威胁的畜群(病畜的同群畜)实施隔离,可采用圈养和固定草场放牧两种方式隔离。

隔离饲养用草场,不要靠近交通要道,居民点或人畜密集的地区。场地周围最好有自然屏障或人工栅栏。

4.2.3 无害化处理

患病动物及其流产胎儿、胎衣、排泄物、乳、乳制品等按照 GB16548－1996《畜禽病害肉尸及其产品无害化处理规程》进行无害化处理。

4.2.4 流行病学调查及检测

开展流行病学调查和疫源追踪;对同群动物进行检测。

4.2.5 消毒

对患病动物污染的场所、用具、物品严格进行消毒。

饲养场的金属设施、设备可采取火焰、熏蒸等方式消毒;养畜场的圈舍、场地、车辆等,可选用 2%烧碱等有效消毒药消毒;饲养场的饲料、垫料等,可采取深埋发酵处理或焚烧处理;粪便消毒采取堆积密封发酵方式。皮毛消毒用环氧乙烷、福尔马林熏蒸等。

4.2.6 发生重大布病疫情时,当地县级以上人民政府应按照《重大动物疫情应急条例》有关规定,采取相应的扑灭措施。

5 预防和控制

非疫区以监测为主;稳定控制区以监测净化为主;控制区和疫区实行监测、扑杀和免疫相结合的综合防治措施。

5.1 免疫接种

5.1.1 范围：疫情呈地方性流行的区域，应采取免疫接种的方法。

5.1.2 对象：免疫接种范围内的牛、羊、猪、鹿等易感动物。根据当地疫情，确定免疫对象。

5.1.3 疫苗选择：布病疫苗 S2 株（以下简称 S2 疫苗）、M5 株（以下简称 M5 疫苗）、S19 株（以下简称 S19 疫苗）以及经农业部批准生产的其他疫苗。

5.2 监测

5.2.1 监测对象和方法

监测对象：牛、羊、猪、鹿等动物。

监测方法：采用流行病学调查、血清学诊断方法，结合病原学诊断进行监测。

5.2.2 监测范围、数量

免疫地区：对新生动物、未免疫动物、免疫一年半或口服免疫一年以后的动物进行监测（猪可在口服免疫半年后进行）。监测至少每年进行一次，牧区县抽检 300 头（只）以上，农区和半农半牧区抽检 200 头（只）以上。

非免疫地区：监测至少每年进行一次。达到控制标准的牧区县抽检 1 000 头（只）以上，农区和半农半牧区抽检 500 头（只）以上；达到稳定控制标准的牧区县抽检 500 头（只）以上，农区和半农半牧区抽检 200 头（只）以上。

所有的奶牛、奶山羊和种畜每年应进行两次血清学监测。

5.2.3 监测时间

对成年动物监测时，猪、羊在 5 月龄以上，牛在 8 月龄以上，怀孕动物则在第一胎产后半个月至 1 个月间进行；对 S2、M5、S19 疫苗免疫接种过的动物，在接种后 18 个月（猪接种后 6 个月）进行。

5.2.4 监测结果的处理

按要求使用和填写监测结果报告，并及时上报。

判断为患病动物时，按第 4 项规定处理。

5.3 检疫

异地调运的动物,必须来自于非疫区,凭当地动物防疫监督机构出具的检疫合格证明调运。

动物防疫监督机构应对调运的种用、乳用、役用动物进行实验室检测。检测合格后,方可出具检疫合格证明。调入后应隔离饲养 30 天,经当地动物防疫监督机构检疫合格后,方可解除隔离。

5.4 人员防护

饲养人员每年要定期进行健康检查。发现患有布病的应调离岗位,及时治疗。

5.5 防疫监督

布病监测合格应为奶牛场、种畜场《动物防疫合格证》发放或审验的必备条件。动物防疫监督机构要对辖区内奶牛场、种畜场的检疫净化情况监督检查。

鲜奶收购点(站)必须凭奶牛健康证明收购鲜奶。

6 控制和净化标准

6.1 控制标准

6.1.1 县级控制标准

连续 2 年以上具备以下 3 项条件:

6.1.1.1 对未免疫或免疫 18 个月后的动物,牧区抽检 3 000 份血清以上,农区和半农半牧区抽检 1 000 份血清以上,用试管凝集试验或补体结合试验进行检测。

试管凝集试验阳性率:羊、鹿 0.5%以下,牛 1%以下,猪 2%以下。

补体结合试验阳性率:各种动物阳性率均在 0.5%以下。

6.1.1.2 抽检羊、牛、猪流产物样品共 200 份以上(流产物数量不足时,补检正常产胎盘、乳汁、阴道分泌物或屠宰畜脾脏),检不出布鲁氏菌。

6.1.1.3 患病动物均已扑杀,并进行无害化处理。

6.1.2 市级控制标准

全市所有县均达到控制标准。

6.1.3 省级控制标准

全省所有市均达到控制标准。

6.2 稳定控制标准

6.2.1 县级稳定控制标准

按控制标准的要求的方法和数量进行,连续 3 年以上具备以下 3 项条件:

6.2.1.1 羊血清学检查阳性率在 0.1% 以下、猪在 0.3% 以下;牛、鹿 0.2% 以下。

6.2.1.2 抽检羊、牛、猪等动物样品材料检不出布鲁氏菌。

6.2.1.3 患病动物全部扑杀,并进行了无害化处理。

6.2.2 市级稳定控制标准

全市所有县均达到稳定控制标准。

6.2.3 省级稳定控制标准

全省所有市均达到稳定控制标准。

6.3 净化标准

6.3.1 县级净化标准

按控制标准要求的方法和数量进行,连续 2 年以上具备以下 2 项条件:

6.3.1.1 达到稳定控制标准后,全县范围内连续两年无布病疫情。

6.3.1.2 用试管凝集试验或补体结合试验进行检测,全部阴性。

6.3.2 市级净化标准

全市所有县均达到净化标准。

6.3.3 省级净化标准

全省所有市均达到净化标准。

6.3.4 全国净化标准

全国所有省(市、自治区)均达到净化标准。

附录 9

牛结节性皮肤病防治技术规范

牛结节性皮肤病(Lumpyskindisease,LSD)是由痘病毒科山羊痘病毒属牛结节性皮肤病病毒引起的牛全身性感染疫病,临床以皮肤出现结节为特征,该病不传染人,不是人、畜共患病。世界动物卫生组织(OIE)将其列为法定报告的动物疫病,农业农村部暂时将其作为二类动物疫病管理。

为防范、控制和扑灭牛结节性皮肤病疫情,依据《中华人民共和国动物防疫法》《重大动物疫情应急条例》《国家突发重大动物疫情应急预案》等法律法规,制定本规范。

1 适用范围

本规范规定了牛结节性皮肤病的诊断、疫情报告和确认、疫情处置、防范等防控措施。

本规范适用于中华人民共和国境内与牛结节性皮肤病防治活动有关的单位和个人。

2 诊断

2.1 流行病学

2.1.1 传染源

感染牛结节性皮肤病病毒的牛。感染牛和发病牛的皮肤结节、唾液、精液等含有病毒。

2.1.2 传播途径

主要通过吸血昆虫(蚊、蝇、蠓、虻、蜱等)叮咬传播。可通过相互舔舐传播,摄入被污染的饲料和饮水也会感染该病,共用污染的针头也会导致在群内传播。感染公牛的精液中带有病毒,可通过自然交配或人工授精传播。

2.1.3 易感动物

能感染所有牛,黄牛、奶牛、水牛等易感,无年龄差异。

2.1.4 潜伏期

《世界动物卫生组织陆生动物卫生法典》规定,潜伏期为28天。

2.1.5 发病率和病死率

发病率可达2%~45%。病死率一般低于10%。

2.1.6 季节性

该病主要发生于吸血虫媒活跃季节。

2.2 临床症状

临床表现差异很大,跟动物的健康状况和感染的病毒量有关。

体温升高,可达41℃,可持续1周。浅表淋巴结肿大,特别是肩前淋巴结肿大。奶牛产奶量下降。精神消沉,不愿活动。眼结膜炎,流鼻涕,流涎。发热后48小时皮肤上会出现直径10~50 mm的结节,以头、颈、肩部、乳房、外阴、阴囊等部位居多。结节可能破溃,吸引蝇蛆,反复结痂,迁延数月不愈。口腔黏膜出现水泡,继而溃破和糜烂。牛的四肢及腹部、会阴等部位水肿,导致牛不愿活动。

公牛可能暂时或永久性不育。怀孕母牛流产,发情延迟可达数月。

牛结节性皮肤病与牛疱疹病毒病、伪牛痘、疥螨病等临床症状相似,需开展实验室检测进行鉴别诊断。

2.3 病理变化

消化道和呼吸道内表面有结节病变。淋巴结肿大,出血。心脏肿大,心肌外表充血、出血,呈现斑块状淤血。肺脏肿大,有少量出血点。肾脏表面有出血点。气管黏膜充血,气管内有大量黏液。

肝脏肿大,边缘钝圆。胆囊肿大,为正常2~3倍,外壁有出血斑。

脾脏肿大,质地变硬,有出血状况。胃黏膜出血。小肠弥漫性出血。

2.4 实验室检测

2.4.1 抗体检测

采集全血分离血清用于抗体检测,可采用病毒中和试验、酶联免疫吸附试验等方法。

2.4.2 病原检测

采集皮肤结痂、口鼻拭子、抗凝血等用于病原检测。

2.4.2.1 病毒核酸检测:可采用荧光聚合酶链式反应、聚合酶链式反应等方法。

2.4.2.2 病毒分离鉴定:可采用细胞培养分离病毒、动物回归试验等方法。

病毒分离鉴定工作应在中国动物卫生与流行病学中心(国家外来动物疫病研究中心)或农业农村部指定实验室进行。

3 疫情报告和确认

按照动物防疫法和农业农村部规定,对牛结节性皮肤病疫情实行快报制度。任何单位和个人发现牛出现疑似牛结节性皮肤病症状,应立即向所在地畜牧兽医主管部门、动物卫生监督机构或动物疫病预防控制机构报告,有关单位接到报告后应立即按规定通报信息,按照"可疑疫情-疑似疫情-确诊疫情"的程序认定疫情。

3.1 可疑疫情

县级以上动物疫病预防控制机构接到信息后,应立即指派两名中级以上技术职称人员到场,开展现场诊断和流行病学调查,符合牛结节性皮肤病典型临床症状的,判定为可疑病例,并及时采样送检。

县级以上地方人民政府畜牧兽医主管部门根据现场诊断结果和流行病学调查信息,认定可疑疫情。

3.2 疑似疫情

可疑病例样品经县级以上动物疫病预防控制机构或经认可的实验室检出牛结节性皮肤病病毒核酸的,判定为疑似病例。

县级以上地方人民政府畜牧兽医主管部门根据实验室检测结果和流行

病学调查信息,认定疑似疫情。

3.3 确诊疫情

疑似病例样品经省级动物疫病预防控制机构或省级人民政府畜牧兽医主管部门授权的地市级动物疫病预防控制机构实验室复检,其中各省份首例疑似病例样品经中国动物卫生与流行病学中心(国家外来动物疫病研究中心)复核,检出牛结节性皮肤病病毒核酸的,判定为确诊病例。

省级人民政府畜牧兽医主管部门根据确诊结果和流行病学调查信息,认定疫情;涉及两个以上关联省份的疫情,由农业农村部认定疫情。

在牛只运输过程中发现的牛结节性皮肤病疫情,由疫情发现地负责报告、处置,计入牛只输出地。

相关单位在开展疫情报告、调查以及样品采集、送检、检测等工作时,应及时做好记录备查。疑似、确诊病例所在省份的动物疫病预防控制机构,应按疫情快报要求将疑似、确诊疫情及其处置情况、流行病学调查情况、终结情况等信息按快报要求,逐级上报至中国动物疫病预防控制中心,并将样品和流行病学调查信息送中国动物卫生与流行病学中心。中国动物疫病预防控制中心依程序向农业农村部报送疫情信息。

牛结节性皮肤病疫情由省级畜牧兽医主管部门负责定期发布,农业农村部通过《兽医公报》等方式按月汇总发布。

4 疫情处置

4.1 临床可疑和疑似疫情处置

对发病场(户)的动物实施严格的隔离、监视,禁止牛只及其产品、饲料及有关物品移动,做好蚊、蝇、蠓、虻、蜱等虫媒的灭杀工作,并对隔离场所内外环境进行严格消毒。必要时采取封锁、扑杀等措施。

4.2 确诊疫情处置

4.2.1 划定疫点、疫区和受威胁区

4.2.1.1 疫点:相对独立的规模化养殖场(户),以病牛所在的场(户)为疫点;散养牛以病牛所在的自然村为疫点;放牧牛以病牛所在的活动场地为疫点;

在运输过程中发生疫情的,以运载病牛的车、船、飞机等运载工具为疫点;在市场发生疫情的,以病牛所在市场为疫点;在屠宰加工过程中发生疫情的,以屠宰加工厂(场)为疫点。

4.2.1.2　疫区:疫点边缘向外延伸 3 千米的区域。对运输过程发生的疫情,经流行病学调查和评估无扩散风险,可以不划定疫区。

4.2.1.3　受威胁区:由疫区边缘向外延伸 10 千米的区域。对运输过程发生的疫情,经流行病学调查和评估无扩散风险,可以不划定受威胁区。

划定疫区、受威胁区时,应根据当地天然屏障(如河流、山脉等)、人工屏障(道路、围栏等)、野生动物栖息地、媒介分布活动等情况,以及疫情追溯调查结果,综合评估后划定。

4.2.2　封锁

必要时,疫情发生所在地县级以上兽医主管部门报请同级人民政府对疫区实行封锁。跨行政区域发生疫情时,由有关行政区域共同的上一级人民政府对疫区实行封锁,或者由各有关行政区域的上一级人民政府共同对疫区实行封锁。上级人民政府可以责成下级人民政府对疫区实行封锁。

4.2.3　对疫点应采取的措施

4.2.3.1　扑杀并销毁疫点内的所有发病和病原学阳性牛,并对所有病死牛、被扑杀牛及其产品进行无害化处理。同群病原学阴性牛应隔离饲养,采取措施防范吸血虫媒叮咬,并鼓励提前出栏屠宰。

4.2.3.2　实施吸血虫媒控制措施,灭杀饲养场所吸血昆虫及幼虫,清除孳生环境。

4.2.3.3　对牛只排泄物、被病原污染或可能被病原污染的饲料和垫料、污水等进行无害化处理。

4.2.3.4　对被病原污染或可能被病原污染的物品、交通工具、器具圈舍、场地进行严格彻底消毒。出入人员、车辆和相关设施要按规定进行消毒。

4.2.4　对疫区应采取的措施

4.2.4.1　禁止牛只出入,禁止未经检疫合格的牛皮张、精液等产品调出。

4.2.4.2 实施吸血虫媒控制措施,灭杀饲养场所吸血昆虫及幼虫,清除孳生环境。

4.2.4.3 对牛只养殖场、牧场、交易市场、屠宰场进行监测排查和感染风险评估,及时掌握疫情动态。对监测发现的病原学阳性牛只进行扑杀和无害化处理,同群牛只隔离观察。

4.2.4.4 对疫区实施封锁的,还应在疫区周围设立警示标志,在出入疫区的交通路口设置临时检查站,执行监督检查任务。

4.2.5 对受威胁区应采取的措施

4.2.5.1 禁止牛只出入和未经检疫合格的牛皮张、精液等产品调出。

4.2.5.2 实施吸血虫媒控制措施,灭杀饲养场所吸血昆虫及幼虫,清除孳生环境。

4.2.5.3 对牛只养殖场、牧场、交易市场、屠宰场进行监测排查和感染风险评估,及时掌握疫情动态。

4.2.6 紧急免疫

疫情所在县和相邻县可采用国家批准的山羊痘疫苗（按照山羊的 5 倍剂量）,对全部牛只进行紧急免疫。

4.2.7 检疫监管

扑杀完成后 30 天内,禁止疫情所在县活牛调出。各地在检疫监督过程中,要加强对牛结节性皮肤病临床症状的查验。

4.2.8 疫情溯源

对疫情发生前 30 天内,引入疫点的所有牛只及牛皮张等产品进行溯源性调查,分析疫情来源。当有明确证据表明输入牛只存在引入疫情风险时,对输出地牛群进行隔离观察及采样检测,对牛皮张等产品进行消毒处理。

4.2.9 疫情追踪

对疫情发生 30 天前至采取隔离措施时,从疫点输出的牛及牛皮张等产品的去向进行跟踪调查,分析评估疫情扩散风险。对有流行病学关联的牛进行隔离观察及采样检测,对牛皮张等产品进行消毒处理。

4.2.10 解除封锁

疫点和疫区内最后一头病牛死亡或扑杀，并按规定进行消毒和无害化处理 30 天后，经疫情发生所在地的上一级畜牧兽医主管部门组织验收合格后，由所在地县级以上畜牧兽医主管部门向原发布封锁令的人民政府申请解除封锁，由该人民政府发布解除封锁令，并通报毗邻地区和有关部门，报上一级人民政府备案。

4.2.11 处理记录

对疫情处理的全过程必须做好完整翔实的记录，并归档。

5 防范措施

5.1 边境防控

各边境地区畜牧兽医部门要积极配合海关等部门，加强边境地区防控，坚持内防外堵，切实落实边境巡查、消毒等各项防控措施。与牛结节性皮肤病疫情流行的国家和地区接壤省份的相关县(市)建立免疫隔离带。

5.2 饲养管理

5.2.1 牛的饲养、屠宰、隔离等场所必须符合《动物防疫条件审查办法》规定的动物防疫条件，建立并实施严格的卫生消毒制度。

5.2.2 养牛场(户)应提高场所生物安全水平，实施吸血虫媒控制措施，灭杀饲养场所吸血昆虫及幼虫，清除孳生环境。

5.3 日常监测

充分发挥国家动物疫情测报体系的作用，按照国家动物疫病监测与流行病学调查计划，加强对重点地区重点环节监测。加强与林草等有关部门合作，做好易感野生动物、媒介昆虫调查监测，为牛结节性皮肤病风险评估提供依据。

5.4 免疫接种

必要时，县级以上畜牧兽医主管部门提出申请，经省级畜牧兽医主管部门批准，报农业农村部备案后采取免疫措施。实施产地检疫时，对已免疫的牛只，应在检疫合格证明中备注免疫日期、疫苗批号、免疫剂量等信息。

5.5　出入境检疫监管

各地畜牧兽医部门要加强与海关、边防等有关部门协作，加强联防联控，形成防控合力。严禁进口来自牛结节性皮肤病疫情国家和地区的牛只及其风险产品，对非法入境的牛只及其产品按相应规定处置。

5.6　宣传培训

加强对各级畜牧兽医主管部门、动物疫病预防控制和动物卫生监督机构工作人员的技术培训，加大牛结节性皮肤病防控知识宣传普及力度，加强对牛只养殖、经营、屠宰等相关从业人员的宣传教育，增强自主防范意识，提高从业人员防治意识。

附录10

牛结核病防治技术规范

牛结核病(Bovine Tuberculosis)是由牛型结核分枝杆菌(Mycobacterium bovis)引起的一种人兽共患的慢性传染病,我国将其列为二类动物疫病。

为了预防、控制和净化牛结核病,根据《中华人民共和国动物防疫法》及有关的法律法规,特制定本规范。

1 适用范围

本规范规定了牛结核病的诊断、疫情报告、疫情处理、防治措施、控制和净化标准。

本规范适用于中华人民共和国境内从事饲养、生产、经营牛及其产品,以及从事相关动物防疫活动的单位和个人。

2 诊断

2.1 流行特点

本病奶牛最易感,其次为水牛、黄牛、牦牛。人也可被感染。结核病病牛是本病的主要传染源。牛型结核分枝杆菌随鼻汁、痰液、粪便和乳汁等排出体外,健康牛可通过被污染的空气、饲料、饮水等经呼吸道、消化道等途径感染。

2.2 临床特征

潜伏期一般为3~6周,有的可长达数月或数年。

临床通常呈慢性经过,以肺结核、乳房结核和肠结核最为常见。

肺结核:以长期顽固性干咳为特征,且以清晨最为明显。患畜容易疲劳,逐渐消瘦,病情严重者可见呼吸困难。

乳房结核:一般先是乳房淋巴结肿大,继而后方乳腺区发生局限性或弥漫性硬结,硬结无热无痛,表面凹凸不平。泌乳量下降,乳汁变稀,严重时乳腺萎缩,泌乳停止。

肠结核:消瘦,持续下痢与便秘交替出现,粪便常带血或脓汁。

2.3 病理变化

在肺脏、乳房和胃肠黏膜等处形成特异性白色或黄白色结节。结节大小不一,切面干酪样坏死或钙化,有时坏死组织溶解和软化,排出后形成空洞。胸膜和肺膜可发生密集的结核结节,形如珍珠状。

2.4 实验室诊断

2.4.1 病原学诊断

采集病牛的病灶、痰、尿、粪便、乳及其他分泌物样品,作抹片或集菌处理(见附件)后抹片,用抗酸染色法染色镜检,并进行病原分离培养和动物接种等试验。

2.4.2 免疫学试验

牛型结核分枝杆菌PPD(提纯蛋白衍生物)皮内变态反应试验(即牛提纯结核菌素皮内变态反应试验)(见GB/T 18646)。

2.5 结果判定

本病依据流行病学特点、临床特征、病理变化可做出初步诊断。确诊需进一步做病原学诊断或免疫学诊断。

2.5.1 分离出结核分枝杆菌(包括牛结核分枝杆菌、结核分枝杆菌)判为结核病牛。

2.5.2 牛型结核分枝杆菌PPD皮内变态反应试验阳性的牛,判为结核病牛。

3 疫情报告

3.1 任何单位和个人发现疑似病牛,应当及时向当地动物防疫监督机构报告。

3.2 动物防疫监督机构接到疫情报告并确认后,按《动物疫情报告管理办法》及有关规定及时上报。

4 疫情处理

4.1 发现疑似疫情,畜主应限制动物移动;对疑似患病动物应立即隔离。

4.2 动物防疫监督机构要及时派员到现场进行调查核实,开展实验室诊断。确诊后,当地人民政府组织有关部门按下列要求处理:

4.2.1 扑杀

对患病动物全部扑杀。

4.2.2 隔离

对受威胁的畜群(病畜的同群畜)实施隔离,可采用圈养和固定草场放牧两种方式隔离。

隔离饲养用草场,不要靠近交通要道,居民点或人畜密集的地区。场地周围最好有自然屏障或人工栅栏。

对隔离畜群的结核病净化,按本规范 5.5 规定进行。

4.2.3 无害化处理

病死和扑杀的病畜,要按照 GB16548–1996《畜禽病害肉尸及其产品无害化处理规程》进行无害化处理。

4.2.4 流行病学调查及检测

开展流行病学调查和疫源追踪;对同群动物进行检测。

4.2.5 消毒

对病畜和阳性畜污染的场所、用具、物品进行严格消毒。

饲养场的金属设施、设备可采取火焰、熏蒸等方式消毒;养畜场的圈舍、场地、车辆等,可选用 2%烧碱等有效消毒药消毒;饲养场的饲料、垫料可采取深埋发酵处理或焚烧处理;粪便采取堆积密封发酵方式,以及其他相应的有效消毒方式。

4.2.6 发生重大牛结核病疫情时,当地县级以上人民政府应按照《重大动物疫情应急条例》有关规定,采取相应的疫情扑灭措施。

5 预防与控制

采取以"监测、检疫、扑杀和消毒"相结合的综合性防治措施。

5.1 监测

监测对象:牛

监测比例为：种牛、奶牛 100%，规模场肉牛 10%，其他牛 5%，疑似病牛 100%。如在牛结核病净化群中（包括犊牛群）检出阳性牛时，应及时扑杀阳性牛，其他牛按假定健康群处理。

成年牛净化群每年春秋两季用牛型结核分枝杆菌 PPD 皮内变态反应试验各进行一次监测。初生犊牛，应于 20 日龄时进行第一次监测。并按规定使用和填写监测结果报告，及时上报。

5.2 检疫

异地调运的动物，必须来自于非疫区，凭当地动物防疫监督机构出具的检疫合格证明调运。

动物防疫监督机构应对调运的种用、乳用、役用动物进行实验室检测。检测合格后，方可出具检疫合格证明。调入后应隔离饲养 30 天，经当地动物防疫监督机构检疫合格后，方可解除隔离。

5.3 人员防护

饲养人员每年要定期进行健康检查。发现患有结核病的应调离岗位，及时治疗。

5.4 防疫监督

结核病监测合格应为奶牛场、种畜场《动物防疫合格证》发放或审验的必备条件。动物防疫监督机构要对辖区内奶牛场、种畜场的检疫净化情况监督检查。

鲜奶收购点（站）必须凭奶牛健康证明收购鲜奶。

5.5 净化措施

被确诊为结核病牛的牛群（场）为牛结核病污染群（场），应全部实施牛结核病净化。

5.5.1 牛结核病净化群（场）的建立

5.5.1.1 污染牛群的处理：应用牛型结核分枝杆菌 PPD 皮内变态反应试验对该牛群进行反复监测，每次间隔 3 个月，发现阳性牛及时扑杀，并按照本规范 4 规定处理。

5.5.1.2 犊牛应于 20 日龄时进行第一次监测,100~120 日龄时,进行第二次监测。凡连续两次以上监测结果均为阴性者,可认为是牛结核病净化群。

5.5.1.3 凡牛型结核分枝杆菌 PPD 皮内变态反应试验疑似反应者,于 42 天后进行复检,复检结果为阳性,则按阳性牛处理;若仍呈疑似反应则间隔 42 天再复检一次,结果仍为可疑反应者,视同阳性牛处理。

5.5.2 隔离

疑似结核病牛或牛型结核分枝杆菌 PPD 皮内变态反应试验可疑畜须隔离复检。

5.5.3 消毒

5.5.3.1 临时消毒:奶牛群中检出并剔出结核病牛后,牛舍、用具及运动场所等按照 4.2.5 规定进行紧急处理。

5.5.3.2 经常性消毒:饲养场及牛舍出入口处,应设置消毒池,内置有效消毒剂,如 3%~5% 来苏尔溶液或 20% 石灰乳等。消毒药要定期更换,以保证一定的药效。牛舍内的一切用具应定期消毒;产房每周进行一次大消毒,分娩室在临产牛生产前及分娩后各进行一次消毒。

附件:样品集菌方法

痰液或乳汁等样品,由于含菌量较少,如直接涂片镜检往往是阴性结果。此外,在培养或作动物试验时,常因污染杂菌生长较快,使病原结核分枝杆菌被抑制。下列几种消化浓缩方法可使检验标本中蛋白质溶解、杀灭污染杂菌,而结核分枝杆菌因有蜡质外膜而不死亡,并得到浓缩。

1 硫酸消化法

用4%~6%硫酸溶液将痰、尿、粪或病灶组织等按1:5之比例加入混合,然后置37℃作用1~2 h,经3 000~4 000 rpm离心30 min,弃上清,取沉淀物涂片镜检、培养和接种动物。也可用硫酸消化浓缩后,在沉淀物中加入3%氢氧化钠中和,然后抹片镜检、培养和接种动物。

2 氢氧化钠消化法

取氢氧化钠35~40 g,钾明矾2 g,溴麝香草酚蓝20 mg(预先用60%酒精配制成0.4%浓度,应用时按比例加入),蒸馏水1 000 mL混合,即为氢氧化钠消化液。

将被检的痰、尿、粪便或病灶组织按1~5的比例加入氢氧化钠消化液中,混匀后,37℃作用2~3 h,然后无菌滴加5%~10%盐酸溶液进行中和,使标本的pH调到6.8左右(此时显淡黄绿色),以3 000~4 000 rpm离心15~20 min,弃上清,取沉淀物涂片镜检、培养和接种动物。

在病料中加入等量的4%氢氧化钠溶液,充分振摇5~10 min,然后用3 000 rpm离心15~20 min,弃上清,加1滴酚红指示剂于沉淀物中,用2N盐酸中和至淡红色,然后取沉淀物涂片镜检、培养和接种动物。

在痰液或小脓块中加入等量的1%氢氧化钠溶液,充分振摇15 min,然后用 3 000 rpm 离心 30 min,取沉淀物涂片镜检、培养和接种动物。

对痰液的消化浓缩也可采用以下较温和的处理方法:取 1N(或 4%)氢氧化钠水溶液 50 mL,0.1 mol/L 柠檬酸钠 50 mL,N-乙酰-L-半胱氨酸 0.5 g,混合。取痰一份,加上述溶液 2 份,作用 24~48 h,以 3 000 rpm 离心 15 min,取沉淀物涂片镜检、培养和接种动物。

3 安替福民(Antiformin)沉淀浓缩法

溶液 A:碳酸钠 12 g、漂白粉 8 g、蒸馏水 80 mL。

溶液 B:氢氧化钠 15 g、蒸馏水 85 mL。

应用时 A、B 两液等量混合,再用蒸馏水稀释成 15%~20% 后使用,该溶液须存放于棕色瓶内。

将被检样品置于试管中,加入 3~4 倍量的 15%~20% 安替福民溶液,充分摇匀后 37℃作用 1 h,加 1~2 倍量的灭菌蒸馏水,摇匀,3 000~4 000 rpm 离心 20~30 min,弃上清沉淀物加蒸馏水恢复原量后再离心 1 次,取沉淀物涂片镜检、培养和接种动物。

附录11

绵羊痘/山羊痘防治技术规范

绵羊痘(Sheep pox)和山羊痘(Goat pox)分别是由痘病毒科羊痘病毒属的绵羊痘病毒、山羊痘病毒引起的绵羊和山羊的急性热性接触性传染病。世界动物卫生组织(OIE)将其列为必须报告的动物疫病,我国将其列为一类动物疫病。

为预防、控制和消灭绵羊痘和山羊痘,依据《中华人民共和国动物防疫法》和其他相关法律法规,制定本规范。

1 适用范围

本规范规定了绵羊痘和山羊痘的诊断、疫情报告、疫情处理、预防措施和控制标准。

本规范适用于中华人民共和国境内一切从事羊的饲养、经营及其产品生产、经营的单位和个人,以及从事动物防疫活动的单位和个人。

2 诊断

根据流行病学特点、临床症状和病理变化等可做出诊断,必要时进行实验室诊断。

2.1 流行特点

病羊是主要的传染源,主要通过呼吸道感染,也可通过损伤的皮肤或黏膜侵入机体。饲养和管理人员,以及被污染的饲料、垫草、用具、皮毛产品和体外寄生虫等均可成为传播媒介。

在自然条件下,绵羊痘病毒只能使绵羊发病,山羊痘病毒只能使山羊发病。本病传播快、发病率高,不同品种、性别和年龄的羊均可感染,羔羊较成年羊易感,细毛羊较其他品种的羊易感,粗毛羊和土种羊有一定的抵抗力。本病一年四季均可发生,我国多发于冬春季节。

该病一旦传播到无本病地区,易造成流行。

2.2　临床症状

本规范规定本病的潜伏期为 21 天。

2.2.1　典型病例

病羊体温升至 40℃以上,2~5 天后在皮肤上可见明显的局灶性充血斑点,随后在腹股沟、腋下和会阴等部位,甚至全身,出现红斑、丘疹、结节、水泡,严重的可形成脓包。欧洲某些品种的绵羊在皮肤出现病变前可发生急性死亡;某些品种的山羊可见大面积出血性痘疹和大面积丘疹,可引起死亡。

2.2.2　非典型病例

一过型羊痘仅表现轻微症状,不出现或仅出现少量痘疹,呈良性经过。

2.3　病理学诊断

2.3.1　剖检变化

咽喉、气管、肺、胃等部位有特征性痘疹,严重的可形成溃疡和出血性炎症。

2.3.2　组织学变化

真皮充血,浆液性水肿和细胞浸润。炎性细胞增多,主要是嗜中性白细胞和淋巴细胞。表皮的棘细胞肿大、变性、胞浆空泡化。

2.4　实验室诊断

实验室病原学诊断必须在相应级别的生物安全实验室进行。

2.4.1　病原学诊断

电镜检查和包涵体检查(见 NY/T576)。

2.4.2　血清学诊断

中和试验(见 NY/T576)。

3　疫情报告

3.1　任何单位和个人发现患有本病或者疑似本病的病羊,都应当立即向当地动物防疫监督机构报告。

3.2 动物防疫监督机构接到疫情报告后，按国家动物疫情报告的有关规定执行。

4 疫情处理

根据流行病学特点、临床症状和病理变化做出的临床诊断结果，可作为疫情处理的依据。

4.1 发现或接到疑似疫情报告后，动物防疫监督机构应及时派员到现场进行临床诊断、流行病学调查、采样送检。对疑似病羊及同群羊应立即采取隔离、限制移动等防控措施。

4.2 当确诊后，当地县级以上人民政府兽医主管部门应当立即划定疫点、疫区、受威胁区，并采取相应措施；同时，及时报请同级人民政府对疫区实行封锁，逐级上报至国务院兽医主管部门，并通报毗邻地区。

4.2.1 划定疫点、疫区、受威胁区

疫点：指病羊所在的地点，一般是指患病羊所在的养殖场（户）或其他有关屠宰、经营单位。如为农村散养，应将自然村划为疫点。

疫区：由疫点边缘外延 3 千米范围内的区域。在实际划分疫区时，应考虑当地饲养环境和自然屏障（如河流、山脉等）以及气象因素，科学确定疫区范围。

受威胁区：指疫区边缘外延 5 千米范围内的区域。

4.2.2 封锁

县级以上人民政府在接到封锁报告后，应立即发布封锁令，对疫区进行封锁。

4.2.3 扑杀

在动物防疫监督机构的监督下，对疫点内的病羊及其同群羊彻底扑杀。

4.2.4 无害化处理

对病死羊、扑杀羊及其产品的无害化处理按照 GB16548 执行；对病羊排泄物和被污染或可能被污染的饲料、垫料、污水等均需通过焚烧、密封堆积发酵等方法进行无害化处理。

病死羊、扑杀羊尸体需要运送时,应使用防漏容器,须有明显标志,并在动物防疫监督机构的监督下实施。

4.2.5　紧急免疫

对疫区和受威胁区内的所有易感羊进行紧急免疫接种,建立免疫档案。

紧急免疫接种时,应遵循从受威胁区到疫区的顺序进行免疫。

4.2.6　紧急监测

对疫区、受威胁区内的羊群必须进行临床检查和血清学监测。

4.2.7　疫源分析与追踪调查

根据流行病学调查结果,分析疫源及其可能扩散、流行的情况。对可能存在的传染源,以及在疫情潜伏期和发病期间售(/运)出的羊类及其产品、可疑污染物(包括粪便、垫料、饲料等)等应当立即开展追踪调查,一经查明立即按照 GB16548 规定进行无害化处理。

4.2.8　封锁令的解除

疫区内没有新的病例发生,疫点内所有病死羊、被扑杀的同群羊及其产品按规定处理 21 天后,对有关场所和物品进行彻底消毒(见附件 1),经动物防疫监督机构审验合格后,由当地兽医主管部门提出申请,由原发布封锁令的人民政府发布解除封锁令。

4.2.9　处理记录

对处理疫情的全过程必须做好详细的记录(包括文字、图片和影像等),并完整建档。

5　预防

以免疫为主,采取"扑杀与免疫相结合"的综合性防治措施。

5.1　饲养管理与环境控制

饲养、生产、经营等场所必须符合《动物防疫条件审核管理办法》(农业部〔2002〕15 号令)规定的动物防疫条件,并加强种羊调运检疫管理。饲养场要控制人员、车辆和相关物品出入,严格执行清洁和消毒程序。

5.2 消毒

各饲养场、屠宰厂(场)、动物防疫监督检查站等要建立严格的卫生(消毒)管理制度。羊舍、羊场环境、用具、饮水等应定期进行严格消毒;饲养场出入口处应设置消毒池,内置有效消毒剂。

5.3 免疫

按操作规程和免疫程序进行免疫接种,建立免疫档案。

所用疫苗必须是经国务院兽医主管部门批准使用的疫苗。

5.4 监测

5.2.1 县级以上动物防疫监督机构按规定实施。

5.2.2 监测方法

非免疫区域:以流行病学调查、血清学监测为主,结合病原鉴定。

免疫区域:以病原监测为主,结合流行病学调查、血清学监测。

5.2.3 监测结果的处理

监测结果要及时汇总,由省级动物防疫监督机构定期上报中国动物疫病预防控制中心。

5.5 检疫

5.5.1 按照 GB16550 执行。

5.5.2 引种检疫

国内异地引种时,应从非疫区引进,并取得原产地动物防疫监督机构的检疫合格证明。调运前隔离 21 天,并在调运前 15 天至 4 个月进行过免疫。

从国外引进动物,按国家有关进出口检疫规定实施检疫。

5.6 消毒

对饲养场、屠宰厂(场)、交易市场、运输工具等要建立并实施严格的消毒制度。

附件:消毒

1 药品种类

烧碱、醛类、氧化剂类、氯制剂类、双链季铵盐类、生石灰等。

2 消毒范围

圈舍地面及内外墙壁,舍外环境,饲养、饮水等用具,运输等设施设备以及其他一切可能被污染的场所和设施设备。

3 消毒前的准备

3.1 消毒前必须清除有机物、污物、粪便、饲料、垫料等;

3.2 备有喷雾器、火焰喷射枪、消毒车、消毒防护用具(如口罩、手套、防护靴等)、消毒容器等。

4 消毒方法

4.1 金属设施设备的消毒,可采取火焰、熏蒸等方式消毒;

4.2 圈舍、场地、车辆等,可采用撒生石灰、消毒液清洗、喷洒等方式消毒;

4.3 羊场的饲料、垫料等,可采取焚烧或堆积发酵等方式处理;

4.4 粪便等可采取焚烧或堆积密封发酵等方式处理;

4.5 饲养、管理人员可采取淋浴消毒;

4.6 衣、帽、鞋等可能被污染的物品,可采取消毒液浸泡、高压灭菌等方式消毒。

4.7 疫区范围内办公、饲养人员的宿舍、公共食堂等场所,可采用喷洒的方式消毒;

4.8 屠宰加工、贮藏等场所以及区域内池塘等水域的消毒可采取相应的方式进行,避免造成污染。

附录12

小反刍兽疫防治技术规范

小反刍兽疫(Peste des Petits Ruminants,PPR,也称羊瘟)是由副黏病毒科麻疹病毒属小反刍兽疫病毒(PPRV)引起的,以发热、口炎、腹泻、肺炎为特征的急性接触性传染病,山羊和绵羊易感,山羊发病率和病死率均较高。世界动物卫生组织(OIE)将其列为法定报告动物疫病,我国将其列为一类动物疫病。

2007年7月,小反刍兽疫首次传入我国。为及时、有效地预防、控制和扑灭小反刍兽疫,依据《中华人民共和国动物防疫法》《重大动物疫情应急条例》《国家突发重大动物疫情应急预案》和《国家小反刍兽疫应急预案》及有关规定,制定本规范。

1 适用范围

本规范规定了小反刍兽疫的诊断报告、疫情监测、预防控制和应急处置等技术要求。

本规范适用于中华人民共和国境内的小反刍兽疫防治活动。

2 诊断

依据本病流行病学特点、临床症状、病理变化可作出疑似诊断,确诊需做病原学和血清学检测。

2.1 流行病学特点

2.1.1 山羊和绵羊是本病唯一的自然宿主,山羊比绵羊更易感,且临床症状比绵羊更为严重。山羊不同品种的易感性有差异。

2.1.2 牛多呈亚临床感染,并能产生抗体。猪表现为亚临床感染,无症状,不排毒。

2.1.3 鹿、野山羊、长角大羚羊、东方盘羊、瞪羚羊、驼可感染发病。

该病主要通过直接或间接接触传播,感染途径以呼吸道为主。本病一年四季均可发生,但多雨季节和干燥寒冷季节多发。本病潜伏期一般为 4~6 天,也可达到 10 天,《国际动物卫生法典》规定潜伏期为 21 天。

2.2 临床症状

山羊临床症状比较典型,绵羊症状一般较轻微。

2.2.1 突然发热,第 2~3 天体温达 40~42℃高峰。发热持续 3 天左右,病羊死亡多集中在发热后期。

2.2.2 病初有水样鼻液,此后变成大量的粘脓性卡他样鼻液,阻塞鼻孔造成呼吸困难。鼻内膜发生坏死。眼流分泌物,遮住眼睑,出现眼结膜炎。

2.2.3 发热症状出现后,病羊口腔内膜轻度充血,继而出现糜烂。初期多在下齿龈周围出现小面积坏死,严重病例迅速扩展到齿垫、硬腭、颊和颊乳头以及舌,坏死组织脱落形成不规则的浅糜烂斑。部分病羊口腔病变温和,并可在 48 小时内愈合,这类病羊可很快康复。

2.2.4 多数病羊发生严重腹泻或下痢,造成迅速脱水和体重下降。怀孕母羊可发生流产。

2.2.5 易感羊群发病率通常达 60%以上,病死率可达 50%以上。

2.2.6 特急性病例发热后突然死亡,无其他症状,在剖检时可见支气管肺炎和回盲肠瓣充血。

2.3 病理变化

2.3.1 口腔和鼻腔黏膜糜烂坏死;

2.3.2 支气管肺炎,肺尖肺炎;

2.3.3 有时可见坏死性或出血性肠炎,盲肠、结肠近端和直肠出现特征性条状充血、出血,呈斑马状条纹;

2.3.4 有时可见淋巴结特别是肠系膜淋巴结水肿,脾脏肿大并可出现坏死病变。

2.3.5 组织学上可见肺部组织出现多核巨细胞以及细胞内嗜酸性包涵体。

2.4 实验室检测

检测活动必须在生物安全3级以上实验室进行。

2.4.1 病原学检测

2.4.1.1 病料可采用病羊口鼻棉拭子、淋巴结或血沉棕黄层；

2.4.1.2 可采用细胞培养法分离病毒，也可直接对病料进行检测；

2.4.1.3 病毒检测可采用反转录聚合酶链式反应（RT–PCR）结合核酸序列测定，亦可采用抗体夹心ELISA。

2.4.2 血清学检测

2.4.2.1 采用小反刍兽疫单抗竞争ELISA检测法。

2.4.2.2 间接ELISA抗体检测法。

2.5 结果判定

2.5.1 疑似小反刍兽疫

山羊或绵羊出现急性发热、腹泻、口炎等症状，羊群发病率、病死率较高，传播迅速，且出现肺尖肺炎病理变化时，可判定为疑似小反刍兽疫。

2.5.2 确诊小反刍兽疫

符合结果判定2.5.1，且血清学或病原学检测阳性，可判定为确诊小反刍兽疫。

3 疫情报告

3.1 任何单位和个人发现以发热、口炎、腹泻为特征，发病率、病死率较高的山羊或绵羊疫情时，应立即向当地动物疫病预防控制机构报告。

3.2 县级动物疫病预防控制机构接到报告后，应立即赶赴现场诊断，认定为疑似小反刍兽疫疫情的，应在2小时内将疫情逐级报省级动物疫病预防控制机构，并同时报所在地人民政府兽医行政管理部门。

3.3 省级动物疫病预防控制机构接到报告后1小时内，向省级兽医行政管理部门和中国动物疫病预防控制中心报告。

3.4 省级兽医行政管理部门应当在接到报告后1小时内报省级人民政府和国务院兽医行政管理部门。

3.5 国务院兽医行政管理部门根据最终确诊结果,确认小反刍兽疫疫情。

3.6 疫情确认后,当地兽医行政管理部门应建立疫情日报告制度,直至解除封锁。

3.7 疫情报告内容包括:疫情发生时间、地点、易感动物、发病动物、死亡动物和扑杀、销毁动物的种类和数量,病死动物临床症状、病理变化、诊断情况,流行病学调查和疫源追踪情况,已采取的控制措施等内容。

3.8 已经确认的疫情,当地兽医行政管理部门要认真组织填写《动物疫病流行病学调查表》,并报中国动物卫生与流行病学中心调查分析室。

4 疫情处置

4.1 疑似疫情的应急处置

4.1.1 对发病场(户)实施隔离、监控,禁止家畜、畜产品、饲料及有关物品移动,并对其内、外环境进行严格消毒。

必要时,采取封锁、扑杀等措施。

4.1.2 疫情溯源。对疫情发生前 30 天内,所有引入疫点的易感动物、相关产品来源及运输工具进行追溯性调查,分析疫情来源。必要时,对原产地羊群或接触羊群(风险羊群)进行隔离观察,对羊乳和乳制品进行消毒处理。

4.1.3 疫情跟踪。对疫情发生前 21 天内以及采取隔离措施前,从疫点输出的易感动物、相关产品、运输车辆及密切接触人员的去向进行跟踪调查,分析疫情扩散风险。必要时,对风险羊群进行隔离观察,对羊乳和乳制品进行消毒处理。

4.2 确诊疫情的应急处置

按照"早、快、严"的原则,坚决扑杀、彻底消毒,严格封锁、防止扩散。

4.2.1 划定疫点、疫区和受威胁区

4.2.1.1 疫点。相对独立的规模化养殖场(户),以病死畜所在的场(户)为疫点;散养畜以病死畜所在的自然村为疫点;放牧畜以病死畜所在牧场及其活动场地为疫点;家畜在运输过程中发生疫情的,以运载病畜的车、船、飞机等为疫点;在市场发生疫情的,以病死畜所在市场为疫点;在屠宰加工过程中

发生疫情的,以屠宰加工厂(场)为疫点。

4.2.1.2 疫区。由疫点边缘向外延伸3公里范围的区域划定为疫区。

4.2.1.3 受威胁区。由疫区边缘向外延伸10公里的区域划定为受威胁区。

划定疫区、受威胁区时,应根据当地天然屏障(如河流、山脉等)、人工屏障(道路、围栏等)、野生动物栖息地存在情况,以及疫情溯源及跟踪调查结果,适当调整范围。

4.2.2 封锁

疫情发生地所在地县级以上兽医行政管理部门报请同级人民政府对疫区实行封锁,跨行政区域发生疫情的,由共同上级兽医行政管理部门报请同级人民政府对疫区发布封锁令。

4.2.3 疫点内应采取的措施

4.2.3.1 扑杀疫点内的所有山羊和绵羊,并对所有病死羊、被扑杀羊及羊鲜乳、羊肉等产品按国家规定标准进行无害化处理,具体可参照《口蹄疫扑杀技术规范》和《口蹄疫无害化处理技术规范》执行;

4.2.3.2 对排泄物、被污染或可能污染饲料和垫料、污水等按规定进行无害化处理,具体可参照《口蹄疫无害化处理技术规范》执行;

4.2.3.3 羊毛、羊皮按(附件1)规定方式进行处理,经检疫合格,封锁解除后方可运出;

4.2.3.4 被污染的物品、交通工具、用具、禽舍、场地进行严格彻底消毒(见附件1);

4.2.3.5 出入人员、车辆和相关设施要按规定进行消毒;

4.2.3.6 禁止羊、牛等反刍动物出入。

4.2.4 疫区内应采取的措施

4.2.4.1 在疫区周围设立警示标志,在出入疫区的交通路口设置动物检疫消毒站,对出入的人员和车辆进行消毒;必要时,经省级人民政府批准,可设立临时动物卫生监督检查站,执行监督检查任务。

4.2.4.2 禁止羊、牛等反刍动物出入;

4.2.4.3 关闭羊、牛交易市场和屠宰场,停止活羊、牛展销活动;

4.2.4.4 羊毛、羊皮、羊乳等产品按(附件1)规定方式进行处理,经检疫合格后方可运出;

4.2.4.5 对易感动物进行疫情监测,对羊舍、用具及场地消毒;

4.2.4.6 必要时,对羊进行免疫。

4.2.5 受威胁区应采取的措施

4.2.5.1 加强检疫监管,禁止活羊调入、调出,反刍动物产品调运必须进行严格检疫;

4.2.5.2 加强对羊饲养场、屠宰场、交易市场的监测,及时掌握疫情动态。

4.2.5.3 必要时,对羊群进行免疫,建立免疫隔离带。

4.2.6 野生动物控制

加强疫区、受威胁区及周边地区野生易感动物分布状况调查和发病情况监测,并采取措施,避免野生羊、鹿等与人工饲养的羊群接触。当地兽医行政管理部门与林业部门应定期进行通报有关信息。

4.2.7 解除封锁。

疫点内最后一只羊死亡或扑杀,并按规定进行消毒和无害化处理后至少21天,疫区、受威胁区经监测没有新发病例时,经当地动物疫病预防控制机构审验合格,由兽医行政管理部门向原发布封锁令的人民政府申请解除封锁,由该人民政府发布解除封锁令。

4.2.8 处理记录

各级人民政府兽医行政管理部门必须完整详细地记录疫情应急处理过程。

4.2.9 非疫区应采取的措施

4.2.9.1 加强检疫监管,禁止从疫区调入活羊及其产品;

4.2.9.2 做好疫情防控知识宣传,提高养殖户防控意识;

4.2.9.3 加强疫情监测,及时掌握疫情发生风险,做好防疫的各项工作,防止疫情发生。

5　预防措施

5.1　饲养管理

5.1.1　易感动物饲养、生产、经营等场所必须符合《动物防疫条件审核管理办法》规定的动物防疫条件,并加强种羊调运检疫管理。

5.1.2　羊群应避免与野羊群接触。

5.1.3　各饲养场、屠宰厂(场)、交易市场、动物防疫监督检查站等要建立并实施严格的卫生消毒制度(见附件1)。

5.2　监测报告

县级以上动物疫病预防控制机构应当加强小反刍兽疫监测工作。发现以发热、口炎、腹泻为特征,发病率、病死率较高的山羊和绵羊疫情时,应立即向当地动物疫病预防控制机构报告。

5.3　免疫

必要时,经国家兽医行政管理部门批准,可以采取免疫措施:

5.3.1　与有疫情国家相邻的边境县,定期对羊群进行强制免疫,建立免疫带;

5.3.2　发生过疫情的地区及受威胁地区,定期对风险羊群进行免疫接种。

5.4　检疫

5.4.1　产地检疫

羊在离开饲养地之前,养殖场(户)必须向当地动物卫生监督机构报检。动物卫生监督机构接到报检后必须及时派员到场(户)实施检疫。检疫合格后,出具合格证明;对运载工具进行消毒,出具消毒证明,对检疫不合格的按照有关规定处理。

5.4.2　屠宰检疫

动物卫生监督机构的检疫人员对羊进行验证查物,合格后方可入厂(场)屠宰。检疫合格并加盖(封)检疫标志后方可出厂(场),不合格的按有关规定处理。

5.4.3　运输检疫

国内跨省调运山羊、绵羊时,应当先到调入地动物卫生监督机构办理检疫审批手续,经调出地按规定检疫合格,方可调运。

种羊调运时还需在到达后隔离饲养 10 天以上,由当地动物卫生监督机构检疫合格后方可投入使用。

5.5 边境防控

与疫情国相邻的边境区域,应当加强对羊只的管理,防止疫情传入:

5.5.1 禁止过境放牧、过境寄养,以及活羊及其产品的互市交易;

5.5.2 必要时,经国务院兽医行政管理部门批准,建立免疫隔离带;

5.5.3 加强对边境地区的疫情监视和监测,及时分析疫情动态。

质检
06